光电 & 仪器类专业教材

信息光学简明教程

陈家璧　编著

電子工業出版社·

Publishing House of Electronics Industry

北京·BEIJING

内 容 简 介

信息光学技术是光学和信息科学相结合而发展起来的一门新的光学技术,本书既阐述了信息光学技术的基本理论,也介绍了这一技术的最新进展。本书的特点:一是把光学技术看作信息科学技术的一个重要组成部分进行研究;二是密切联系实际,启发学生用信息光学技术的基础理论解决光学信息技术的各种应用问题;三是配有许多方便自学的习题,以及在国内外发表的有关文献,可以引导读者在本科数理知识的基础上,启发逻辑与思维,培养创新能力。

本书可作为高等院校光学、光学工程、光信息科学与技术、电子科学与技术等专业本科生教材,也可供相应专业的教师和科技工作者参考。

图书在版编目(CIP)数据

信息光学简明教程/陈家璧编著 . —北京:电子工业出版社,2022.6

ISBN 978-7-121-43625-3

Ⅰ. ①信… Ⅱ. ①陈… Ⅲ. ①信息光学-高等学校-教材 Ⅳ. ①O438

中国版本图书馆 CIP 数据核字(2022)第 094446 号

责任编辑:韩同平

印　　刷:北京雁林吉兆印刷有限公司

装　　订:北京雁林吉兆印刷有限公司

出版发行:电子工业出版社

　　　　　北京市海淀区万寿路 173 信箱　邮编:100036

开　　本:787×1092　1/16　印张:12.75　字数:408 千字

版　　次:2022 年 6 月第 1 版

印　　次:2023 年 6 月第 2 次印刷

定　　价:55.90 元

凡所购买电子工业出版社图书有缺损问题,请向购买书店调换。若书店售缺,请与本社发行部联系,联系及邮购电话:(010)88254888,88258888。

质量投诉请发邮件至 zlts@ phei. com. cn,盗版侵权举报请发邮件至 dbqq@ phei. com. cn。

本书咨询联系方式:88254525,hantp@ phei. com. cn。

前　言

　　光学是一门 2000 年前就开始发展起来的学科,在科学与技术的发展史上占有重要地位,但是光学发展最快的时期还是 20 世纪,尤其是 20 世纪下半叶。近代光学对信息时代的到来起了十分重要的作用。20 世纪 40 年代末提出的全息术、50 年代产生的光学传递函数、60 年代发明的激光器、70 年代发展起来的光纤通信等近代光学技术对信息产业的高速成长发挥了不可替代的作用。进入 21 世纪以来,信息光学技术更是获得了爆炸性的发展,但是其基础还是 20 世纪下半叶奠定的。每一个希望进入信息光学技术研究与发展领域的科学研究与工程技术人员都必须打好信息光学技术基础,才能够在 21 世纪的科学研究及其应用中发挥重要作用。

　　信息光学技术是将信息技术中的线性系统理论引入光学而逐步形成的。1947 年作为像质评价的光学传递函数的建立,1948 年全息术的提出,1960 年发明的激光,以及此后的光纤通信的诞生和广泛推广应用,是信息光学技术发展中的几件大事。

　　全息术和光学传递函数的进一步发展,加上将数学中的傅里叶变换和通信中的线性系统理论引入光学,使光学和通信这两个不同的领域在信息学范畴内统一起来,光学技术研究也从"空域"走向"频域"。光学工程师不再仅仅限于用光强、振幅或透过率的空间分布来描述光学图像,也可以像电气工程师那样用光强、振幅或透过率的空间频率的分布和变化来描述光学图像,这为光学信息技术开辟了广阔的应用前景。与其他形态的信号处理相比,光学信息技术是在二维空间进行的,具有高度并行、大容量的特点。近年来,这一学科发展很快,理论体系已日趋成熟,信息光学技术已渗透到科学技术的诸多领域,成为信息技术的重要分支,得到越来越广泛的应用。

　　第 1 章的主要内容是二维线性系统分析,包括信息光学中一些必要的数学知识以及线性系统的分析方法、二维傅里叶变换和信息技术的基础之一——抽样定理。第 2、3 章主要运用频率域方法讨论光波携带信息在自由空间或经过光学系统的传播问题,以及透镜系统的傅里叶变换性质。在第 2 章(标量衍射的角谱理论)中,在简要提及惠更斯—菲涅耳—基尔霍夫衍射理论后,从衍射的角谱理论导入菲涅耳衍射公式,从频率域讨论衍射现象。省略了以格林函数为基础的球面波作为基元函数描述光波的传播现象,而以平面波作为基元函数描述光波,直接在频率域以角谱理论为主讨论光的传播公式,强调了光学的信息技术基础性质。第 3 章关于光学系统的频谱分析与以往从 J. W. Goodman 开始发展出来的多数教材不同,对透镜的傅里叶变换性质给出一个统一的表达方式,并得出不同情况下的结果。由此出发进一步分析相干与非相干成像系统,给出成像系统的相干传递函数与光学传递函数。第 4 章侧重讨论光学全息的基本原理,介绍一些重要类型的全息图以及光学全息术的主要应用。第 5 章重点讨论计算全息的理论基础、基本原理及制作方法,介绍一些典型的计算全息图及其应用。通过计算全息发展的历史过程和不同学科专家对计算全息方法的看法,使学生加深对科学理论的普遍性和多学科交叉融合的必要性的认识。第 6 章光学信息处理,介绍应用信息光学基本原理处理光学信息的主要方法,重点讨论空间滤波、相干光学处理、非相干光学处理。第 7 章讨论信息光学的重要应用——光信息存储。第 8 章讨论信息光学技术在现代光通信技术中的一些特别的应用,包括能够用于密集波分复用技术的光分插复用器和光纤系统的色散补偿的布拉格光纤光栅,超短脉冲的整形和处理,光谱全息术,阵列波导光栅等。在每章的后面都附有帮助读者学习的习题。

作为理论基础部分,本书的第 1~6 章是本科生必读的部分;第 7、8 两章的内容反映了信息光学领域的新进展,可根据具体情况选读。

编著者
jbchenk@online. sh. cn

目　　录

第1章 二维线性系统分析

现今系统论的系统概念已为社会广泛接受,它强调的是系统中诸多因素之间的相互影响。这里研究的是狭义的物理系统。一个物理系统是指某种装置,当施加一个激励时,它呈现某种响应。激励常称为系统的输入,响应称为系统的输出。例如电路网络,它的输入和输出是一维时序电信号。光学系统的输入和输出是物与像,是二维空间分布的图像信号。光学系统可以是由透镜组成的成像系统,也可以是光波通过的自由空间。因为它们都有把输入变成输出的作用。把系统定义为一个变换,这样定义的系统可以用算符 $\mathscr{L}\{\ \}$ 来表示,该算符把在 $x_1 - y_1$ 平面上定义的二维输入函数 $f(x_1,y_1)$ 变换为定义在 $x_2 - y_2$ 平面上的二维输出函数 $g(x_2,y_2)$,记为

$$g(x_2,y_2) = \mathscr{L}\{f(x_1,y_1)\} \qquad (1.0\text{-}1)$$

图 1.0-1 系统的算符表示

一个系统可以有多个输入和输出,本书主要讨论一个输入端和一个输出端的系统,而且本章不讨论系统内部的结构和工作情况,只关心系统的边端性质,即输入与输出的关系。系统的这种边端性质可以用如图 1.0-1 所示的框图形象地表示。

1.1 线 性 系 统

1.1.1 线性系统的定义

假设一个用算符 $\mathscr{L}\{\ \}$ 表示的系统,对任意两个输入函数 $f_1(x_1,y_1)$ 和 $f_2(x_1,y_1)$,有输出函数

$$g_1(x_2,y_2) = \mathscr{L}\{f_1(x_1,y_1)\} \qquad (1.1\text{-}1a)$$
$$g_2(x_2,y_2) = \mathscr{L}\{f_2(x_1,y_1)\} \qquad (1.1\text{-}1b)$$

而且对于任意复常数 a_1 和 a_2,在输入函数为 $a_1 f_1(x_1,y_1) + a_2 f_2(x_1,y_1)$ 时,输出函数为

$$\begin{aligned}
\mathscr{L}\{a_1 f_1(x_1,y_1) + a_2 f_2(x_1,y_1)\} &= \mathscr{L}\{a_1 f_1(x_1,y_1)\} + \mathscr{L}\{a_2 f_2(x_1,y_1)\} \\
&= a_1 \mathscr{L}\{f_1(x_1,y_1)\} + a_2 \mathscr{L}\{f_2(x_1,y_1)\} \qquad (1.1\text{-}2) \\
&= a_1 g_1(x_2,y_2) + a_2 g_2(x_2,y_2)
\end{aligned}$$

则称该系统为线性系统。上式表明线性系统具有叠加性质,即系统对几个激励的线性组合的整体响应等于个单个激励所产生的响应的线性组合。图 1.1-1 表示激励为两个一维函数的例子。通常可以把光学系统看成二维线性系统。

如果任何输入函数都可以分解为某种"基元"函数的线性组合,相应的输出函数便可通过这些基元函数的线性组合来求得。这就是线性系统的方便之处。基元函数通常是指不能再进行分解的基本函数单元。在线性系统分析中,常用的基元函数有 δ 函数(即脉冲函数,参阅附录 A)、阶跃函数、余弦函数和复指数函数等。对光学系统来说,主要用二维 δ 函数和复指数函数进行分析。

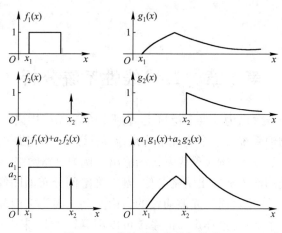

图 1.1-1　线性系统的叠加性质

1.1.2　脉冲响应和叠加积分

首先研究 δ 函数作为基元函数的情况。根据 δ 函数的筛选性质[见式(A-7)]，任何输入函数都可以表达为

$$f(x_1,y_1) = \iint\limits_{-\infty}^{\infty} f(\xi,\eta)\delta(x_1-\xi,y_1-\eta)\mathrm{d}\xi\mathrm{d}\eta$$

上式表明，函数 $f(x_1,y_1)$ 可以分解成在 x_1-y_1 平面上不同位置处无穷多个 δ 函数的线性组合，系数 $f(\xi,\eta)$ 为坐标位于 (ξ,η) 处的 δ 函数在叠加时的权重。函数 $f(x_1,y_1)$ 通过系统后的输出为

$$g(x_2,y_2) = \mathscr{L}\left\{\iint\limits_{-\infty}^{\infty} f(\xi,\eta)\delta(x_1-\xi,y_1-\eta)\mathrm{d}\xi\mathrm{d}\eta\right\}$$

根据线性系统的叠加性质，算符 $\mathscr{L}\{\}$ 与对基元函数积分的顺序可以交换，即可将算符 $\mathscr{L}\{\}$ 先作用于各基元函数，再把各基元函数得到的响应叠加起来

$$g(x_2,y_2) = \iint\limits_{-\infty}^{\infty} f(\xi,\eta)\mathscr{L}\{\delta(x_1-\xi,y_1-\eta)\}\mathrm{d}\xi\mathrm{d}\eta \tag{1.1-3}$$

$\mathscr{L}\{\delta(x_1-\xi,y_1-\eta)\}$ 的意义是物平面上位于 (ξ,η) 处的单位脉冲函数通过系统后的输出，可把它定义为系统的脉冲响应函数(图 1.1-2)

$$h(x_2,y_2;\xi,\eta) = \mathscr{L}\{\delta(x_1-\xi,y_1-\eta)\} \quad (1.1-4)$$

将脉冲响应代回式(1.1-3)，得到系统输出为

$$g(x_2,y_2) = \iint\limits_{-\infty}^{\infty} f(\xi,\eta)h(x_2,y_2;\xi,\eta)\mathrm{d}\xi\mathrm{d}\eta \quad (1.1-5)$$

$\delta(x_1-\xi,y_1-\eta) \longrightarrow \boxed{\text{线性系统}} \longrightarrow h(x_2,y_2;\xi,\eta)$

图 1.1-2　线性系统的脉冲响应

式(1.1-5)通常称为"叠加积分"，它描述了线性系统的输入和输出之间的关系。显然，线性系统的性质完全由它的脉冲响应所表征。只要知道系统对位于输入平面上所有可能点上的脉冲响应，就可以通过叠加积分计算任何输入信号对应的输出。这是一个形式上很完美的表达式。在一般情况下，脉冲响应与输入平面上的位置有关，会使得脉冲响应的形式十分复杂，叠加积分难于实际运算。只是对于线性系统的一个重要子类——线性不变系统，分析才变得简单。幸好，大多数情况下，光学系统都可以看成线性不变系统，本书将重点研究线性不变系统。

1.2　二维傅里叶变换

傅里叶变换是研究线性不变系统的重要数学工具,本书中大量用它研究光学系统。尽管本书读者都具备有关数学基础,为了叙述的方便和表达方式的统一,在详细讨论二维线性不变系统之前,本节先简要介绍二维傅里叶变换。

1.2.1　二维傅里叶变换定义及存在条件

若函数 $f(x,y)$ 在整个 $x - y$ 平面上绝对可积且满足狄里赫利条件,其傅里叶变换定义为

$$F(f_x,f_y) = \iint_{-\infty}^{\infty} f(x,y) \exp[-\mathrm{j}2\pi(f_x x + f_y y)] \mathrm{d}x \mathrm{d}y \tag{1.2-1a}$$

记作 $\mathscr{F}\{f(x,y)\}$。式中 x,y,f_x,f_y 均为实变量,$f(x,y)$ 可为实函数,也可为复函数。$F(f_x,f_y)$ 是否为复函数取决于 $f(x,y)$ 的性态。

类似地,可以定义傅里叶逆变换为

$$f(x,y) = \iint_{-\infty}^{\infty} F(f_x,f_y) \exp[\mathrm{j}2\pi(f_x x + f_y y)] \mathrm{d}x \mathrm{d}y \tag{1.2-1b}$$

根据欧拉公式, $\exp[\mathrm{j}2\pi(f_x x + f_y y)]$ 是频率为 f_x,f_y 的 x,y 的余(正)弦函数。式(1.2-1b)表示函数 $f(x,y)$ 是各种频率为 f_x,f_y 的 x,y 的余(正)弦函数的叠加,叠加时的权重因子是 $F(f_x,f_y)$。因此 $F(f_x,f_y)$ 常称为函数 $f(x,y)$ 的频谱。

傅里叶变换存在的充分条件有若干形式,绝对可积和狄里赫利条件是其中一种,后者可具体表述为:"$f(x,y)$ 在任一有限矩形区域里,必须只有有限个间断点和有限个极大极小点,而且没有无穷大间断点"。这里不对傅里叶变换的存在条件做深入的讨论,而只从应用的观点对它们做两点说明:

(1) 在应用傅里叶变换的各个领域中的大量事实表明,作为时间或空间函数而实际存在的物理量,总具备傅里叶变换存在的基本条件。可以说,物理上的可能性是傅里叶变换存在的充分条件。因此,从应用角度来看,可以认为傅里叶变换总是存在的。

(2) 在应用问题中,也常遇到一些理想化的函数,例如余(正)弦函数、阶跃函数以至最简单的常数等。它们都是光学中经常用到的,而且都不能满足傅里叶变换的存在条件,在物理上也不可能严格实现。对于这一类函数可以借助于函数序列极限的概念定义其广义傅里叶变换。将函数看作某个可变换函数所组成的序列的极限,对序列中每一函数进行变换,组成一个变换式的序列。该函数的广义傅里叶变换定义为这个变换式序列的极限。这种广义傅里叶变换不仅在理论上可以自恰,应用时也能给出符合实际的结果。

可以认为,本书所涉及的函数都存在相应的傅里叶变换,只是有狭义和广义的区别罢了。

一般的二维傅里叶变换是很复杂的,但如果函数 $f(x,y)$ 在直角坐标系中是可分离的,即

$$f(x,y) = f_x(x) \cdot f_y(y) \tag{1.2-2}$$

这种可分离变量函数的二维傅里叶变换也是可分离的,它可以表示成两个一维傅里叶变换的乘积

$$\mathscr{F}\{f(x,y)\} = \mathscr{F}\{f_x(x)\}\mathscr{F}\{f_y(y)\} \tag{1.2-3}$$

这一点可以直接利用一维和二维傅里叶变换定义进行证明。实际上,许多光学元器件能够用可分离变量函数表示,因此这一性质是很有用的。

1.2.2 极坐标下的二维傅里叶变换和傅里叶-贝塞尔变换

光学系统通常是以传播方向为光轴的轴对称系统。在垂直于光轴的物(像)平面、透镜平面、光瞳平面上放置的透镜、光瞳等元器件常常具有圆对称性。此时用极坐标比直角坐标更方便。假设 $x - y$ 平面上的极坐标为 (r, θ)；$f_x - f_y$ 平面上的极坐标为 (ρ, φ)，则

$$\begin{cases} x = r\cos\theta \\ y = r\sin\theta \end{cases}, \quad \begin{cases} f_x = \rho\cos\varphi \\ f_y = \rho\sin\varphi \end{cases}$$

代入式(1.1-6a)得到

$$F(\rho\cos\varphi, \rho\sin\varphi) = \int_0^\infty \int_0^{2\pi} f(r\cos\theta, r\sin\theta)\exp[-\mathrm{j}2\pi\rho r\cos(\theta - \varphi)]r\mathrm{d}r\mathrm{d}\theta$$

令

$$G(\rho, \varphi) = F(\rho\cos\varphi, \rho\sin\varphi), \quad g(r, \theta) = f(r\cos\theta, r\sin\theta)$$

极坐标下的二维傅里叶变换的定义可一般地表示为

$$G(\rho, \varphi) = \int_0^\infty \int_0^{2\pi} rg(r, \theta)\exp[-\mathrm{j}2\pi\rho r\cos(\theta - \varphi)]\mathrm{d}r\mathrm{d}\theta \tag{1.2-4a}$$

$$g(r, \theta) = \int_0^\infty \int_0^{2\pi} \rho G(\rho, \varphi)\exp[\mathrm{j}2\pi\rho r\cos(\theta - \varphi)]\mathrm{d}\rho\mathrm{d}\varphi \tag{1.2-4b}$$

当函数 $f(x, y)$ 具有圆对称性时，可以表示成 $f(x, y) = g(r, \theta) = g(r)$。代入式(1.2-4a)得

$$G(\rho, \varphi) = \int_0^\infty rg(r)\left\{\int_0^{2\pi}\exp[-\mathrm{j}2\pi\rho r\cos(\theta - \varphi)]\mathrm{d}\theta\right\}\mathrm{d}r$$

利用贝塞尔函数关系式 $\qquad \int_0^{2\pi}\exp[-\mathrm{j}a\cos(\theta - \varphi)]\mathrm{d}\theta = 2\pi\mathrm{J}_0(a)$

代换花括号中的积分，得到圆对称函数的傅里叶变换为

$$G(\rho) = 2\pi\int_0^\infty rg(r)\mathrm{J}_0(2\pi\rho r)\mathrm{d}r \tag{1.2-5a}$$

类似地，可写出 $G(\rho)$ 的傅里叶逆变换为

$$g(r) = 2\pi\int_0^\infty rG(\rho)\mathrm{J}_0(2\pi\rho r)\mathrm{d}r \tag{1.2-5b}$$

式(1.2-5)表明，圆对称函数的傅里叶变换仍为圆对称函数，而且圆对称函数的傅里叶正变换与逆变换形式相同。以式(1.2-5)表示的傅里叶变换又称作傅里叶-贝塞尔变换。

1.2.3 虚、实、奇、偶函数傅里叶变换的性质

利用欧拉公式，可把式(1.2-1a)写成

$$\begin{aligned} F(f_x, f_y) &= \iint_{-\infty}^{\infty} f(x, y)\exp[-\mathrm{j}2\pi(f_x x + f_y y)]\mathrm{d}x\mathrm{d}y \\ &= \iint_{-\infty}^{\infty} f(x, y)\cos 2\pi(f_x x + f_y y)\mathrm{d}x\mathrm{d}y - \mathrm{j}\iint_{-\infty}^{\infty} f(x, y)\sin 2\pi(f_x x + f_y y)\mathrm{d}x\mathrm{d}y \end{aligned}$$

如果

$$f(x, y) = f_r(x, y) + \mathrm{j}f_i(x, y)$$

其中 $f_r(x, y)$ 和 $f_i(x, y)$ 分别为复函数 $f(x, y)$ 的实部和虚部，上式进一步化为

$$F(f_x, f_y) = \left[\iint_{-\infty}^{\infty} f_r(x,y) \cos 2\pi(f_x x + f_y y) \, dx dy + \iint_{-\infty}^{\infty} f_i(x,y) \sin 2\pi(f_x x + f_y y) \, dx dy \right] +$$

$$j \left[\iint_{-\infty}^{\infty} f_i(x,y) \cos 2\pi(f_x x + f_y y) \, dx dy - \iint_{-\infty}^{\infty} f_r(x,y) \sin 2\pi(f_x x + f_y y) \, dx dy \right]$$

$$= R(f_x, f_y) + j I(f_x, f_y)$$

其中 $R(f_x, f_y)$ 和 $I(f_x, f_y)$ 分别为复函数 $F(f_x, f_y)$ 的实部和虚部。当 $f(x,y)$ 具有下述特性时,上式还能进一步简化,其傅里叶变换也表现出相应的特殊性质:

（1）$f(x,y)$ 是实函数,即 $f(x,y) = f_r(x,y)$ 时,有

$$R(f_x, f_y) = \iint_{-\infty}^{\infty} f_r(x,y) \cos 2\pi(f_x x + f_y y) \, dx dy$$

$$I(f_x, f_y) = - \iint_{-\infty}^{\infty} f_r(x,y) \sin 2\pi(f_x x + f_y y) \, dx dy$$

$R(f_x, f_y)$ 为偶函数,$I(f_x, f_y)$ 为奇函数,因而 $F(f_x, f_y)$ 是厄米型函数,即

$$F(f_x, f_y) = F^*(-f_x, -f_y) \tag{1.2-6}$$

（2）$f(x,y)$ 是实值偶函数,则

$$F(f_x, f_y) = 2 \iint_{0}^{\infty} f(x,y) \cos 2\pi(f_x x + f_y y) \, dx dy \tag{1.2-7}$$

因为 $F(f_x, f_y) = F(-f_x, -f_y)$,所以 $F(f_x, f_y)$ 也是实值偶函数。

（3）$f(x,y)$ 是实值奇函数,则

$$F(f_x, f_y) = - j \iint_{0}^{\infty} f(x,y) \sin 2\pi(f_x x + f_y y) \, dx dy \tag{1.2-8}$$

因为 $F(f_x, f_y) = - F(-f_x, -f_y)$,所以 $F(f_x, f_y)$ 是虚值奇函数。

显然,傅里叶变换不改变函数的奇偶性。

1.2.4 二维傅里叶变换定理

设函数 $g(x,y)$ 和 $h(x,y)$ 的傅里叶变换分别为 $G(f_x, f_y)$ 和 $H(f_x, f_y)$,则有以下定理。

（1）线性定理

$$\mathscr{F}\{ag(x,y) + bh(x,y)\} = aG(f_x, f_y) + bH(f_x, f_y) \tag{1.2-9}$$

式中 a 和 b 是任意复常数,即两个函数线性组合的变换等于两个函数变换的线性组合。

（2）相似性定理

$$\mathscr{F}\{g(ax, by)\} = \frac{1}{|ab|} G\left(\frac{f_x}{a}, \frac{f_y}{b}\right) \tag{1.2-10}$$

即空域中坐标 (x,y) 的扩展,导致频域中坐标 (f_x, f_y) 的压缩以及频谱幅度的变化。

（3）位移定理

$$\mathscr{F}\{g(x-a, y-b)\} = G(f_x, f_y) \exp[-j2\pi(f_x a + f_y b)] \tag{1.2-11}$$

即函数在空域中平移,带来频域中的线性相移。另一方面

$$\mathscr{F}\{g(x,y)\exp[\mathrm{j}2\pi(f_a x + f_b y)]\} = G(f_x - f_a, f_y - f_b) \qquad (1.2\text{-}12)$$

即函数在空域中的相移,会导致频谱的位移。

(4) 帕斯瓦尔(Parsaval)定理

$$\iint\limits_{-\infty}^{\infty} |g(x,y)|^2 \mathrm{d}x\mathrm{d}y = \iint\limits_{-\infty}^{\infty} |G(f_x, f_y)|^2 \mathrm{d}x\mathrm{d}y \qquad (1.2\text{-}13)$$

若 $g(x,y)$ 表示一个实际的物理信号,$|G(f_x, f_y)|^2$ 通常称为信号的功率谱(有时是能量谱)。该定理表明信号在空域的能量与其在频域的能量守恒。

(5) 卷积定理

函数 $g(x,y)$ 和 $h(x,y)$ 的卷积定义为

$$g(x,y) * h(x,y) = \iint\limits_{-\infty}^{\infty} g(\xi,\eta)h(x-\xi, y-\eta)\mathrm{d}\xi\mathrm{d}\eta \qquad (1.2\text{-}14)$$

则

$$\mathscr{F}\{g(x,y) * h(x,y)\} = G(f_x, f_y) \cdot H(f_x, f_y) \qquad (1.2\text{-}15a)$$

即空间域中两个函数的卷积的傅里叶变换等于它们对应傅里叶变换的乘积。另一方面有

$$\mathscr{F}\{g(x,y) \cdot h(x,y)\} = G(f_x, f_y) * H(f_x, f_y) \qquad (1\text{-}2\text{-}15b)$$

即空间域中两个函数的乘积的傅里叶变换等于它们对应傅里叶变换的卷积。卷积定理可以用来通过傅里叶变换方法求卷积或者通过卷积方法求傅里叶变换。

(6) 相关定理(维纳–辛钦定理)

两复函数 $g(x,y)$ 和 $h(x,y)$ 的互相关定义为

$$g(x,y) \star h(x,y) = \iint\limits_{-\infty}^{\infty} g^*(x-\xi, y-\eta)h(\xi,\eta)\mathrm{d}\xi\mathrm{d}\eta \qquad (1.2\text{-}16)$$

显然两函数的互相关可以表达为卷积的形式,再利用卷积定理,可以得到

$$\mathscr{F}\{g(x,y) \star h(x,y)\} = G^*(f_x, f_y) \cdot H(f_x, f_y) \qquad (1.2\text{-}17)$$

式中 $G^*(f_x, f_y) \cdot H(f_x, f_y)$ 通常称为函数 $g(x,y)$ 和 $h(x,y)$ 的互谱密度,因此式(1.2-17)说明两函数的互相关与其互谱密度构成傅里叶变换对。这就是傅里叶变换的互相关定理。

函数与其自身的互相关称为自相关。在式(1.2-17)中,用 $g(x,y)$ 替换 $h(x,y)$,可得自相关定理为

$$\mathscr{F}\{g(x,y) \star g(x,y)\} = |G(f_x, f_y)|^2 \qquad (1.2\text{-}18)$$

自相关定理表明一个函数的自相关与其功率谱构成傅里叶变换对。

(7) 傅里叶积分定理

在函数 $g(x,y)$ 的各个连续点上

$$\mathscr{F}^{-1}\mathscr{F}\{g(x,y)\} = \mathscr{F}\mathscr{F}^{-1}\{g(x,y)\} = g(x,y) \qquad (1.2\text{-}19)$$

$$\mathscr{F}\mathscr{F}\{g(x,y)\} = \mathscr{F}^{-1}\mathscr{F}^{-1}\{g(x,y)\} = g(-x, -y) \qquad (1.2\text{-}20)$$

即对函数相继进行正变换和逆变换,重新得到原函数;而对函数相继进行两次正变换或逆变换,得到原函数的"倒立像"。

(8) 导数定理

$$\mathscr{F}\{g^{(m,n)}(x,y)\} = (\mathrm{j}2\pi f_x)^m (\mathrm{j}2\pi f_y)^n G(f_x, f_y) \qquad (1.2\text{-}21)$$

$$\mathscr{F}\{x^m y^n g(x,y)\} = \left(\frac{\mathrm{j}}{2\pi}\right)^m \left(\frac{\mathrm{j}}{2\pi}\right)^n G^{(m,n)}(f_x, f_y) \qquad (1.2\text{-}22)$$

式中，$g^{(m,n)} = \dfrac{\partial^{m+n} g(x,y)}{\partial x^m \partial y^n}$，$G^{(m,n)}(f_x, f_y) = \dfrac{\partial^{m+n} G(f_x, f_y)}{\partial f_x^m \partial f_y^n}$。该定理表明函数的微分的傅里叶变换，可以转化为乘积运算。

1.2.5　常用二维傅里叶变换举例

在附录 B 中列出了常用傅里叶变换对，其中大部分是广义傅里叶变换。这里选择三个广义傅里叶变换对作为例子，用不同方法详加推导。

1. δ 函数

根据 δ 函数的筛选性质有

$$\mathscr{F}\{\delta(x,y)\} = \iint\limits_{-\infty}^{\infty} \delta(x,y) \exp[-\mathrm{j}2\pi(f_x x + f_y y)]\,\mathrm{d}x\mathrm{d}y = \mathrm{e}^0 = 1$$

另一方面，常数 1 可以看作矩形函数序列的极限

$$1 = g(f_x, f_y) = \lim_{\tau \to \infty} \mathrm{rect}\left(\frac{f_x}{\tau}\right) \mathrm{rect}\left(\frac{f_y}{\tau}\right)$$

而

$$\mathscr{F}\left\{\mathrm{rect}\left(\frac{f_x}{\tau}\right) \mathrm{rect}\left(\frac{f_y}{\tau}\right)\right\} = \tau^2 \mathrm{sinc}(\tau x)\mathrm{sinc}(\tau y)$$

根据广义傅里叶变换定义，有

$$\mathscr{F}\{g(f_x, f_y)\} = \lim_{\tau \to \infty} \tau^2 \mathrm{sinc}(\tau x)\mathrm{sinc}(\tau y) = \delta(x,y)$$

因此，$\delta(x,y)$ 和常数 1 互为傅里叶变换。

2. 二维梳状函数 $\mathrm{comb}\left(\dfrac{x}{a}\right)\mathrm{comb}\left(\dfrac{y}{b}\right)$

二维梳状（Comb）函数是可分离函数，它的二维傅里叶变换也是可分离的，可以化成两个一维梳状函数傅里叶变换的乘积。下面计算一维梳状函数的傅里叶变换。一维梳状函数定义（参阅附录 B）为

$$\mathrm{comb}(x) = \sum_{n=-\infty}^{\infty} \delta(x-n)$$

因此

$$\mathrm{comb}\left(\frac{x}{a}\right) = \sum_{n=-\infty}^{\infty} \delta\left(\frac{x}{a} - n\right) = \sum_{n=-\infty}^{\infty} \delta\left[\frac{1}{a}(x-na)\right] = a\sum_{n=-\infty}^{\infty} \delta(x-na)$$

它是周期为 a 的周期函数，可以展开为傅里叶级数

$$\mathrm{comb}\left(\frac{x}{a}\right) = \sum_{n=-\infty}^{\infty} c_n \exp(\mathrm{j}2\pi nx/a)$$

其中

$$c_0 = \frac{1}{a}\int_{-a/2}^{a/2} f(x)\,\mathrm{d}x = \frac{1}{a}\int_{-a/2}^{a/2} a\sum_{n=-\infty}^{\infty} \delta(x-na)\,\mathrm{d}x = \int_{-a/2}^{a/2} \delta(x)\,\mathrm{d}x = 1$$

$$c_n = \frac{1}{a}\int_{-a/2}^{a/2} f(x)\mathrm{e}^{-\mathrm{j}2\pi nx/a}\,\mathrm{d}x = \frac{1}{a}\int_{-a/2}^{a/2} a\delta(x-na)\mathrm{e}^{-\mathrm{j}2\pi nx/a}\,\mathrm{d}x = \int_{-a/2}^{a/2} \delta(x)\mathrm{e}^{-\mathrm{j}2\pi nx/a}\,\mathrm{d}x = 1$$

于是

$$\mathrm{comb}\left(\frac{x}{a}\right) = \sum_{n=-\infty}^{\infty} \exp(\mathrm{j}2\pi nx/a)$$

所以 $\mathrm{comb}\left(\dfrac{x}{a}\right)$ 的傅里叶变换为

$$\mathscr{F}\left\{\mathrm{comb}\left(\frac{x}{a}\right)\right\} = \sum_{n=-\infty}^{\infty} \mathscr{F}\{\exp(\mathrm{j}2\pi nx/a)\} = \sum_{n=-\infty}^{\infty}\int_{-\infty}^{\infty}\exp(\mathrm{j}2\pi nx/a)\exp(-\mathrm{j}2\pi f_x x)\,\mathrm{d}x$$

$$= \sum_{n=-\infty}^{\infty}\delta\left(f_x - \frac{n}{a}\right) = a\sum_{n=-\infty}^{\infty}\delta(af_x - n) = a\,\mathrm{comb}(af_x)$$

若 $a=1$，则
$$\mathscr{F}\{\mathrm{comb}(x)\} = \mathrm{comb}(f_x)$$

3. 符号函数 sgn(x)

符号函数只是一维的，它可定义为下述函数序列的极限

$$f_n(x) = \begin{cases} -\mathrm{e}^{x/n} & x < 0 \\ 0 & x = 0 \qquad n = 1,2,\cdots,\infty \\ \mathrm{e}^{-x/n} & x > 0 \end{cases}$$

容易看出
$$\mathrm{sgn}(x) = \lim_{n\to\infty} f_n(x) = \begin{cases} -1 & x < 0 \\ 0 & x = 0 \\ 1 & x > 0 \end{cases}$$

$$\mathscr{F}_n(f_x) = \mathscr{F}\{f_n(x)\} = \int_{-\infty}^{0}(-\mathrm{e}^{x/n})\mathrm{e}^{-\mathrm{j}2\pi f_x x}\,\mathrm{d}x + \int_{0}^{\infty}\mathrm{e}^{-x/n}\mathrm{e}^{-\mathrm{j}2\pi f_x x}\,\mathrm{d}x = \frac{-\mathrm{j}4\pi f_x}{\dfrac{1}{n^2} + (2\pi f_x)^2}$$

根据广义傅里叶变换定义，有

$$\mathscr{F}(f_x) = \mathscr{F}\{\mathrm{sgn}(x)\} = \lim_{n\to\infty} F_n(f_x) = \begin{cases} -\dfrac{\mathrm{j}}{\pi f_x}, & f_x \neq 0 \\ 0, & f_x = 0 \end{cases}$$

1.3 二维线性不变系统

1.3.1 二维线性不变系统的定义

一个二维脉冲函数在输入平面上位移时，线性系统的响应函数形式始终与在原点处输入的二维脉冲函数的响应函数形式相同，仅造成响应函数相应的位移，即

$$\mathscr{L}\{\delta(x_1 - \xi_1, y_1 - \eta_1)\} = h(x_2 - \xi_2, y_2 - \eta_2; 0,0) \tag{1.3-1}$$

这样的系统称为二维线性不变系统。其脉冲响应函数可表示为

$$h(x_2, y_2; \xi_2, \eta_2) = h(x_2 - \xi_2, y_2 - \eta_2)$$

显然线性不变系统的脉冲响应函数仅仅依赖于观察点与脉冲输入点坐标在 x,y 方向的相对间距 $(x_2 - \xi_2)$ 和 $(y_2 - \eta_2)$，与坐标的绝对数值无关。二维线性不变系统还常常叫作（线性）空间不变系统。也就是说线性空间不变系统的输入与输出之间的变换形式是不随空间位置而变化的。图 1.3-1 中以一维函数为例表明了这一平移性质：输入位置的移动所引起的唯一效应是输出发生同样的位移。对于线性空间不变系统，若

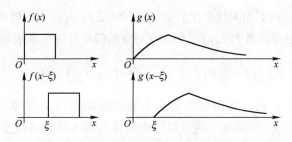

图 1.3-1　线性空间不变系统的输入–输出关系

$$\mathscr{L}\{f(x_1, y_1)\} = g(x_2, y_2)$$

则

$$\mathscr{L}\{f(x_1 - \xi_1, y_1 - \eta_1)\} = g(x_2 - \xi_2, y_2 - \eta_2)$$

式(1.1-5)表示的叠加积分变为

$$g(x_2, y_2) = \iint_{-\infty}^{\infty} f(\xi_2, \eta_2) h(x_2 - \xi_2, y_2 - \eta_2) \mathrm{d}\xi_2 \mathrm{d}\eta_2$$

$$= f(x_2, y_2) * h(x_2, y_2)$$

式中 * 为卷积符号。对于物理的线性空间不变系统,输入面和输出面常常是不同的两个平面,需要建立两个坐标。但是从研究输入和输出之间关系的角度来看,输入和输出两种信号放在同一坐标系中是方便的,因此对输入面和输出面的坐标做归一化(不管两者是否表示同一种物理量),使得从数值上有 $x_1 = x_2 = x$ 和 $y_1 = y_2 = y$,脉冲响应函数变为

$$h(x, y; \xi, \eta) = h(x - \xi, y - \eta) \tag{1.3-2}$$

叠加积分变为

$$g(x, y) = \iint_{-\infty}^{\infty} f(\xi, \eta) h(x - \xi, y - \eta) \mathrm{d}\xi \mathrm{d}\eta \tag{1.3-3}$$

$$= f(x, y) * h(x, y)$$

即系统的输出是输入函数与脉冲响应函数的卷积。式(1.3-3)称为线性不变系统的"卷积积分"。

由式(1.3-2)和式(1.3-3)可以看出任何线性空间不变系统的特性都可以用在原点处的脉冲响应函数表达。与叠加积分不同,卷积积分不仅形式上很简洁而且易于运算。在光学成像系统中,物平面上的一个点光源通过系统后在像平面上生成一个弥散的像点分布,而且在等晕区内这个分布不随点光源的位置发生变化。这时就可以把成像系统看作线性空间不变系统。对于光学成像系统的整个物面,一般不满足空间不变的要求,但我们仍然可以把物面划分为若干个等晕区,把每个等晕区当作线性空间不变系统处理。因此,对线性空间不变系统的讨论是有普遍意义的。

1.3.2　二维线性不变系统的传递函数

由式(1.3-3)的卷积积分很容易联想到傅里叶变换的卷积定理。如果线性不变系统的输入是空域函数 $f(x, y)$,其傅里叶变换为

$$F(f_x, f_y) = \iint_{-\infty}^{\infty} f(x, y) \exp[-\mathrm{j}2\pi(f_x x + f_y y)] \mathrm{d}x \mathrm{d}y \tag{1.3-4}$$

式中 f_x, f_y 具有长度倒数的量纲。类似于时域函数的时间倒数称作频率,把长度倒数 f_x, f_y 称作

空间频率,即在单位长度内周期函数变化的周期数(如:周期/mm)。而把傅里叶变换 $F(f_x,f_y)$ 则称作空间频谱函数。空域函数 $f(x,y)$ 可用 $F(f_x,f_y)$ 的傅里叶逆变换表示为

$$f(x,y) = \iint\limits_{-\infty}^{\infty} F(f_x,f_y)\exp[\,\mathrm{j}2\pi(f_x x + f_y y)\,]\mathrm{d}f_x\mathrm{d}f_y \qquad (1.3\text{-}5)$$

这个积分说明空域函数 $f(x,y)$ 可分解为具有不同空间频率 f_x,f_y 的基元函数 $\exp[\,\mathrm{j}2\pi(f_x x + f_y y)\,]$ 的线性组合,$F(f_x,f_y)$ 就是这一线性组合中对应的基元函数的权重因子。$\exp[\,\mathrm{j}2\pi(f_x x + f_y y)\,]$ 是除 δ 函数外的另一常用基元函数——复指数函数。复指数函数是周期函数,因此,傅里叶逆变换意味着一个空域信号可以由具有不同空间频率的周期性空域基元信号组合而成,每一种参与组合的基元信号相位大小取决于空间频谱函数。

这里还需要强调的是,在式(1.3-5)中,空间频率的覆盖范围为 $-\infty \sim +\infty$,是没有限制的,因为对于非限带的任意二维函数傅里叶变换的结果,其空间频谱会分布在 $-\infty \sim +\infty$ 的整个二维频率空间。这和下一章将要介绍的平面波的空间频率有根本区别,后者的覆盖范围是有限的,因为平面波的空间频率要求物理上可实现,而式(1.3-5)中的空间频率仅仅是数学中傅里叶变换运算的结果,并没有要求变换结果产生的每一个频率分量都能够用物理上可以实现的方法表示并进行传播。

回到式(1.3-3),如果

$$G(f_x,f_y) = \iint\limits_{-\infty}^{\infty} g(x,y)\exp[\,-\mathrm{j}2\pi(f_x x + f_y y)\,]\mathrm{d}x\mathrm{d}y \qquad (1.3\text{-}6)$$

$$H(f_x,f_y) = \iint\limits_{-\infty}^{\infty} h(x,y)\exp[\,-\mathrm{j}2\pi(f_x x + f_y y)\,]\mathrm{d}x\mathrm{d}y \qquad (1\text{-}3\text{-}7)$$

根据卷积定理,可得
$$G(f_x,f_y) = H(f_x,f_y)F(f_x,f_y) \qquad (1.3\text{-}8)$$

$G(f_x,f_y)$ 是输出函数的傅里叶变换,而 $H(f_x,f_y)$ 是脉冲响应函数的傅里叶变换。式(1.3-8)表明在频率域输出函数可以用输入函数傅里叶变换与脉冲响应函数傅里叶变换的乘积表达。由此可见,对线性不变系统可采用两种方法研究,一是在空域通过输入函数与脉冲响应函数的卷积求得输出函数;二是在空间频域求输入函数与脉冲响应函数频谱函数的乘积,再对该乘积做傅里叶逆变换求得输出函数。从表面上看,第二种方法要做正、逆两次变换和一次乘法运算,似乎比第一种方法麻烦。但是在一定条件下,一次卷积也可能比正、逆两次变换和一次乘法运算加在一起更费事。灵活利用傅里叶变换对偶表(参阅附录B)和傅里叶变换的各种性质,常常会使第二种方法不仅简单而且物理意义明晰。从频域考察线性不变系统有着很大的实用价值,也有重要的理论意义。

对系统做频谱分析,就是考察系统对于输入函数中不同频率的基元函数 $\exp[\,\mathrm{j}2\pi(f_x x + f_y y)\,]$ 的作用。这种作用应该表现为输出函数与输入函数中同一频率基元成分的权重的相对变化。因此,用输出函数与输入函数两者的频谱的比值 $G(f_x,f_y)/F(f_x,f_y)$ 来表示系统的频率响应特性是合理的。由式(1.3-8)可知,该比值恰为系统的原点脉冲响应的频谱 $H(f_x,f_y)$,即

$$H(f_x,f_y) = G(f_x,f_y)/F(f_x,f_y) \qquad (1.3\text{-}9)$$

这就是说,原点脉冲响应的频谱可以表征系统对输入函数不同频率的基元成分的传递能力。所以,把 $H(f_x,f_y)$ 称作线性不变系统的传递函数。

传递函数 $H(f_x,f_y)$ 一般是复函数,其模的作用是改变输入函数各种频率基元成分的幅值大小,其辐角的作用是改变这些基元成分的初相位。输入函数中的任一频率的基元成分就是

通过幅值和初相位的上述变化,形成系统的输出函数中同一频率的基元成分,这些基元成分线性叠加就合成输出函数。而传递函数的模称作振幅传递函数,传递函数的辐角称作相位传递函数。

1.3.3 线性不变系统的本征函数

如果函数 $f(x,y)$ 满足条件 $\qquad \mathscr{L}\{f(x,y)\} = af(x,y)$ (1.3-10)

式中 a 为一复常数,则称 $f(x,y)$ 为算符 $\mathscr{L}\{\}$ 所表征的系统的本征函数。这就是说,系统的本征函数是一个特定的输入函数,它相应的输出函数与它之间的差别仅仅是一个复常系数。前面讲的基元函数——复指数函数 $\exp[j2\pi(f_a x + f_b y)]$ 就是线性不变系统的本征函数。将其输入到线性不变系统之中,即代入卷积式(1.3-3),不难证明它满足条件式(1.3-10):

$$g(x,y) = \iint_{-\infty}^{\infty} \exp[j2\pi(f_a\xi + f_b\eta)]h(x-\xi, y-\eta)\mathrm{d}\xi\mathrm{d}\eta$$

$$= \exp[j2\pi(f_a x + f_b y)] \iint_{-\infty}^{\infty} h(\xi', \eta') \exp[-j2\pi(f_a\xi' + f_b\eta')]\mathrm{d}\xi'\mathrm{d}\eta'$$

$$= H(f_a, f_b) \exp[j2\pi(f_a x + f_b y)]$$

对于给定的 f_a、f_b,式中的 $H(f_a, f_b)$ 是一个复常数。这说明输出函数与输入函数之间的差别的确仅是一个复常系数,因而 $\exp[j2\pi(f_a x + f_b y)]$ 是线性不变系统的本征函数(图 1.3-2)。无论脉冲响应函数是什么形式,与它卷积的本征函数得到的结果的函数形式一定还是本征函数,这确实是很有意义的性质。

$$\xrightarrow{\exp[j2\pi(f_x x + f_y y)]} \boxed{\text{线性不变系统}} \xrightarrow{H(f_x, f_y)\exp[j2\pi(f_x x + f_y y)]}$$

图 1.3-2 线性空间不变系统的本征函数

下面再讨论一类特殊的线性空间不变系统,其脉冲响应是实函数,可以把一个实值输入变换为一个实值输出。这种系统也是一种常见的线性系统,如一般非相干成像系统。实函数的傅里叶变换是厄米型函数[参阅式(1.2-6)],即有

$$H(f_x, f_y) = H^*(-f_x, -f_y)$$ (1.3-11)

若用 $A(f_x, f_y)$ 和 $\phi(f_x, f_y)$ 分别表示传递函数的模和辐角,于是

$$H(f_x, f_y) = A(f_x, f_y) \exp[-j\phi(f_x, f_y)]$$ (1.3-12)

而 $\qquad H^*(-f_x, -f_y) = A(-f_x, -f_y) \exp[j\phi(-f_x, -f_y)]$ (1.3-13)

因此 $\qquad A(f_x, f_y) \exp[-j\phi(f_x, f_y)] = A(-f_x, -f_y) \exp[j\phi(-f_x, -f_y)]$

上式成立的条件是振幅与相位分别相等

$$A(f_x, f_y) = A(-f_x, -f_y)$$ (1.3-14a)

$$-\phi(f_x, f_y) = \phi(-f_x, -f_y)$$ (1.3-14b)

即振幅传递函数是偶函数,相位传递函数是奇函数。

下面来证明余弦函数或正弦函数是这类系统的本征函数。令输入函数为

$$f(x,y) = \cos 2\pi(f_a x + f_b y)$$ (1.3-15)

输入函数的频谱为 $\qquad F(f_x, f_y) = \frac{1}{2}[\delta(f_x - f_a, f_y - f_b) + \delta(f_x + f_a, f_y + f_b)]$ (1.3-16)

该线性不变系统输出函数的频谱为

$$G(f_x,f_y) = H(f_x,f_y)F(f_x,f_y)$$

$$= \frac{1}{2}\left[H(f_a,f_b)\delta(f_x - f_a,f_y - f_b) + H(-f_a,-f_b)\delta(f_x + f_a,f_y + f_b) \right] \tag{1.3-17}$$

系统输出函数为

$$g(x,y) = \mathscr{F}^{-1}\{G(f_x,f_y)\}$$

$$= \frac{1}{2}H(f_a,f_b)\exp\left[\mathrm{j}2\pi(f_a x + f_b y) \right] + \frac{1}{2}H(-f_a,-f_b)\exp\left[-\mathrm{j}2\pi(f_a x + f_b y) \right]$$

$$= \frac{1}{2}A(f_a,f_b)\exp\left[\mathrm{j}2\pi(f_a x + f_b y) - \mathrm{j}\phi(f_a,f_b) \right] + \frac{1}{2}A(-f_a,-f_b)\exp\left[-\mathrm{j}2\pi(f_a x + f_b y) + \mathrm{j}\phi(f_a,f_b) \right]$$

$$= A(f_a,f_b)\cos\left[2\pi(f_a x + f_b y) - \phi(f_a,f_b) \right]$$

也就是说 $\mathscr{L}\{\cos 2\pi(f_a x + f_b y)\} = A(f_a,f_b)\cos\left[2\pi(f_a x + f_b y) - \phi(f_a,f_b) \right]$

由于频率可以是任意实常数,上式可改写为

$$\mathscr{L}\{\cos 2\pi(f_x x + f_y y)\} = A(f_x,f_y)\cos\left[2\pi(f_x x + f_y y) - \phi(f_x,f_y) \right] \tag{1.3-18}$$

上式表明,对于脉冲响应是实函数的线性空间不变系统,余弦输入将产生同频率的余弦输出,但可能产生与频率有关的振幅衰减和相位移动,其大小决定于传递函数的模和辐角。非相干光学成像系统的脉冲响应是实函数,对这一类线性空间不变系统的分析是建立光学传递函数理论的基础。

1.3.4 级联系统

图 1.3-3 表示的是两个级联在一起的线性空间不变系统。前一系统的输出恰是后一系统的输入。对于总的系统,$f_1(x,y)$ 和 $g_2(x,y)$ 分别是其输入和输出。由于

$$f_2(x,y) = g_1(x,y) = f_1(x,y) * h_1(x,y)$$

$$g_2(x,y) = f_2(x,y) * h_2(x,y)$$

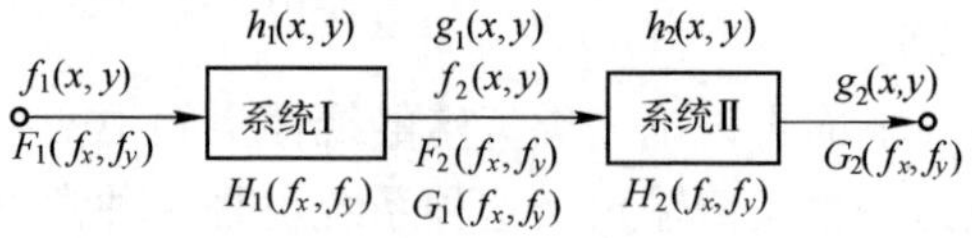

式中 $h_1(x,y)$ 和 $h_2(x,y)$ 分别为级联的两个系统的脉冲响应。将前式代入后式,并利用卷积的结合律,有

图 1.3-3 级联的两个线性不变系统

$$g_2(x,y) = [f_1(x,y) * h_1(x,y)] * h_2(x,y) = f_1(x,y) * [h_1(x,y) * h_2(x,y)] \tag{1.3-19}$$

这表明总的系统仍然是线性空间不变系统,总的脉冲响应为

$$h(x,y) = h_1(x,y) * h_2(x,y) \tag{1.3-20}$$

如果用 $H_1(f_x,f_y)$ 和 $H_2(f_x,f_y)$ 分别表示级联的两个系统的传递函数,则总的系统的传递函数可以表示为

$$H(f_x,f_y) = H_1(f_x,f_y) \cdot H_2(f_x,f_y) \tag{1.3-21}$$

若 $F_1(f_x,f_y)$ 为系统输入频谱,则最后的系统输出频谱为

$$G_2(f_x,f_y) = F_1(f_x,f_y) \cdot H(f_x,f_y) = F_1(f_x,f_y) \cdot [H_1(f_x,f_y) \cdot H_2(f_x,f_y)] \tag{1.3-22}$$

把这一结果推广到 n 个线性空间不变系统级联的情况,总的等效系统的脉冲响应和传递函数分别为

$$h(x,y) = h_1(x,y) * h_2(x,y) * \cdots * h_n(x,y) \tag{1-3-23}$$

$$H(f_x,f_y) = H_1(f_x,f_y) \cdot H_2(f_x,f_y) \cdot \cdots \cdot H_n(f_x,f_y) \tag{1-3-24}$$

由于卷积与乘法运算都符合交换律与结合律,计算的顺序可根据方便随意确定。用模和辐角表示传递函数时还可以进一步得到振幅传递函数和相位传递函数的如下关系:

$$A(f_x,f_y) = A_1(f_x,f_y) \cdot A_2(f_x,f_y) \cdot \cdots \cdot A_n(f_x,f_y) \tag{1.3-25}$$

$$\phi(f_x,f_y) = \phi_1(f_x,f_y) + \phi_2(f_x,f_y) + \cdots + \phi_n(f_x,f_y) \tag{1.3-26}$$

级联系统总的传递函数满足相乘律,简单地表示为各子系统传递函数的乘积,这为分析复杂系统提供了很大的方便。一个复杂的物理过程常常由许多环节构成,这许多环节在大多数情况下会构成一个级联系统。如果每个系统都是线性空间不变系统,单独确定每一个系统的传递函数后,做一下乘法和加法就可以得到总的系统的传递函数,系统的特性很容易掌握。复杂光学系统或者说光学链就是这种情况。

1.4 抽 样 定 理

实际的宏观物理过程都是连续变化的,物理量的空间分布也是连续变化的。在对随时间或空间变化的物理量进行检测、记录、存储、处理和传送时,常常并不能够用连续方式进行。在今天的数字时代,以往用模拟方式连续进行的信息检测、记录、存储、处理和传送也被数字方式所取代。连续变化的物理量要用它的一些离散分布的抽样值来表示,而且这些抽样值的表达方式也是离散的。例如,现今广泛使用的 CCD 摄像机在记录连续变化的图像时,每秒只记录 30 幅图像,表达每幅图像所用的采样点数由 CCD 的像素数所限制。那么这些离散的数字表示的物理量的含义或者说包含的信息量与原先的连续变化的物理量是否相同?换句话说,是否可以由这些抽样值恢复一个连续的原函数?就是一个必须回答的问题。研究信息论的先驱香农指出,对于限带函数,答案是肯定的。他涉及的数学基础则是惠特克发表的用插值理论展开函数的方法。这一节讨论的就是惠特克-香农(Whittaker-Shannon)抽样定理的二维形式。

1.4.1 函数的抽样

首先来建立对连续变化的物理量进行抽样的数学模型。最简单的抽样方法是用二维梳状函数与被抽样的函数相乘。如果被抽样的函数为 $g(x,y)$,则抽样函数 $g_s(x,y)$ 可表示为

$$g_s(x,y) = \mathrm{comb}\left(\frac{x}{X}\right)\mathrm{comb}\left(\frac{y}{Y}\right)g(x,y) \tag{1.4-1}$$

梳状函数是 δ 函数的集合(参见附录 A 和 B),它与任何函数的乘积就是无数分布在 $x-y$ 平面上在 x,y 两个方向上间距为 X 和 Y 的 δ 函数(图 1.4-1)与该函数的乘积。根据 δ 函数的性质(参见附录 A),任何函数与 δ 函数相乘的结果仍然是 δ 函数,只是 δ 函数的"大小"要被该函数在 δ 函数位置上的函数值所调制。换句话说,每个 δ 函数下的体积正比于该点 g 函数的数值。利用卷积定理和梳状函数的傅里叶变换,可计算 $g_s(x,y)$ 的频谱 $G_s(f_x,f_y)$:

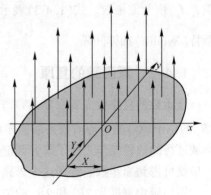

图 1.4-1　抽样函数

$$G_s(f_x, f_y) = \mathscr{F}\left\{ \mathrm{comb}\left(\frac{x}{X}\right) \mathrm{comb}\left(\frac{y}{Y}\right) \right\} * G(f_x, f_y)$$

$$= XY\mathrm{comb}(Xf_x)\mathrm{comb}(Yf_y) * G(f_x, f_y)$$

$$= \sum_{n=-\infty}^{\infty} \sum_{m=-\infty}^{\infty} \delta\left(f_x - \frac{n}{X}, f_y - \frac{m}{Y}\right) * G(f_x, f_y) \qquad (1.4\text{-}2)$$

$$= \sum_{n=-\infty}^{\infty} \sum_{m=-\infty}^{\infty} G\left(f_x - \frac{n}{X}, f_y - \frac{m}{Y}\right)$$

这一结果说明空间域上对函数 g 的抽样,导致其频谱 G 周期性复现在频率平面上以 $\left(\dfrac{n}{X}, \dfrac{m}{Y}\right)$ 点为中心的位置上(图 1.4-2)。

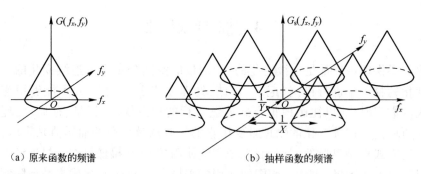

（a）原来函数的频谱　　　　　　　（b）抽样函数的频谱

图 1.4-2　函数频谱

假如函数 $g(x,y)$ 是限带函数,即它的频谱仅在频率平面上一个有限区域内不为零。若包围该区域的最小矩形在 f_x 和 f_y 方向上的宽度分别为 $2B_x$ 和 $2B_y$,欲使 $G_s(f_x, f_y)$ 中周期性复现的函数频谱 G 不会相互混叠,则必须使

$$\frac{1}{X} \geqslant 2B_x, \text{并且} \frac{1}{Y} \geqslant 2B_y$$

或者说抽样间隔必须满足
$$X \leqslant \frac{1}{2B_x}, \text{并且} Y \leqslant \frac{1}{2B_y} \qquad (1.4\text{-}3)$$

这时就可以用滤波的方法,从抽样函数的频谱 $G_s(f_x, f_y)$ 抽取出原来函数的频谱 $G(f_x, f_y)$,再由 $G(f_x, f_y)$ 恢复原函数。式(1.4-3)表示的两个方向上的最大抽样间隔 $\dfrac{1}{2B_x}$ 和 $\dfrac{1}{2B_y}$ 通常称作奈奎斯特(Nyquist)抽样间隔。

1.4.2　原函数的复原

原函数的复原首先要恢复其频谱。在满足式(1.4-3)的情况下,只要用宽度分别为 $2B_x$ 和 $2B_y$ 的位于原点的矩形函数去乘抽样函数的频谱 $G_s(f_x, f_y)$,就可得到原来函数的频谱。在频率域进行的这种操作去掉了部分频谱成分,常常称作"滤波"。进而对原函数频谱做傅里叶逆变换就可得到原函数。按照这个思路,来计算用抽样函数值表示的原函数。

用频域中宽度为 $2B_x$ 和 $2B_y$ 的位于原点的矩形函数作为滤波函数

$$H(f_x, f_y) = \mathrm{rect}\left(\frac{f_x}{2B_x}\right) \mathrm{rect}\left(\frac{f_y}{2B_y}\right) \qquad (1.4\text{-}4)$$

滤波过程可写作
$$G_s(f_x,f_y)\operatorname{rect}\left(\frac{f_x}{2B_x}\right)\operatorname{rect}\left(\frac{f_y}{2B_y}\right)=G(f_x,f_y) \tag{1.4-5}$$

根据卷积定理,在空间域得到
$$g_s(x,y)*h(x,y)=g(x,y) \tag{1.4-6}$$

式中
$$g_s(x,y)=\operatorname{comb}\left(\frac{x}{X}\right)\operatorname{comb}\left(\frac{y}{Y}\right)g(x,y)$$

$$=XY\sum_{n=-\infty}^{\infty}\sum_{m=-\infty}^{\infty}g(nX,mY)\delta(x-nX,y-mY)$$

$$h(x,y)=\mathscr{F}\left\{\operatorname{rect}\left(\frac{f_x}{2B_x}\right)\operatorname{rect}\left(\frac{f_y}{2B_y}\right)\right\}=4B_xB_y\operatorname{sinc}(2B_xx)\operatorname{sinc}(2B_yy)$$

将其代入式(1.4-6),得到
$$g(x,y)=4B_xB_yXY\sum_{n=-\infty}^{\infty}\sum_{m=-\infty}^{\infty}g(nX,mY)\operatorname{sinc}[2B_x(x-nX)]\operatorname{sinc}[2B_y(y-mY)] \tag{1.4-7}$$

若取最大允许的抽样间隔,即 $X=\dfrac{1}{2B_x}$,并且 $Y=\dfrac{1}{2B_y}$,则

$$g(x,y)=\sum_{n=-\infty}^{\infty}\sum_{m=-\infty}^{\infty}g\left(\frac{n}{2B_x},\frac{m}{2B_y}\right)\operatorname{sinc}\left[2B_x\left(x-\frac{n}{2B_x}\right)\right]\operatorname{sinc}\left[2B_y\left(y-\frac{m}{2B_y}\right)\right] \tag{1.4-8}$$

至此用抽样函数值表示的原函数就计算出来了。有趣的是在这个表达式中出现了 sinc 函数,对初学者有些意外,这是因为选取矩形函数为滤波函数所造成的,另外的滤波函数会产生其他插值函数。实际上式(1.4-7)和式(1.4-8)两个公式都是插值公式。抽样定理公式就是由抽样点函数值计算在抽样点之间所不知道的非抽样点函数值,在数学上就是插值公式。抽样定理的重要意义在于它表明,准确的插值是存在的。也就是说,由插值准确恢复原函数可以在一定条件下实现。一个连续的限带函数可以由其离散的抽样序列代替,而不丢失任何信息。图 1.4-3 用一维函数的有关图像表明了函数抽样和还原的过程及其在频域发生的相应变化。

严格说来,频带有限的函数在物理上并不存在。任何在空域上分布在有限范围内的信号(函数)的频谱在频域的分布都是无限的。但是这些函数的频谱随着频率提高,到一定程度后总会大大减小。实际应用时,可以把它们近似看作限带函数,而忽略高频分量引起的误差。

1.4.3　空间带宽积

若限带函数 $g(x,y)$ 在频域中 $|f_x|\leqslant B_x$、$|f_y|\leqslant B_y$ 以外恒为零,根据抽样定理,函数在空域中 $|x|\leqslant X$、$|y|\leqslant Y$ 的范围内抽样数至少为

$$\left(\frac{2X}{1/2B_x}\right)\left(\frac{2Y}{1/2B_y}\right)=(4XY)(4B_xB_y)=16XYB_xB_y$$

式中,$4XY$ 表示函数在空域覆盖的面积,$4B_xB_y$ 表示函数在频域中覆盖的面积。在该区域的函数可由数目为 $16XYB_xB_y$ 的抽样值来近似表示。之所以是"近似"的,是因为准确恢复该区域的任意点的函数值需要整个空域上的所有抽样值。但是,sinc 函数衰减很快,离被恢复点一定距离的抽样点的贡献已几乎为零。用 $16XYB_xB_y$ 个抽样值来近似恢复该区域的任意点的函数值是合理的。

空间带宽积 SW 就定义为函数在空域和频域中所占有的面积之积:
$$SW=16XYB_xB_y \tag{1.4-9}$$

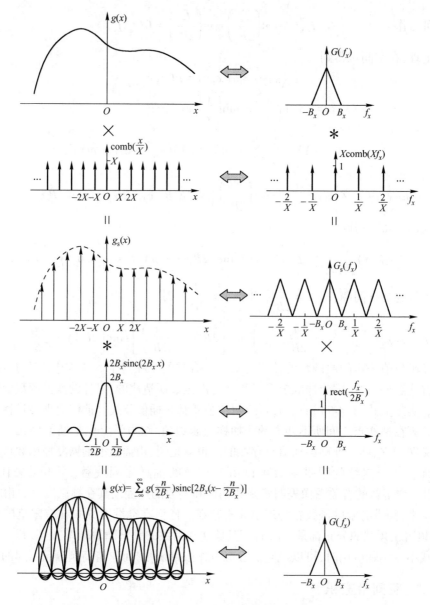

图 1.4-3　推导抽样定理的图解分析

它不仅用来描述空间信号(如图像,场分布)的信息量,也可用来描述成像系统、光信息处理系统的信息容量,即传递与处理信息的能力。

对于一个二维函数,如图像,空间带宽积 SW 决定了最低必须分辨的像素数,以及表达它需要的自由度或自由参数数目 N。当 $g(x,y)$ 是实函数时,每一个抽样值为一个实数,自由度为

$$N = \text{SW} = 16XYB_xB_y$$

当 $g(x,y)$ 是复函数时,每一个抽样值为一个复数,要由两个实数表示。自由度增大一倍,即

$$N = \text{SW} = 32XYB_xB_y \tag{1.4-10}$$

当函数(图像)在空间位移或产生频移时,SW 不变;当函数(图像)放大缩小时,SW 也不变。所以,假如没有外部因素的影响,物体的空间带宽积具有不变性。当图像信息经由系统传递或

处理时,为了不丢失信息,系统的空间带宽积应大于图像的空间带宽积。

习题一

1.1 已知线性不变系统的输入为 $g(x) = \text{comb}(x)$,系统的传递函数为三角形函数 $\Lambda(f/b)$。若取:(1) $b = 0.5$,(2) $b = 1.5$,求系统的输出 $g'(x)$。并画出输出函数及其频谱的图形。

1.2 若限带函数 $f(x,y)$ 的傅里叶变换在长度为 L、宽度为 W 的矩形之外恒为零。

(1) 如果 $|a| < \dfrac{1}{L}$,$|b| < \dfrac{1}{W}$,试证明:$\dfrac{1}{|ab|}\text{sinc}\left(\dfrac{x}{a}\right)\text{sinc}\left(\dfrac{x}{b}\right) * f(x,y) = f(x,y)$。

(2) 如果 $|a| > \dfrac{1}{L}$,$|b| > \dfrac{1}{W}$,还能得出以上结论吗?

1.3 对一个线性空间不变系统,脉冲响应为 $h(x,y) = 7\text{sinc}(7x)\delta(y)$,试用频域方法对下面每一个输入 $f_i(x,y)$,求其输出 $g_i(x,y)$。(必要时,可取合理近似)

(1) $f_1(x,y) = \cos 4\pi x$ $\qquad$ (2) $f_2(x,y) = \cos(4\pi x)\text{rect}\left(\dfrac{x}{75}\right)\text{rect}\left(\dfrac{y}{75}\right)$

(3) $f_3(x,y) = [1 + \cos(8\pi x)]\text{rect}\left(\dfrac{x}{75}\right)$ $\qquad$ (4) $f_4(x,y) = \text{comb}(x) * (\text{rect}(2x)\text{rect}(2y))$

1.4 给定一个线性不变系统,输入函数为有限延伸的三角波:

$$g_i(x) = \left[\dfrac{1}{3}\text{comb}\left(\dfrac{x}{3}\right)\text{rect}\left(\dfrac{x}{50}\right)\right] * \Lambda(x)$$

对下述传递函数利用图解方法确定系统的输出。

(1) $H(f) = \text{rect}(f/2)$ $\qquad$ (2) $H(f) = \text{rect}(f/4) - \text{rect}(f/2)$

1.5 若对二维函数 $h(x,y) = a\text{sinc}^2(ax)$ 抽样,求允许的最大抽样间隔并对具体抽样方法进行说明。

1.6 若只能用 $a \times b$ 表示的有限区域上的脉冲点阵对函数进行抽样,即

$$g_s(x,y) = g(x,y)\left[\text{comb}\left(\dfrac{x}{X}\right)\text{comb}\left(\dfrac{y}{Y}\right)\right]\text{rect}\left(\dfrac{x}{a}\right)\text{rect}\left(\dfrac{y}{b}\right)$$

试说明,即使采用奈奎斯特间隔抽样,也不能用一个理想低通滤波器精确恢复 $g(x,y)$。

1.7 若二维线性不变系统的输入是"线脉冲" $f(x,y) = \delta(x)$,系统对线脉冲的输出响应称为线响应 $L(x)$。如果系统的传递函数为 $H(f_x,f_y)$,证明:线响应的一维傅里叶变换等于系统传递函数沿 f_x 轴的截面分布 $H(f_x,0)$。

1.8 如果一个线性空间不变系统的传递函数在频率域的区间 $|f_x| \leq B_x$,$|f_y| \leq B_y$ 之外恒为零,系统输入为非限带函数 $g_0(x,y)$,输出为 $g'(x,y)$。试证明:存在一个由脉冲方形阵列构成的抽样函数 $g_0'(x,y)$,它作为等效输入,可产生相同的输出 $g'(x,y)$,并确定 $g_0'(x,y)$。

第 2 章　角谱及标量衍射的角谱理论

光的传播是光学研究的基本问题之一，也是光能够记录、存储、处理和传送信息的基础。众所周知，几何光学的基本定律——光沿直线传播，是光的波动理论的近似。作为电磁波的光的传播要用衍射理论才能准确说明。衍射，按照索末菲的定义是"不能用反射或折射来解释的光线对直线光路的任何偏离"。衍射是波动传播过程的普遍属性，是光具有波动性的表现。电磁波是矢量波，精确解决光的衍射问题，必须考虑光波的矢量性。用矢量波处理衍射过程非常复杂，这是因为电磁场矢量的各个分量通过麦克斯韦方程联系在一起，不能单独处理。但是在光的干涉、衍射等许多现象中，只要满足：

（1）衍射孔径比波长大很多，

（2）观察点离衍射孔不太靠近。

不考虑电磁场矢量的各个分量之间的联系，把光作为标量处理的结果与实际极其接近。在本书涉及的内容中这些条件基本上是满足的，因此只讨论光的标量衍射理论。

经典的标量衍射理论最初是 1678 年惠更斯提出的。他设想波动所到达的面上每一点是次级子波源，每一个次级波源发出的次级球面波向四面八方扩展，所有这些次级波的包络面形成新的波前。1818 年菲涅耳引入干涉的概念补充了惠更斯原理，考虑到子波源是相干的，认为空间光场是子波干涉的结果。而后 1882 年基尔霍夫利用格林定理，采用球面波作为求解波动方程的格林函数，导出了严格的标量衍射公式。在基尔霍夫衍射理论中，球面波是传播过程的基元函数。由于任意光波场可以展开为平面波的叠加，因此用平面波作为基元函数也可以描述衍射现象，这就是研究衍射的角谱方法。光学课程中已经由基尔霍夫公式出发详细讨论了菲涅耳衍射公式，本章将采用平面波角谱理论导出同样的衍射公式，说明光的传播过程作为线性系统用频谱（角谱）方法在频域中分析，与用脉冲响应（点光源传播）方法在空域中分析是等价的。其中将重点介绍光场的空间频率以及局域空间频率的概念，并用角谱方法讨论菲涅耳衍射和夫琅禾费衍射。最后，本章还要介绍分数傅里叶变换以及用分数傅里叶变换来表示菲涅耳衍射的优越性。

2.1　光波的数学描述

作为电磁场的基本理论，麦克斯韦方程组描述了电场和磁场在各向同性介质中的传播特性。同时作为空间和时间函数的电场或磁场分量 u，在任一空间无源点上满足标量波动方程

$$\nabla^2 u - \frac{1}{v^2}\frac{\partial^2}{\partial t^2}u = 0 \tag{2.1-1}$$

式中

$$\nabla^2 = \frac{\partial^2}{\partial x^2} + \frac{\partial^2}{\partial y^2} + \frac{\partial^2}{\partial z^2}$$

是拉普拉斯算符，电磁场在介质中的传播速度 $v = 1/\sqrt{\varepsilon\mu}$，而 ε、μ 为介质的介电系数和磁导率；如在真空中的传播，则速度为真空光速 $v = 1/\sqrt{\varepsilon_0\mu_0}$，$\varepsilon_0$、$\mu_0$ 为真空中的介电系数和磁导率。

式（2.1-1）是线性的，也就是说满足该方程的基本解的线性组合都是方程的解。可以证

明,球面波和平面波都是波动方程的基本解。任何复杂的波都可以用球面波和平面波的线性组合表示,也都是满足波动方程的解。

2.1.1 光振动的复振幅和亥姆霍兹方程

取最简单的简谐振动作为波动方程的特解,单色光场中某点 P 在时刻 t 的光振动可表示成

$$u(P,t) = a(P)\cos[2\pi\nu t - \phi(P)] \tag{2.1-2}$$

式中 ν 是光波的时间频率,$a(P)$ 和 $\phi(P)$ 分别是 $P(x,y,z)$ 点光振动的振幅和初相位。为将相位中由空间位置确定的部分 $\phi(P)$ 和由时间变量决定的部分 $2\pi\nu t$ 分开,用复指数函数表示光振动是方便的。这样一来,式(2.1-2)变成

$$\begin{aligned} u(P,t) &= \mathrm{Re}\{a(P)\mathrm{e}^{-\mathrm{j}[2\pi\nu t-\phi(P)]}\} \\ &= \mathrm{Re}\{a(P)\mathrm{e}^{\mathrm{j}\phi(P)}\mathrm{e}^{-\mathrm{j}2\pi\nu t}\} \end{aligned} \tag{2.1-3}$$

式中符号 $\mathrm{Re}\{\}$ 表示对括号内的复函数取实部。将花括号内的由空间位置确定的部分合在一起定义成一个物理量

$$U(P) = a(P)\exp[\mathrm{j}\phi(P)] \tag{2.1-4}$$

$U(P)$ 称为单色光场中 P 点的复振幅。它包含了 P 点光振动的振幅 $a(P)$ 和初相位 $\phi(P)$,仅仅是位置坐标的复值函数,与时间无关。利用复振幅 $U(P)$,光振动可改写为

$$u(P,t) = \mathrm{Re}\{U(P)\exp(-\mathrm{j}2\pi\nu t)\} \tag{2.1-5}$$

光振动的强度是其振幅 $a(P)$ 的平方,因而光强可用复振幅表示成

$$I(P) = |U(P)| = UU^* \tag{2.1-6}$$

在仅涉及满足叠加原理的线性运算(加、减、积分和微分等)时,可用复指数函数替代表示光振动的余弦函数形式。在运算的任何一个阶段对复指数函数取实部,与直接用余弦函数进行运算在同一个阶段得到的结果是相同的。故可将式(2.1-5)左边花括号中的部分代入式(2.1-1),波动方程化简为

$$(\nabla^2 + k^2)U = 0 \tag{2.1-7}$$

其中 k 称为波数,表示单位长度上产生的相位变化,定义为

$$k = 2\pi\frac{\nu}{v} = \frac{2\pi}{\lambda} \tag{2.1-8}$$

式(2.1-7)称为亥姆霍兹方程,是不含时间的偏微分方程。在自由空间传播的任何单色光扰动的复振幅都必须满足这个不含时间的波动方程。这也就意味着,可以用不含时间变量的复振幅分布完善地描述单色光波场。

2.1.2 球面波的复振幅表示

球面波是波动方程的基本解。从点光源发出的光波,在各向同性介质中传播时形成球形的波面,称为球面波。一个复杂的光源常常可以看成许多点光源的集合,它所发出的光波就是球面波的叠加。这些点光源互不相干时是光强相加,相干时则是复振幅相加。因此研究球面波的复振幅表示是很重要的。球面波的等相位面是一组同心球面,每个点上的振幅与该点到球心的距离成反比。当直角坐标系的原点与球面波中心重合时,单色发散球面波在光场中任何一点产生的复振幅可写作

$$U(P) = \frac{a_0}{r} e^{jkr} \tag{2.1-9}$$

式中，r 为观察点 $P(x,y,z)$ 离开点光源的距离，$r = (x^2 + y^2 + z^2)^{1/2}$，$a_0$ 为离开点光源单位距离处的振幅。对于会聚球面波，则有

$$U(P) = \frac{a_0}{r} e^{-jkr} \tag{2-1-10}$$

当点光源或会聚点位于空间任意一点 $S(x_0, y_0, z_0)$（图 2.1-1）时，有

$$r = \left[(x - x_0)^2 + (y - y_0)^2 + (z - z_0)^2 \right]^{1/2} \tag{2.1-11}$$

光学问题中所关心的常常是某个选定平面上的光场分布。例如，衍射场中的孔径平面和观察平面，成象系统中的物面和像面等。因而要用到光波包括球面波在某一特定平面上产生的复振幅分布。在图 2.1-1 中，点光源位于 $x_0 - y_0$ 平面上 $S(x_0, y_0, z_0)$ 点，考察与其相距 $z(z > 0)$ 的 $x - y$ 平面上的光场分布。r 可写为

$$r = \left[z^2 + (x - x_0)^2 + (y - y_0)^2 \right]^{\frac{1}{2}} = z \left[1 + \frac{(x - x_0)^2 + (y - y_0)^2}{z^2} \right]^{\frac{1}{2}} \tag{2.1-12}$$

当 $x - y$ 平面上只考虑一个对 S 点张角不大的区域时，有

$$\frac{(x - x_0)^2 + (y - y_0)^2}{z^2} \ll 1$$

利用二项式展开，并略去高阶项，得到

$$r \approx z + \frac{(x - x_0)^2 + (y - y_0)^2}{2z} \tag{2.1-13}$$

将式（2.1-13）代入式（2.1-9），得出发散球面波在 $x - y$ 平面上产生的复振幅分布

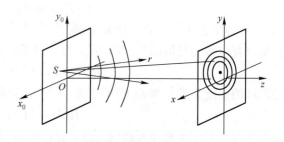

图 2.1-1　球面波在 $x - y$ 平面上的等相位线

$$U(x,y) = \frac{a_0}{z} \exp(jkz) \exp\left\{ j\frac{k}{2z} \left[(x - x_0)^2 + (y - y_0)^2 \right] \right\} \tag{2.1-14}$$

式中分母上的 r 已用 z 近似，这是因为所考虑的区域相对 z 很小，各点的光振动的振幅近似相等。但在指数函数上的相位因子中，由于光的波长 λ 极短，$k = 2\pi/\lambda$ 数值很大，近似式（2.1-13）中第二项不能省略。

在式（2.1-14）的相位因子中包括两项：$\exp(jkz)$ 是常量相位因子；随 $x - y$ 平面坐标变化的第二项 $\exp\left\{ j\frac{k}{2z} \left[(x - x_0)^2 + (y - y_0)^2 \right] \right\}$ 称作球面波的（二次）相位因子。当平面上复振幅分布的表达式中包含有这种因子时，一般就可以认为距离该平面 z 处有一个点光源发出的球面波经过这个平面。

$x - y$ 平面上相位相同的点的轨迹，即等相位线方程为

$$(x - x_0)^2 + (y - y_0)^2 = C \tag{2.1-15}$$

式中 C 表示某一常量。不同 C 值所对应的等相位线构成一个同心圆族，它们是球形波面与 $x - y$ 平面的交线。注意相位值相差 2π 的同心圆之间的间隔并不相等，而是由中心向外越来越密集。

若光源位于 $x_0 - y_0$ 平面的坐标原点，傍轴近似下，发散球面波在 $x - y$ 平面上的复振幅分

布为

$$U(x,y) = \frac{a_0}{z}\exp(jkz)\exp\left[j\frac{k}{2z}(x^2 + y^2)\right] \tag{2.1-16}$$

若 $z < 0$，上式也可以用来表示会聚球面波。或者写作

$$U(x,y) = \frac{a_0}{|z|}\exp(-jk|z|)\exp\left[-j\frac{k}{2|z|}(x^2 + y^2)\right] \tag{2.1-17}$$

它表示经过 $x - y$ 平面向距离 $|z|$ 处会聚的球面波在该平面产生的复振幅分布。

2.1.3 平面波的复振幅表示

如图 2.1-2 所示，波矢量 $\boldsymbol{k}$ 表示光波的传播方向，其大小为 $k = 2\pi/\lambda$，方向余弦为 $\cos\alpha$、$\cos\beta$、$\cos\gamma$。在任意时刻，与波矢量相垂直的平面上振幅和相位为常数的光波称为平面波。

若空间某点 $P(x,y,z)$ 的位置矢量为 $\boldsymbol{r}$，则平面波传播到 P 点的相位为 $\boldsymbol{k}\cdot\boldsymbol{r}$，该点复振幅的一般表达式为

$$\begin{aligned}U(x,y,z) &= a\exp(j\boldsymbol{k}\cdot\boldsymbol{r})\\ &= a\exp[jk(x\cos\alpha + y\cos\beta + z\cos\gamma)]\end{aligned} \tag{2.1-18}$$

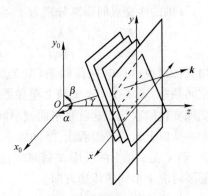

图 2-1-2　平面波在 $x - y$
平面上的等相位线

其中 a 为常量振幅。由于方向余弦满足恒等式 $\cos^2\alpha + \cos^2\beta + \cos^2\gamma = 1$，故 $\cos\gamma = \sqrt{1 - \cos^2\alpha - \cos^2\beta}$，这样式 (2.1-18) 可表示为

$$U(x,y,z) = a\exp(jkz\sqrt{1 - \cos^2\alpha - \cos^2\beta})\exp[jk(x\cos\alpha + y\cos\beta)] \tag{2.1-19}$$

令

$$A = a\exp(jkz\sqrt{1 - \cos^2\alpha - \cos^2\beta}) \tag{2.1-20}$$

则

$$U(x,y) = A\exp[jk(x\cos\alpha + y\cos\beta)] \tag{2.1-21}$$

式 (2.1-21) 表征了与 z 轴垂直并距原点 z 处的任一平面上平面波的复振幅分布。和球面波表达式 (2.1-14) 类似，上式右边可分成与 $x - y$ 坐标有关的 $\exp[jk(x\cos\alpha + y\cos\beta)]$ 和与 $x - y$ 坐标无关的 A 两部分。前者是表征平面波特点的线性相位因子，若平面上复振幅分布的表达式中包含有这种因子，一般就可以认为有一个方向余弦为 $\cos\alpha$、$\cos\beta$ 的平面波经过这个平面；后者即 A 的模是个常数，而不是球面波的模与距离成反比。A 的辐角则与 z 坐标成正比。

平面波等相位线方程为

$$x\cos\alpha + y\cos\beta = C \tag{2.1-22}$$

式中，C 为常量。不同 C 值所对应的等相位线是一些平行直线。图 2.1-2 中用虚线表示出相位值相差 2π 的一组波面与 $x - y$ 平面的交线，即等相位线。它们是一组平行等距的斜直线。由于相位值相差 2π 的点的光振动实际相同，所以平面上复振幅分布的基本特点是相位值相差 2π 的周期性分布。这是平面波传播的空间周期性特点在 $x - y$ 平面上的具体表现，也是下面提出平面波空间频率概念的基础。

2.1.4 平面波的空间频率

在式 (2.1-18) 中，令

$$f_x = \frac{\cos\alpha}{\lambda}, \quad f_y = \frac{\cos\beta}{\lambda}, \quad f_z = \frac{\cos\gamma}{\lambda} \tag{2.1-23}$$

平面波的复振幅的一般表达式变为

$$U(x,y,z) = a\exp[\,\mathrm{j}2\pi(xf_x + yf_y + zf_z)\,] \qquad (2.1\text{-}24)$$

式(2.1-23)定义的 f_x, f_y, f_z 为 x, y, z 方向上平面波的空间频率。

如图 2.1-3 所示，一平面波的波矢量为 $\boldsymbol{k}$，时间频率为 ν，其等相位面为平面，并与波矢量 $\boldsymbol{k}$ 垂直。图中画出了由原点起沿波矢量方向每传播一个波长 λ 周期性重复出现的两个等相位面。由于 $\boldsymbol{k}$ 的方向余弦为 $\cos\alpha, \cos\beta, \cos\gamma$，则相邻两等相位面与 x, y, z 轴的两交点间距离分别为

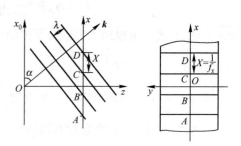

图 2.1-3　$\boldsymbol{k}$ 位于 x_0, z 平面的平面波在 x, y 平面上的空间频率

$$X = \frac{\lambda}{\cos\alpha}, \quad Y = \frac{\lambda}{\cos\beta}, \quad Z = \frac{\lambda}{\cos\gamma} \quad (2.1\text{-}25)$$

由式(2.1-9)可知，振荡周期 (X, Y, Z) 的倒数即为空间频率，表示在 x、y、z 轴上单位距离内的复振幅周期变化的次数。这就是平面波空间频率的物理意义。

从以上讨论可以看出，空间频率与平面波的传播方向有关，波矢量 $\boldsymbol{k}$ 与 x 轴的夹角 α 越大，则 λ 在 x 轴上的投影 X 就越大，在 x 方向上的空间频率就越小。因此，空间频率不同的平面波对应于不同的传播方向。

显然，三个空间频率不能相互独立，由于

$$\lambda^2 f_x^2 + \lambda^2 f_y^2 + \lambda^2 f_z^2 = 1 \qquad (2.1\text{-}26)$$

因此

$$f_z = (\sqrt{1 - \lambda^2 f_x^2 - \lambda^2 f_y^2})/\lambda \qquad (2.1\text{-}27)$$

这样平面波的复振幅即平面波方程可以写为

$$U(x,y,z) = a\exp[\,\mathrm{j}2\pi(xf_x + yf_y)\,]\exp\left(\mathrm{j}\frac{2\pi}{\lambda}z\sqrt{1 - \lambda^2 f_x^2 - \lambda^2 f_y^2}\right)$$

$$\qquad (2.1\text{-}28)$$

$$= U_0(x,y,0)\exp\left(\mathrm{j}\frac{2\pi}{\lambda}z\sqrt{1 - \lambda^2 f_x^2 - \lambda^2 f_y^2}\right)$$

式中

$$U_0(x,y,0) = a\exp[\,\mathrm{j}2\pi(xf_x + yf_y)\,] \qquad (2.1\text{-}29)$$

为 $z = 0$ 平面上的复振幅。式(2.1-28)说明，在任一距离 z 的平面上的复振幅分布，由在 $z = 0$ 平面上的复振幅和与传播距离及方向有关的一个复指数函数的乘积给出。这说明了传播过程对复振幅分布的影响，已经在实质上解决了最基础的平面波衍射问题，在下面讨论标量衍射的角谱理论时非常有用。

由式(2.1-26)还可得到

$$f_x^2 + f_y^2 + f_z^2 = 1/\lambda^2 = f^2 \qquad (2.1\text{-}30)$$

式中，$1/\lambda = f$ 表示平面波沿传播方向的空间频率。上式同时也说明空间频率的最大值是波长的倒数。回顾上一章中，式(1.3-5)中分布在 $-\infty \sim +\infty$ 的整个二维频率空间的空间频率，尽管包含空间频率 f_x, f_y 的函数 $\exp[\,\mathrm{j}2\pi(f_x x + f_y y)\,]$ 的数学形式完全一样，其物理意义却完全不同。本节中论述的平面波的空间频率是一个与可以传播的电磁波有关的物理概念，它受到电磁波(光)的波长的限制，不仅要满足式(2.1-30)，而且只能分布在 $-1/\lambda \sim +1/\lambda$ 之间。绝对值大于 $1/\lambda = f$ 的平面波的空间频率是不存在的。

2.1.5　空间频率的局域化

上述讨论的所有空间频率的平面波分量都是在整个 $x - y - z$ 空域上延展的，并没有将一

个空间位置与一个具有特定空间频率的平面波联系起来。但是在实际问题中，一束平面波总是有一定宽度并局限在某一空间区域内的，不可能是无限宽且在整个空间中传播的。因此要引入局域空间频率的概念，以保证下面用傅里叶分析方法讨论光场的分解与叠加具有实际意义，或者说，是可以实现的。

为了讨论这个问题，考虑复值光场的一般情况，任何一个这样的光场可以表示为

$$g(x,y) = a(x,y)\exp[j2\pi\phi(x,y)] \tag{2.1-31}$$

其中 $a(x,y)$ 是非负的实值振幅分布，$\phi(x,y)$ 为实值相位分布。对于有限宽度传播的平面波，可以合理地假定振幅分布 $a(x,y)$ 是空间位置 (x,y) 的缓变函数。定义函数 $g(x,y)$ 的局域空间频率 (f_{lx},f_{ly}) 为 $\phi(x,y)$ 沿 x 和 y 方向的变化率

$$f_{lx} = \frac{\partial}{\partial x}\phi(x,y), \quad f_{ly} = \frac{\partial}{\partial y}\phi(x,y) \tag{2.1-32}$$

而且定义在函数 $g(x,y)$ 值为零的区域，f_{lX}、f_{lY} 的值也为零。

对于式 (2.1-29) 表示的 $z = 0$ 平面上的复振幅为 $U_0(x,y,0) = a\exp[j2\pi(xf_x + yf_y)]$ 的平面波，在 $z = 0$ 平面上的任何位置的局域空间频率为

$$f_{lx} = \frac{\partial}{\partial x}(xf_x + yf_y) = f_x, \quad f_{ly} = \frac{\partial}{\partial y}(xf_x + yf_y) = f_y \tag{2.1-33}$$

也就是说，平面波在 $z = 0$ 平面上的任何位置的局域空间频率就是该平面波的空间频率，局域空间频率在整个 $z = 0$ 平面上均为常数。这是非常自然的，因为平面波在任何位置上传播方向都是相同的，不变的。

不失一般性，可以假设式 (2.1-29) 表示的 $z = 0$ 平面上的平面波仅仅分布于中心在原点、宽度为 $2L_X \times 2L_Y$ 的矩形范围内，这时 $z = 0$ 平面上的复振幅可表示为

$$U_0(x,y,0) = a\exp[j2\pi(xf_x + yf_y)]\mathrm{rect}\left(\frac{x}{2L_X}\right)\mathrm{rect}\left(\frac{y}{2L_Y}\right)$$

它在 $z = 0$ 平面上的任何位置的局域空间频率为

$$\begin{cases} f_{lx} = f_x, \quad f_{ly} = f_y \quad -L_X \le x \le L_X, \ -L_Y \le y \le L_Y \\ f_{lx} = 0_x, \quad f_{ly} = 0 \quad \text{其他} \end{cases} \tag{2.1-34}$$

结果表明，有限分布的平面波的局域空间频率也有限分布在尺度为 $2L_X \times 2L_Y$ 的矩形内，且在该区域内局域空间频率就是该平面波的空间频率。必须注意，这个结果仅在 $z = 0$ 平面上成立，一旦平面波沿着 z 方向传播出去，由于衍射，平面波不再限制在尺度为 $2L_X \times 2L_Y$ 的矩形内，其相应的局域空间频率就会逐渐偏离该平面波的空间频率。但是只要满足 $z = 0$ 的条件，在尺度为 $2L_X \times 2L_Y$ 的矩形内，在局域空间频率相同的情况下，有限分布和无限分布的平面波在相干叠加时的作用是相同的。这样一来，平面波的空间频率的概念就可以推广应用于有限宽度的平面光束了。

在每个点上的局域空间频率有重要的物理意义，相干光波前的复振幅的局域空间频率对应于该波前在几何光学描述情况下的光线方向。该光线传播的方向余弦 $(\alpha_l,\beta_l,\gamma_l)$ 与该点的局域空间频率满足

$$\alpha_l = \lambda f_{lx}, \quad \beta_l = \lambda f_{ly}, \quad \gamma_l = \sqrt{1 - \alpha_l^2 - \beta_l^2} \tag{2.1-35}$$

另外，局域空间频率的定义也不仅限于有限宽度的平面波。例如，对于二次相位函数

$$g(x,y) = \exp[j2\pi a(x^2 + y^2)]$$

可以求出其局域空间频率为 $f_{lx} = 2af_x, f_{ly} = 2af_y$。

2.2 复振幅分布的角谱及角谱的传播

2.2.1 复振幅分布的角谱

对任一平面上的光场复振幅分布做空间坐标的二维傅里叶变换,可求得其频谱分布。由于各个不同空间频率的空间傅里叶分量可看作沿不同方向传播的平面波,因此称空间频谱为平面波谱,即复振幅分布的角谱。

设有一单色光波沿 z 方向投射到 $x-y$ 平面上,在 z 处光场分布为 $U(x,y,z)$。则函数 $U(x,y,z)$ 在 $x-y$ 平面上的二维傅里叶变换是

$$A(f_x,f_y,z) = \iint_{-\infty}^{\infty} U(x,y,z)\exp[-\mathrm{j}2\pi(xf_x+yf_y)]\mathrm{d}x\mathrm{d}y \tag{2.2-1}$$

这就是光场复振幅分布 $U(x,y,z)$ 的角谱。同时有逆变换为

$$U(x,y,z) = \iint_{-\infty}^{\infty} A(f_x,f_y,z)\exp[\mathrm{j}2\pi(xf_x+yf_y)]\mathrm{d}f_x\mathrm{d}f_y \tag{2.2-2}$$

$U(x,y,z)$ 可理解为不同空间频率的一系列基元函数 $\exp[\mathrm{j}2\pi(xf_x+yf_y)]$ 之和,其叠加权重为 $A(f_x,f_y,z)$。由式(2.1-29)可以看出,基元函数就是空间频率为 f_x,f_y,或者说方向余弦为 $\cos\alpha$, $\cos\beta$ 的平面波。权重因子 $A(f_x,f_y,z)$ 为该方向平面波即该空间频率平面波的复振幅。因此,式(2.2-2)说明,单色光波在某一平面上的光场分别可以看作不同传播方向的平面波的叠加,在叠加时各平面波有自己的振幅和相位,它们的值分别为角谱的模和辐角。因为 $f_x = \dfrac{\cos\alpha}{\lambda}$, $f_y = \dfrac{\cos\beta}{\lambda}$,则 $A(f_x,f_y,z)$ 也可利用方向余弦表示为

$$A\left(\frac{\cos\alpha}{\lambda},\frac{\cos\beta}{\lambda},z\right) = \iint_{-\infty}^{\infty} U(x,y,z)\exp\left[-\mathrm{j}2\pi\left(\frac{\cos\alpha}{\lambda}x+\frac{\cos\beta}{\lambda}y\right)\right]\mathrm{d}x\mathrm{d}y \tag{2.2-3}$$

由此可见复振幅分布的空间频谱以表示平面波传播方向的角度为宗量,这就是把它称为角谱或平面波角谱的原因。

2.2.2 平面波角谱的传播

根据式(2.2-2),图2.2-1中 $z=0$ 平面上的光场分布 $U_0(x,y,0)$ 和 $z=z$ 平面上的光场分布 $U(x,y,z)$ 可以分别记作

$$U_0(x,y,0) = \iint_{-\infty}^{\infty} A\left(\frac{\cos\alpha}{\lambda},\frac{\cos\beta}{\lambda},0\right)\exp\left[\mathrm{j}2\pi\left(\frac{\cos\alpha}{\lambda}x+\frac{\cos\beta}{\lambda}y\right)\right]\mathrm{d}\left(\frac{\cos\alpha}{\lambda}\right)\mathrm{d}\left(\frac{\cos\beta}{\lambda}\right) \tag{2.2-4}$$

$$U(x,y,z) = \iint_{-\infty}^{\infty} A\left(\frac{\cos\alpha}{\lambda},\frac{\cos\beta}{\lambda},z\right)\exp\left[\mathrm{j}2\pi\left(\frac{\cos\alpha}{\lambda}x+\frac{\cos\beta}{\lambda}y\right)\right]\mathrm{d}\left(\frac{\cos\alpha}{\lambda}\right)\mathrm{d}\left(\frac{\cos\beta}{\lambda}\right) \tag{2.2-5}$$

研究角谱的传播就是要找到 $z=0$ 平面上的角谱 $A\left(\dfrac{\cos\alpha}{\lambda},\dfrac{\cos\beta}{\lambda},0\right)$ 和 $z=z$ 平面上的角谱

$A\left(\dfrac{\cos\alpha}{\lambda},\dfrac{\cos\beta}{\lambda},z\right)$ 之间的关系。

从不含时间变量的标量波动方程出发讨论这个问题,将式(2.2-5)代入式(2.1-7)表示的亥姆霍兹方程。改变积分与微分的顺序,注意到角谱 $A\left(\dfrac{\cos\alpha}{\lambda},\dfrac{\cos\beta}{\lambda},z\right)$ 仅是 z 的函数而复指数函数中不含 z 变量,可以导出 $A\left(\dfrac{\cos\alpha}{\lambda},\dfrac{\cos\beta}{\lambda},z\right)$ 必须满足的微分方程

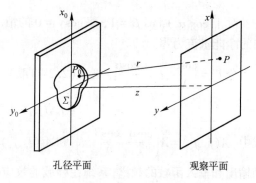

图 2.2-1 复振幅分布及其角谱的传播

$$\frac{\mathrm{d}^2}{\mathrm{d}z^2}A\left(\frac{\cos\alpha}{\lambda},\frac{\cos\beta}{\lambda},z\right)+k^2(1-\cos^2\alpha-\cos^2\beta)A\left(\frac{\cos\alpha}{\lambda},\frac{\cos\beta}{\lambda},z\right)=0 \qquad (2.2\text{-}6)$$

该二阶常微分方程的一个基本解是(另一个是倒退波,此处不予讨论)

$$A\left(\frac{\cos\alpha}{\lambda},\frac{\cos\beta}{\lambda},z\right)=C\left(\frac{\cos\alpha}{\lambda},\frac{\cos\beta}{\lambda}\right)\exp(\mathrm{j}kz\sqrt{1-\cos^2\alpha-\cos^2\beta})$$

式中,$C\left(\dfrac{\cos\alpha}{\lambda},\dfrac{\cos\beta}{\lambda}\right)$ 由初始条件决定。$z=0$ 平面上的角谱为 $A\left(\dfrac{\cos\alpha}{\lambda},\dfrac{\cos\beta}{\lambda},0\right)$,因而有

$$C\left(\frac{\cos\alpha}{\lambda},\frac{\cos\beta}{\lambda}\right)=A\left(\frac{\cos\alpha}{\lambda},\frac{\cos\beta}{\lambda},0\right)$$

最后得到
$$A\left(\frac{\cos\alpha}{\lambda},\frac{\cos\beta}{\lambda},z\right)=A\left(\frac{\cos\alpha}{\lambda},\frac{\cos\beta}{\lambda},0\right)\exp(\mathrm{j}kz\sqrt{1-\cos^2\alpha-\cos^2\beta}) \qquad (2.2\text{-}7)$$

这是一个十分重要的结果,它给出了两个平行平面之间角谱传播的规律。由已知平面上的光场分布 $U(x,y,0)$ 得到角谱 $A\left(\dfrac{\cos\alpha}{\lambda},\dfrac{\cos\beta}{\lambda},0\right)$ 后,可以利用式(2.2-7)求出它传播到 $z=z$ 平面上的角谱 $A\left(\dfrac{\cos\alpha}{\lambda},\dfrac{\cos\beta}{\lambda},z\right)$,再通过傅里叶逆变换求出其光场分布 $U(x,y,z)$。需要说明的一点是,式(2.2-7)也可以由式(2.1-28)直接导出,这是因为单色的某一特定空间频率的平面波自然也满足亥姆霍兹方程。

现在进一步讨论式(2.2-7)。当传播方向余弦 $(\cos\alpha,\cos\beta)$ 满足 $\cos^2\alpha+\cos^2\beta<1$ 时,式(2.2-7)说明,经过距离 z 的传播只是改变了各个角谱分量的相对相位,引入了一个相位延迟因子 $\exp\left(\mathrm{j}\dfrac{2\pi}{\lambda}z\sqrt{1-\cos^2\alpha-\cos^2\beta}\right)$,这是由于每个平面波分量在不同方向上传播,它们到达给定的点所经过的距离不同。

对于 $\cos^2\alpha+\cos^2\beta>1$ 的情况,式(2.2-7)中的平方根是虚数,于是有

$$A\left(\frac{\cos\alpha}{\lambda},\frac{\cos\beta}{\lambda},z\right)=A\left(\frac{\cos\alpha}{\lambda},\frac{\cos\beta}{\lambda},0\right)\exp(-\mu z) \qquad (2.2\text{-}8)$$

式中
$$\mu=k\sqrt{\cos^2\alpha+\cos^2\beta-1}$$

由于 μ 是正实数,式(2.2-8)说明一切满足 $\cos^2\alpha+\cos^2\beta>1$ 的波动分量,将随 z 的增大而按指数 $\exp(-\mu z)$ 衰减。在几个波长的距离内很快衰减到零。对应于这些传播方向的波动分量称为倏逝波,在满足标量衍射理论近似条件情况下忽略不计。

对于 $\cos^2\alpha + \cos^2\beta = 1$，即 $\cos\gamma = 0$ 的情况，波动分量的传播方向垂直于 z 轴，它在 z 轴方向的净能量流为零。

令 $f_x = \dfrac{\cos\alpha}{\lambda}, f_y = \dfrac{\cos\beta}{\lambda}$，把式（2.2-7）改写为

$$A(f_x, f_y) = A_0(f_x, f_y) H(f_x, f_y) \tag{2.2-9}$$

式中，$A(f_x, f_y) = A\left(\dfrac{\cos\alpha}{\lambda}, \dfrac{\cos\beta}{\lambda}, z\right)$ 和 $A_0(f_x, f_y) = A\left(\dfrac{\cos\alpha}{\lambda}, \dfrac{\cos\beta}{\lambda}, 0\right)$ 分别看作一个不变线性系统的输出和输入函数的频谱，系统在频域的效应可由传递函数表征为

$$H(f_x, f_y) = \frac{A(f_x, f_y)}{A_0(f_x, f_y)} = \exp\left[jkz\sqrt{1 - (\lambda f_x)^2 - (\lambda f_y)^2}\right] \tag{2.2-10}$$

在满足标量衍射理论近似条件情况下，倏逝波总是忽略不计的，因而传递函数可表示为

$$H(f_x, f_y) = \begin{cases} \exp\left[jkz\sqrt{1 - (\lambda f_x)^2 - (\lambda f_y)^2}\right], & f_x^2 + f_y^2 < 1/\lambda^2 \\ 0, & \text{其他} \end{cases} \tag{2.2-11}$$

上式表明，可以把光波的传播现象看作一个空间滤波器。它具有有限的带宽（见图 2.2-2）。在频率平面上半径为 $1/\lambda$ 的圆形区域内，传递函数的模为 1，对各频率分量的振幅没有影响。但要引入与频率有关的相移。在这一圆形区域外，传递函数为零。由此可知，对空域中比波长还要小的精细结构，或者说空间频率大于 $1/\lambda$ 的信息，在单色光照明下不能沿 z 方向向前传播。光在自由空间传播时，携带信息的能力是有限的。

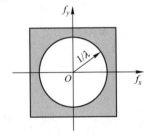

图 2.2-2　传播现象的有限空间带宽

2.2.3　衍射孔径对角谱的作用

如图 2.2-3 所示，在 $z = 0$ 平面处有一无穷大不透明屏，其上开一孔 Σ，则该孔的透射函数为

$$t(x, y) = \begin{cases} 1 & (x, y) \text{ 在 } \Sigma \text{ 内} \\ 0 & \text{其他} \end{cases} \tag{2.2-12}$$

沿 z 方向传播的光波入射到该孔径上的复振幅为 $U_i(x, y, 0)$，则紧靠孔径后面的平面上的出射光场的复振幅为

$$U_t(x, y, 0) = U_i(x, y, 0) t(x, y) \tag{2.2-13}$$

对上式两边做傅里叶变换，用角谱表示为

$$A_t\left(\frac{\cos\alpha}{\lambda}, \frac{\cos\beta}{\lambda}\right) = A_i\left(\frac{\cos\alpha}{\lambda}, \frac{\cos\beta}{\lambda}\right) * T\left(\frac{\cos\alpha}{\lambda}, \frac{\cos\beta}{\lambda}\right) \tag{2.2-14}$$

其中 $*$ 为卷积，$T\left(\dfrac{\cos\alpha}{\lambda}, \dfrac{\cos\beta}{\lambda}\right)$ 为孔径函数的傅里叶变换。由于卷积运算具有展宽带宽的性质，因此，引入使入射光波在空间上受限制的衍射孔径的效应就是展宽了光波的角谱，而不同的角谱分量相应于不同方向传播的平面波分量，故角谱的展宽就是在出射波

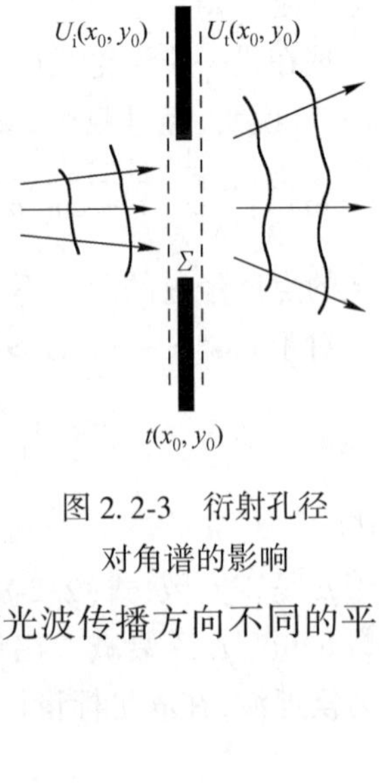

图 2.2-3　衍射孔径对角谱的影响

中除了包含与入射光波相同方向传播的分量，还增加了一些与入射光波传播方向不同的平面波分量，即增加了一些高空间频率的波，这就是衍射波。

2.3 标量衍射的角谱理论

本节用平面波角谱理论推导常用的衍射公式,并说明对于线性系统,光的传播过程用频谱方法在频域中分析,与用脉冲响应(点光源传播)方法在空域中分析是等价的。为了方便进行两种方法的比较,首先简要回顾一下经典的衍射理论。

2.3.1 惠更斯—菲涅耳—基尔霍夫标量衍射理论的简要回顾

衍射理论要解决的问题是:光场中任意一点 P 的复振幅 $U(P)$ 能否用光场中其他各点的复振幅表示出来。显然,这是一个根据边界条件求解波动方程的问题。惠更斯—菲涅耳提出的子波干涉原理与基尔霍夫求解波动方程所得的结果十分一致,都可以表示成在孔径 Σ 上的面积分形式的如下的衍射公式

$$U(P) = C \int_{\Sigma} U(P_0) K(\theta) \frac{e^{jkr}}{r} ds \tag{2.3-1a}$$

对点光源照明平面屏幕的衍射,基尔霍夫导出的复常数 C 和倾斜因子 $K(\theta)$ 的表达形式为

$$C = \frac{1}{j\lambda} \tag{2.3-1b}$$

$$K(\theta) = \frac{\cos(\boldsymbol{n},\boldsymbol{r}) - \cos(\boldsymbol{n},\boldsymbol{r}')}{2} \tag{2.3-1c}$$

式中 $U(P_0)$ 为衍射孔径内的复振幅分布。如图 2.3-1 所示,P' 为照明平面屏幕的点光源,P_0 为孔径 Σ 上的任意一点,P 为孔径后方的观察点。r 和 r' 分别是 P 和 P' 到 P_0 的距离,二者都比波长大得多。矢量 $\boldsymbol{r}$ 和 $\boldsymbol{r}'$ 均指向 P_0 点。$\boldsymbol{n}$ 表示 Σ 面上法线的正方向。式(2.3-1a)所表示的仅是单个球面波照明孔径的情况,但是衍射公式可以适用于更普遍的任意单色光照明的情况。这是因为任意复杂的光波都可以分解为简单球面波的线性组合,波动方程的线性性质允许对每一单个球面波应用衍射公式,再把它们在 P 点产生的贡献叠加起来。

根据基尔霍夫对平面屏幕假定的边界条件,孔径以外阴影区内 $U(P_0) = 0$,因此,式(2.3-1)的积分限可以扩展到无穷,从而有

$$U(P) = \frac{1}{j\lambda r} \int_{-\infty}^{\infty} U(P_0) K(\theta) e^{jkr} ds \tag{2-3-2}$$

当点光源足够远,而且入射光在孔径面上各点的入射角都不大时,有 $\cos(\boldsymbol{n},\boldsymbol{r}') \approx -1$(参考图 2.2-1)。进一步地,如果观察平面与孔径的距离远大于孔径,而且观察平面上仅考虑一个对孔径上各点张角不大的范围,即在傍轴近似下,又有 $\cos(\boldsymbol{n},\boldsymbol{r}) \approx 1$。从而使 $K(\theta) \approx 1$。再用二项式近似将距离 r 表示为

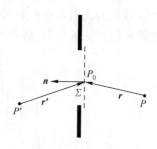

图 2.3-1 点光源照明平面屏幕的衍射

$$r = \sqrt{z^2 + (x - x_0)^2 + (y - y_0)^2} \approx z\left[1 + \frac{1}{2}\left(\frac{x - x_0}{z}\right)^2 + \frac{1}{2}\left(\frac{y - y_0}{z}\right)^2\right]$$

将上述近似均代入式(2.3-2),得到菲涅耳衍射计算公式

$$U(x,y) = \frac{1}{j\lambda z}\exp(jkz)\iint_{-\infty}^{\infty} U_0(x_0,y_0)\exp\left\{j\frac{k}{2z}\left[(x - x_0)^2 + (y - y_0)^2\right]\right\} dx_0 dy_0 \tag{2.3-3}$$

在此基础上,再做远场近似,还可进一步得到夫琅禾费衍射公式。方法与下面 2.3.3 节的叙述

相同,留待后面讲述。

2.3.2 平面波角谱的衍射理论

本书的重点是从频域的角度即用平面波角谱方法来讨论衍射问题。前面已经讨论过频域的角谱传播问题,由已知平面上的光场分布 $U_0(x,y,0)$ 得到其角谱 $A_0(f_x,f_y,0)$ 后,可以利用式 (2.2-7) 求出它传播到 $z = z$ 平面上的角谱 $A(f_x,f_y,z)$。通过傅里叶逆变换可以进而得到用已知的 $U_0(x,y,0)$ 表示的衍射光场分布 $U(x,y,z)$,得到空域中的衍射公式。根据式 (2.2-5) 和式 (2.2-7) 导出

$$U(x,y,z) = \iint_{-\infty}^{\infty} A_0(f_x,f_y,0) \exp\left(j\frac{2\pi}{\lambda}z\sqrt{1-\lambda^2 f_x^2 - \lambda^2 f_y^2}\right) \exp\left[j2\pi(f_x x + f_y y)\right] df_x df_y \quad (2.3\text{-}4)$$

将式 (2.2-4) 的反变换代入上式得到

$$U(x,y,z) = \iiint_{-\infty}^{\infty} U(x_0,y_0,0) \exp\left(j\frac{2\pi z}{\lambda}\sqrt{1-\lambda^2 f_x^2 - \lambda^2 f_y^2}\right) \times$$
$$\exp\{j2\pi[f_x(x-x_0) + f_y(y-y_0)]\} df_x df_y dx_0 dy_0 \quad (2.3\text{-}5)$$

这就是平面波角谱衍射理论的基本公式。尽管对 (x_0,y_0) 的积分限是从 $-\infty$ 到 $+\infty$,根据基尔霍夫对平面屏幕假定的边界条件,孔径外的场为 0。故对孔径平面的积分实际上只需对孔径内的场做积分。

式 (2.3-5) 的四重积分是类似式 (2.3-2) 的一个精确的表达式。尽管它不含三角函数,但是使用起来仍很不方便,还是要按照菲涅耳的办法进行化简。首先对不同传播距离衍射的情况做个直观的说明。考虑一列平面波通过一个孔径,在孔径后不同的平面上观察其辐射的图样。如图 2.3-2 所示,在紧靠孔径后的平面上,光场分布基本上与孔径的形状相同,这个区域称为几何投影区;随着传播距离的增加,衍射图样与孔的相似性逐渐消失,衍射图的中心产生亮暗变化,从这个区域开始到无穷远处,均称为菲涅耳衍射区;当传播距离进一步增加,这时衍射图样的相对强度关系不再改变,只是衍射图的尺寸随距离的增加而变大,幅度随之降低,这个区域称为夫琅禾费衍射区。夫琅禾费衍射区包含在菲涅耳衍射区内,但是通常不太确切地把前者称作远场衍射,后者称作近场衍射。

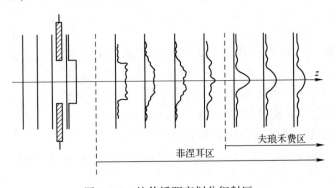

图 2.3-2　按传播距离划分衍射区

2.3.3 菲涅耳衍射公式

假定孔径和观察平面之间的距离 z 远远大于孔径 Σ 的线度,并且只对 z 轴附近的一个小

区域内进行观察,则有

$$z \gg \sqrt{x_{0\max}^2 + y_{0\max}^2} \quad \text{及} \quad z \gg \sqrt{x_{\max}^2 + y_{\max}^2}$$

这样 $\quad \lambda f_x = \cos\alpha \approx \dfrac{x - x_0}{z} \ll 1, \quad \lambda f_y = \cos\beta \approx \dfrac{y - y_0}{z} \ll 1$

在这种情况下,将 $\sqrt{1 - \lambda^2 f_x^2 - \lambda^2 f_y^2}$ 展开,只保留 $(\lambda f)^2$ 项,略去高次项,即

$$\sqrt{1 - \lambda^2 f_x^2 - \lambda^2 f_y^2} \approx 1 - \frac{1}{2}\lambda^2(f_x^2 + f_y^2) \tag{2.3-6}$$

这样式(2.3-5)可写为 $\quad U(x, y, z) = \exp(jkz) \iiint_{-\infty}^{\infty} U(x_0, y_0, 0) \exp\left[-j\pi\lambda z(f_x^2 + f_y^2)\right] \times$

$$\exp\{j2\pi[f_x(x - x_0) + f_y(y - y_0)]\} \, df_x df_y dx_0 dy_0 \tag{2.3-7}$$

利用高斯函数的傅里叶变换(参阅附录 B)和傅里叶变换的相似性定理,得

$$\iint_{-\infty}^{\infty} \exp\left[-j\pi\lambda z(f_x^2 + f_y^2)\right] \exp\left[j2\pi(f_x x + f_y y)\right] df_x df_y = \frac{1}{j\lambda z}\exp\left[j\frac{\pi}{\lambda z}(x^2 + y^2)\right]$$

代入式(2.3-7),先完成对 f_x, f_y 的积分,则

$$U(x, y, z) = \frac{\exp(jkz)}{j\lambda z} \iint_{-\infty}^{\infty} U(x_0, y_0, 0) \exp\left\{j\frac{\pi}{\lambda z}\left[(x - x_0)^2 + (y - y_0)^2\right]\right\} dx_0 dy_0 \tag{2.3-8}$$

上式与式(2.3-3)完全相同。把指数中的二次项展开,还可表示为

$$U(x, y) = \frac{\exp(jkz)}{j\lambda z}\exp\left[j\frac{k}{2z}(x^2 + y^2)\right] \iint_{-\infty}^{\infty} U_0(x_0, y_0) \times$$

$$\exp\left[j\frac{k}{2z}(x_0^2 + y_0^2)\right] \exp\left[-j\frac{2\pi}{\lambda z}(xx_0 + yy_0)\right] dx_0 dy_0 \tag{2.3-9}$$

这就是常用的菲涅耳衍射公式。式中光场的复振幅已改用通常的二维面分布的形式,为区别衍射孔径面与观察面,前者增加下标"0"。菲涅耳衍射公式成立的条件是,式(2.3-5)积分中第一个指数的展开式中二次项远小于1,即 $\dfrac{2\pi z}{\lambda} \cdot \dfrac{1}{8}\left[\lambda^2 f_x^2 + \lambda^2 f_y^2\right]^2 \ll 1$,则

$$\frac{2\pi z}{\lambda} \cdot \frac{1}{8}\left[\frac{(x - x_0)^2}{z^2} + \frac{(y - y_0)^2}{z^2}\right]^2 \ll 1 \tag{2.3-10}$$

也就是观察距离 z 满足 $\quad z^3 \gg \dfrac{\pi}{4\lambda}\left[(x - x_0)^2 + (y - y_0)^2\right]_{\max}^2 \approx \dfrac{\pi}{4\lambda}(L_0^2 + L_1^2)^2 \tag{2.3-11}$

其中,$L_0 = \left(\sqrt{x_0^2 + y_0^2}\right)_{\max}$ 为孔径的最大尺寸,$L_1 = \left(\sqrt{x^2 + y^2}\right)_{\max}$ 为观察区的最大区域。这种近似称为菲涅耳近似或傍轴近似。

上一节已证明,因为波动的可叠加性,可以把光波的传播现象看作一个线性系统。其传递函数由式(2.2-11)表示。在菲涅耳近似下这一传递函数可进一步表示为

$$H(f_x, f_y) = \exp(jkz)\exp\left[-j\pi\lambda z(f_x^2 + f_y^2)\right] \tag{2.3-12}$$

它表示在菲涅耳近似下角谱传播的相位延迟。因子 $\exp(jkz)$ 代表一个总体相位延迟,它对于各种频率分量都是一样的;因子 $\exp\left[-j\pi\lambda z(f_x^2 + f_y^2)\right]$ 则代表与频率有关的相位延迟,不同的频率分量,其相位延迟不一样。

式(2.3-8)和式(2.3-3)完全相同说明,在频域中导出的衍射公式与空域中导出的衍射公式结果相同。从频域导出的光的一切传播现象及其表达方式与其由空域中导出的对应结论是完全等价的。在研究光学问题时,在频域中分析比较方便就应该用频谱分析,而在空域中分析比较方便就应该直接用菲涅耳衍射公式。本书作为信息光学技术基础,重在频域中的频谱分析方法,因此也没有介绍基于格林定理的一整套空域分析方法和理论,其实,涉及格林定理的很多研究遍布物理与技术科学的很多领域,读者是必须予以重视的。

2.4 夫琅禾费衍射与傅里叶变换

在菲涅耳衍射公式中,对衍射孔采取更强的限制条件,即取

$$z \gg \frac{1}{2}k(x_0^2 + y_0^2) \tag{2.4-1}$$

则平方相位因子在整个孔径上近似为1,于是

$$U(x,y,z) = \frac{\exp(jkz)}{j\lambda z}\exp\left[j\frac{k}{2z}(x^2 + y^2)\right]\iint\limits_{-\infty}^{\infty} U(x_0,y_0,0)\exp\left[-j\frac{2\pi}{\lambda z}(xx_0 + yy_0)\right]dx_0dy_0 \tag{2.4-2}$$

这就是夫琅禾费衍射公式。在夫琅禾费近似条件下,观察面上的场分布等于衍射孔径上的场分布的傅里叶变换和一个二次相位因子的乘积。对于仅响应光强不响应相位的一般光探测器,夫琅禾费衍射和光场的傅里叶变换并没有区别。

一般光学教材都给出包括矩孔、圆孔、狭缝、双矩孔等各类孔径的夫琅禾费衍射。用傅里叶变换方法计算这些简单孔径的夫琅禾费衍射可以直接查常用函数的傅里叶变换表。本书省去这些介绍,仅以余弦型振幅光栅的夫琅禾费衍射为例说明傅里叶分析方法的应用。

图2.4-1所示的余弦型振幅光栅空间频率为f_0,透过率调制度为m,其透过率函数表示为

$$t(x_0,y_0) = \left[\frac{1}{2} + \frac{m}{2}\cos(2\pi f_0 x_0)\right]\text{rect}\left(\frac{x_0}{l}\right)\text{rect}\left(\frac{y_0}{l}\right) \tag{2.4-3}$$

式中,后面两个矩形函数因子表示光栅处于一个宽度为l的方孔内。

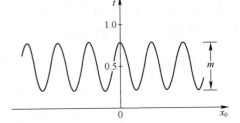

图2.4-1 余弦型光栅振幅透过率函数

用单位振幅的单色平面光波垂直照明该光栅,根据余弦函数及矩形函数的傅里叶变换对和δ函数及傅里叶变换的性质,可得光栅的频谱为

$$T(f_x,f_y) = \frac{l^2}{2}\text{sinc}(lf_y)\left\{\text{sinc}(lf_x) + \frac{m}{2}\text{sinc}[l(f_x + f_0)] + \frac{m}{2}\text{sinc}[l(f_x - f_0)]\right\} \tag{2.4-4}$$

则夫琅禾费衍射图的复振幅分布为

$$U(x,y) = \frac{1}{j\lambda z}\exp(jkz)\exp\left[j\frac{k}{2z}(x^2 + y^2)\right] \cdot T(f_x,f_y)\Big|_{f_x=\frac{x}{\lambda z}, f_y=\frac{y}{\lambda z}}$$

$$= \frac{l^2}{j2\lambda z}\exp(jkz)\exp\left[j\frac{k}{2z}(x^2 + y^2)\right]\text{sinc}\left(\frac{ly}{\lambda z}\right) \times$$

$$\left\{\text{sinc}\left(\frac{lx}{\lambda z}\right) + \frac{m}{2}\text{sinc}\left[\frac{l}{\lambda z}(x + f_0\lambda z)\right] + \frac{m}{2}\text{sinc}\left[\frac{l}{\lambda z}(x - f_0\lambda z)\right]\right\}$$

由 sinc 函数的分布可知,每个 sinc 函数的主瓣的宽度比例于 $\lambda z/l$,而由上式可见,这三个 sinc 函数主瓣之间的距离为 $f_0\lambda z$,若光栅频率 f_0 比 $1/l$ 大得多,即光栅的周期 $d = 1/f_0$ 比光栅的尺寸 l 小得多,那么三个 sinc 函数之间不存在交叠,则

$$I(x,y) = \left(\frac{l^2}{2\lambda z}\right)^2 \cdot \text{sinc}^2\left(\frac{ly}{\lambda z}\right) \times$$

$$\left\{ \text{sinc}^2\left(\frac{lx}{\lambda z}\right) + \frac{m^2}{4}\text{sinc}^2\left[\frac{l}{\lambda z}(x + f_0\lambda z)\right] + \frac{m^2}{4}\text{sinc}^2\left[\frac{l}{\lambda z}(x - f_0\lambda z)\right] \right\}$$

(2.4-5)

这个强度分布如图 2.4-2 所示。由图可以看出,用平面波照明的光栅后方光能量重新分布,其能量只集中在三个衍射级上。0 级与 ±1 级衍射间的距离为 $f_0\lambda z$。

显然傅里叶分析方法比传统的光程差分析方法要简洁得多。

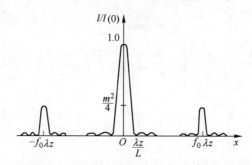

图 2.4-2　余弦型振幅光栅夫琅禾费衍射的光强分布

2.5　菲涅耳衍射和分数傅里叶变换

上节讲到衍射孔径上场分布的夫琅禾费衍射与傅里叶变换的密切关系,但从衍射孔到夫琅禾费衍射区之间的菲涅耳衍射光场分布则必须用菲涅耳积分公式求解。是否菲涅耳衍射与傅里叶变换也有某种直接联系,是令人感兴趣的问题。分数傅里叶变换理论提供了这种可能。

早在 1937 年,Condon[26] 就提出了分数傅里叶变换的初步概念。Bargmann[27] 在 1961 年进一步发展了这些概念。Namias[28] 在 1980 年建立了比较完整的分数傅里叶变换理论。他给出了分数傅里叶变换的定义、性质及变换的本征函数,并用它解决了一系列量子力学问题。1987 年 McBride[29] 和 Kerr 从纯数学的角度做了补充,使其成为一个完整而严谨的理论。20 世纪 90 年代初分数傅里叶变换被引入到光学之中,陆续提出用梯度折射率光波导[30]、透镜系统[31] 实现分数傅里叶变换及阶数连续的分数傅里叶变换[32]。从此,光学分数傅里叶变换作为数学和光学的一个交叉领域,变得十分活跃。研究的主要方面是用光学方法实现分数傅里叶变换[33-35],同时也研究了分数傅里叶变换在光信息处理中的应用[36-38],其中包括菲涅耳衍射和分数傅里叶变换的对应关系[39]。有关光学分数傅里叶变换,以及菲涅耳衍射和分数傅里叶变换之间关系的研究还在发展,本节对此做一初步介绍。

2.5.1　分数傅里叶变换的定义

为简单起见,先给出一维函数的分数傅里叶变换定义,它与下面还要介绍的分数傅里叶变换性质都可以直接推广到二维情况。

$$G(\xi) = \mathscr{F}_{\alpha}\{g(x)\} = \left\{\frac{\exp\left[-\mathrm{j}\left(\dfrac{\pi}{2} - \alpha\right)\right]}{2\pi\sin\alpha}\right\}^{1/2} \int_{-\infty}^{\infty} \exp\left[\frac{\mathrm{j}(\xi^2 + x^2)}{2\tan\alpha} - \frac{\mathrm{j}\xi x}{\sin\alpha}\right] g(x)\mathrm{d}x \quad (2.5\text{-}1)$$

式中,$G(\xi)$ 称为 $g(x)$ 的分数傅里叶谱,α 称为分数傅里叶变换的阶,其值应满足 $|\alpha| \le \pi$。以 $-\alpha$ 代替上式中的 α 得到

$$\mathscr{F}_{-\alpha}\{g(x)\} = \left\{\frac{\exp\left[\mathrm{j}\left(\dfrac{\pi}{2} - \alpha\right)\right]}{2\pi\sin\alpha}\right\}^{1/2} \int_{-\infty}^{\infty} \exp\left[\frac{-\mathrm{j}(\xi^2 + x^2)}{2\tan\alpha} + \frac{\mathrm{j}\xi x}{\sin\alpha}\right] g(x)\mathrm{d}x \quad (2.5\text{-}2)$$

实际上 $\mathscr{F}_{-\alpha}\{\ \}$ 是 $\mathscr{F}_{\alpha}\{\ \}$ 的逆变换。为此只要证明 $\mathscr{F}_{-\alpha}\mathscr{F}_{\alpha}\{g(x)\} = g(x)$ 即可:

$$\mathscr{F}_{-\alpha}\mathscr{F}_{\alpha}\{g(x)\} = \mathscr{F}_{-\alpha}\{G(\xi)\} = \left\{\frac{\exp\left[\mathrm{j}\left(\dfrac{\pi}{2} - \alpha\right)\right]}{2\pi\sin\alpha}\right\}^{1/2} \int_{-\infty}^{\infty} \exp\left[\frac{-\mathrm{j}(\xi^2 + x'^2)}{2\tan\alpha} + \frac{\mathrm{j}\xi x'}{\sin\alpha}\right] G(\xi)\mathrm{d}\xi$$

$$= \left\{\frac{\exp\left[\mathrm{j}\left(\dfrac{\pi}{2} - \alpha\right)\right]}{2\pi\sin\alpha}\right\}^{1/2} \int_{-\infty}^{\infty} \exp\left[\frac{-\mathrm{j}(\xi^2 + x'^2)}{2\tan\alpha} + \frac{\mathrm{j}\xi x'}{\sin\alpha}\right] \times$$

$$\left[\left\{\frac{\exp\left[-\mathrm{j}\left(\dfrac{\pi}{2} - \alpha\right)\right]}{2\pi\sin\alpha}\right\}^{1/2} \int_{-\infty}^{\infty} \exp\left[\frac{\mathrm{j}(\xi^2 + x^2)}{2\tan\alpha} - \frac{\mathrm{j}\xi x}{\sin\alpha}\right] g(x)\mathrm{d}x\right]\mathrm{d}\xi$$

$$= \frac{1}{2\pi\sin\alpha} \int_{-\infty}^{\infty} \exp\left[\frac{\mathrm{j}(x^2 - x'^2)}{2\tan\alpha}\right] g(x)\left\{\int_{-\infty}^{\infty} \exp\left[\frac{\mathrm{j}(x' - x)\xi}{\sin\alpha}\right]\mathrm{d}\xi\right\}\mathrm{d}x$$

$$= \frac{1}{2\pi\sin\alpha} \int_{-\infty}^{\infty} \exp\left[\frac{\mathrm{j}(x^2 - x'^2)}{2\tan\alpha}\right] g(x)\delta\left(\frac{x' - x}{2\pi\sin\alpha}\right)\mathrm{d}x$$

$$= \int_{-\infty}^{\infty} \exp\left[\frac{\mathrm{j}(x^2 - x'^2)}{2\tan\alpha}\right] g(x)\delta(x' - x)\mathrm{d}x = g(x') \quad (2.5\text{-}3)$$

分数傅里叶变换又称作广义傅里叶变换,常规傅里叶变换是它的特殊情况。当 $\alpha = \pi/2$ 和 $\alpha = -\pi/2$ 时它转化为常规傅里叶变换

$$\mathscr{F}_{\pi/2}\{g(x)\} = \frac{1}{\sqrt{2\pi}}\int_{-\infty}^{\infty} g(x)\exp(-\mathrm{j}\xi x)\mathrm{d}x \quad (2.5\text{-}4)$$

$$\mathscr{F}_{-\pi/2}\{G(\xi)\} = \frac{1}{\sqrt{2\pi}}\int_{-\infty}^{\infty} G(\xi)\exp(\mathrm{j}\xi x)\mathrm{d}\xi \quad (2.5\text{-}5)$$

这是常规傅里叶变换的另一种形式。

式(2.5-1)所定义的变换当 $\alpha = 0$ 时没有意义,因而 $\mathscr{F}_0$ 必须另外定义。首先来计算 $\alpha \to 0$ 时的分数傅里叶变换。由于 $\alpha \approx 0$,所以有 $\sin\alpha = \alpha$,$\tan\alpha = \alpha$,于是

$$\mathscr{F}_{\alpha \to 0}\{g(x)\} = \lim_{\alpha \to 0}\left\{\frac{\exp\left[-\mathrm{j}\left(\dfrac{\pi}{2} - \alpha\right)\right]}{2\pi\alpha}\right\}^{1/2} \int_{-\infty}^{\infty} \exp\left[\frac{\mathrm{j}(\xi^2 + x^2)}{2\alpha} - \frac{\mathrm{j}\xi x}{\alpha}\right] g(x)\mathrm{d}x$$

$$= \int_{-\infty}^{\infty} \frac{\exp[-(x - \xi)^2/(\mathrm{j}2\alpha)]}{\sqrt{\mathrm{j}2\pi\alpha}} g(x)\mathrm{d}x = \int_{-\infty}^{\infty} g(x)\delta(x - \xi)\mathrm{d}x = g(\xi) \quad (2.5\text{-}6)$$

其中用到极限意义下的 δ 函数的定义

$$\lim_{\varepsilon \to 0} \frac{\exp(-x^2/\mathrm{j}\varepsilon)}{\sqrt{\mathrm{j}\pi\varepsilon}} = \delta(x) \quad (2.5\text{-}7)$$

因此可以通过极限过程来定义 $\mathscr{F}_0$，即

$$\mathscr{F}_0\{g(x)\} = g(\xi) \tag{2.5-8a}$$

用类似方法可定义 $\mathscr{F}_\pi$，即

$$\mathscr{F}_\pi\{g(x)\} = g(-\xi) \tag{2.5-8b}$$

以上两式表明，0 阶分数傅里叶变换给出函数本身，π 阶分数傅里叶变换则给出它的倒像。

2.5.2　分数傅里叶变换的几个基本性质

（1）线性性质

分数傅里叶变换仍然是线性变换，即有

$$\mathscr{F}_\alpha\{Ag(x) + Bh(x)\} = A\mathscr{F}_\alpha\{g(x)\} + B\mathscr{F}_\alpha\{h(x)\} \tag{2.5-9}$$

式中 A,B 为常数。

（2）位移性质

$$\mathscr{F}_\alpha\{g(x+a)\} = \exp\left[\mathrm{j}a\sin\alpha\left(\xi + \frac{a\cos\alpha}{2}\right)\right]G(\xi + a\cos\alpha) \tag{2.5-10}$$

式中 $G(\xi)$ 为 $g(x)$ 的 α 阶分数傅里叶变换。

（3）可加性性质

α 阶和 β 阶变换依次作用的结果相当于 $(\alpha+\beta)$ 阶的一次变换。即

$$\mathscr{F}_\alpha\{\mathscr{F}_\beta\{g(x)\}\} = \mathscr{F}_\alpha\mathscr{F}_\beta\{g(x)\} = \mathscr{F}_{\alpha+\beta}\{g(x)\} \tag{2.5-11}$$

由于在式（2.5-11）中 α 和 β 是对称的，所以有

$$\mathscr{F}_\alpha\mathscr{F}_\beta\{g(x)\} = \mathscr{F}_\beta\mathscr{F}_\alpha\{g(x)\} = \mathscr{F}_{\alpha+\beta}\{g(x)\} \tag{2.5-12}$$

即分数傅里叶变换可对易。特别是当 $\alpha = -\beta$ 时有

$$\mathscr{F}_\alpha\mathscr{F}_{-\alpha}\{g(x)\} = \mathscr{F}_{-\alpha}\mathscr{F}_\alpha\{g(x)\} = \mathscr{F}_0\{g(x)\} = g(x) \tag{2.5-13}$$

（4）周期性质

由于在分数傅里叶变换的定义中阶数 α 以三角函数及复指数函数的形式出现，所以分数傅里叶变换关于阶数 α 有周期性，周期为 2π，也就是说

$$\mathscr{F}_{2n\pi}\{g(x)\} = g(x) \tag{2.5-14}$$

$$\mathscr{F}_{(2n+1)\pi}\{g(x)\} = g(-x) \tag{2.5-15}$$

$$\mathscr{F}_{2n\pi+\alpha}\{g(x)\} = \mathscr{F}_\alpha\{g(x)\} \tag{2.5-16}$$

于是当 $\alpha < -\pi$ 及 $\alpha > \pi$ 时的变换都可以化为主值区内的变换。设

$$p = 2\frac{\alpha}{\pi} \tag{2.5-17}$$

则 α 阶的分数傅里叶变换还可表示为 $\mathscr{F}^{(p)}\{g\}$，p 的变化范围是 $-2 < p < 2$。

2.5.3　用分数傅里叶变换表示菲涅耳衍射

在菲涅耳衍射公式中，用矢量 $\boldsymbol{r}$ 表示衍射孔径的坐标 (x_0, y_0)，用矢量 $\boldsymbol{s}$ 表示距离孔径坐标面为 d 处的观察面坐标 (x, y)，式（2.3-9）可改写为

$$U(\boldsymbol{s}) = \frac{\exp(\mathrm{j}kd)}{\mathrm{j}\lambda d}\exp\left(\mathrm{j}\frac{k}{2d}s^2\right)\int_{-\infty}^{\infty} U_0(\boldsymbol{r})\exp\left(\mathrm{j}\frac{k}{2d}r^2\right)\exp\left(-\mathrm{j}\frac{2\pi}{\lambda d}\boldsymbol{s}\cdot\boldsymbol{r}\right)\mathrm{d}\boldsymbol{r} \tag{2.5-18}$$

将分数傅里叶变换定义中不参与积分的变量放到积分号以外，并将一维形式改为用矢量表示的二维形式，有

$$G(s) = \left\{ \frac{\exp\left[-j\left(\frac{\pi}{2} - \alpha \right) \right]}{2\pi\sin\alpha} \right\}^{1/2} \exp\left(j\frac{s^2}{2\tan\alpha} \right) \int_{-\infty}^{\infty} \exp\left(j\frac{r^2}{2\tan\alpha} \right) \exp\left(-j\frac{\boldsymbol{s}\cdot\boldsymbol{r}}{\sin\alpha} \right) g(\boldsymbol{r})\mathrm{d}\boldsymbol{r} \quad (2.5\text{-}19)$$

比较式(2.5-18)表示的菲涅耳衍射公式与式(2.5-19)表示的分数傅里叶变换定义,不难发现两者的相似之处。进而对式(2.5-18)做如下的变量代换

$$\boldsymbol{\rho} = \mu\boldsymbol{r} = \sqrt{2\pi\tan\alpha/\lambda d}\ \boldsymbol{r} \quad \text{及} \quad \boldsymbol{\sigma} = \nu\boldsymbol{s} = \sqrt{2\pi\sin\alpha\cos\alpha/\lambda d}\ \boldsymbol{s} \quad (2.5\text{-}20)$$

得到
$$U\left(\frac{\boldsymbol{\sigma}}{v} \right) = C\exp\left(j\frac{\tan\alpha}{2}\sigma^2 \right) \exp\left(j\frac{\sigma^2}{2\tan\alpha} \right) \int_{-\infty}^{\infty} U_0\left(\frac{\boldsymbol{\rho}}{\mu} \right) \exp\left(j\frac{\rho^2}{2\tan\alpha} \right) \exp\left(-j\frac{\boldsymbol{\rho}\boldsymbol{\sigma}}{\sin\alpha} \right) \mathrm{d}\boldsymbol{\rho}$$

$$= C\exp\left(j\frac{\tan\alpha}{2}\sigma^2 \right) \mathscr{F}_{\alpha}\left\{ U_0\left(\frac{\boldsymbol{\rho}}{s} \right) \right\} \quad (2.5\text{-}21)$$

式(2.5-21)说明,由孔径平面 Σ_0 到观察平面 Σ_1 的菲涅耳衍射可以看成 α 维的分数傅里叶变换与一个二次相位因子的乘积。而孔径平面 Σ_0 到观察平面 Σ_1 的光场分布之间满足 α 维的分数傅里叶变换关系的条件是,两平面的坐标需要用缩放因子 μ 和 ν 进行变换。不同的维数 α 对应的缩放因子 μ 和 ν 是不同的,或者说,不同的缩放因子 $\mu(\nu)$ 完成的分数傅里叶变换维数不同。例如,要直接观察孔径平面 Σ_0 上光场分布 $U_0(x_0, y_0)$ 的 α 维的分数傅里叶变换,缩放因子 $\mu = 1$。根据式(2.5-20)由 α、μ 及 λ 可以计算出观察平面 Σ_1 到孔径平面的距离 d 以及观察平面的缩放因子 ν,从而在观察平面上以缩放因子 ν 变换坐标后得到的菲涅耳衍射光场分布 $U(\sigma)$ 代表孔径平面 Σ_0 上光场分布 $U_0(x_0, y_0)$ 的 α 维的分数傅里叶变换。换句话说,观察平面 Σ_1 上的菲涅耳衍射分布可以看成孔径平面 Σ_0 上的光分布的 α 维分数傅里叶变换。至于二次相位因子,因为任何光的接收器件都只检测光的强度而不能直接检测相位,在观察平面接收到的光强分布与二次相位因子无关,所以在观察平面检测的菲涅耳衍射光强分布就是 α 维的分数傅里叶变换的模平方。如果要得到孔径平面上光场分布考虑二次相位因子的准确的 α 维分数傅里叶变换的信息,则可在半径为 R_α 的球面 Σ_1' 上观察(图2.5-1)。发散球面波在距光源 R_α 的平面处会产生一个二次相位因子 $\exp\left[j\frac{k}{2R_\alpha}(x^2 + y^2) \right] = \exp\left(j\frac{k}{2R_\alpha}s^2 \right)$,

若在球面 Σ_1' 上观察,则球面上产生总的二次相位因子为 $\exp\left(j\frac{\tan\alpha}{2}\sigma^2 \right) \cdot \exp\left(-j\frac{k}{2R_\alpha}s^2 \right)$。若总的二次相位因子互相抵消,即:

$$\frac{\tan\alpha}{2}\sigma^2 - \frac{k}{2R_\alpha}s^2 = 0 \quad (2.5\text{-}22)$$

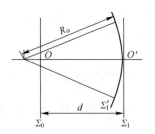

图 2.5-1　菲涅耳衍射与分数维傅里叶变换

就可在球面 Σ_1' 上得到孔径平面光场分布的准确的 α 维分数傅里叶变换,将式(2.5-20)代入式(2.5-22),可求出球面 Σ_1' 的半径:

$$R_\alpha = d/\sin^2\alpha \quad (2.5\text{-}23)$$

值得注意的是,在此情况下分数傅里叶变换的维数可以是不确定的,它取决于参考球面的半径。不同的参考球面的半径对应不同的分数傅里叶变换的维数,也就对应不同的缩放因子,因而孔径平面 Σ_0 上光场分布 $U_0(x_0, y_0)$ 对应的函数 $U_0(\rho)$ 也就不同。

式(2.5-20)的变量代换还可以看成在做分数傅里叶变换前的"归一化",其结果使得函数的自变量成为无量纲的数,将光的波长和衍射距离的影响分离出去。

类似用透镜实现夫琅禾费衍射的方法,可以借助透镜实现准确的 α 维分数傅里叶变换。

如果在观察平面处放置一个焦距为 $f = R_\alpha$ 的正透镜,如图 2.5-2(a)所示,则在透镜后的观察面 Σ_2 上即可得到孔径平面光分布的 α 维的分数傅里叶变换:

$$U(\boldsymbol{\sigma}) = C\mathscr{F}_\alpha\{U_0(\boldsymbol{\rho})\} \tag{2.5-24}$$

式中省去了变量代换的比例因子,以说明前后两个光场之间的分数傅里叶变换关系。但是要注意到,直接用同样尺度的空间坐标表示的光场分布之间并不能满足分数傅里叶变换关系。用傅里叶变换关系表示夫琅禾费衍射需要用衍射距离或透镜焦距对远场衍射的光场坐标进行变换,用分数傅里叶变换关系表示菲涅耳衍射也需要用衍射距离或透镜焦距对菲涅耳衍射光场坐标进行变换。

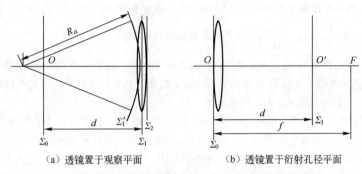

（a）透镜置于观察平面　　　　　（b）透镜置于衍射孔径平面

图 2.5-2　有透镜的菲涅耳衍射与分数维傅里叶变换

观察孔径 Σ_1 平面光分布的准确 α 维分数傅里叶变换的另一种方法如图 2.5-2(b)所示,可在孔径平面处放置一个焦距为 $f = R_\alpha$ 的正透镜。这时式(2.5-18)变为

$$U(\boldsymbol{s}) = \frac{\exp(\mathrm{j}kd)}{\mathrm{j}\lambda d}\exp\left(\mathrm{j}\frac{k}{2d}s^2\right)\int_{-\infty}^{\infty} U_0(\boldsymbol{r})\exp\left(-\mathrm{j}\frac{k}{2f}r^2\right)\exp\left(\mathrm{j}\frac{k}{2d}r^2\right)\exp\left(-\mathrm{j}\frac{2\pi}{\lambda d}\boldsymbol{s}\cdot\boldsymbol{r}\right)\mathrm{d}\boldsymbol{r} \tag{2.5-25}$$

做类似于式(2.5-20)的坐标变换

$$\boldsymbol{\rho} = \mu\boldsymbol{r} = \sqrt{2\pi\sin\alpha\cos\alpha/\lambda d}\,\boldsymbol{r} \quad 及 \quad \boldsymbol{\sigma} = \nu\boldsymbol{s} = \sqrt{2\pi\tan\alpha/\lambda d}\,\boldsymbol{s} \tag{2.5-26}$$

并令

$$d/f = \sin^2\alpha \tag{2.5-27}$$

代入式(2.5-25)得到

$$U\left(\frac{\boldsymbol{\sigma}}{v}\right) = C\exp\left(\mathrm{j}\frac{\sigma^2}{2\tan\alpha}\right)\int_{-\infty}^{\infty} U_0\left(\frac{\boldsymbol{\rho}}{\mu}\right)\exp\left(\mathrm{j}\frac{\rho^2}{2\tan\alpha}\right)\exp\left(-\mathrm{j}\frac{\boldsymbol{\rho}\boldsymbol{\sigma}}{\sin\alpha}\right)\mathrm{d}\boldsymbol{\rho}$$

$$= C\mathscr{F}_\alpha\left\{U_0\left(\frac{\boldsymbol{\rho}}{s}\right)\right\} \tag{2.5-28}$$

就是说,当透镜置于衍射孔径平面处时,菲涅耳衍射也可以表示成 α 维的分数傅里叶变换的形式。

分数维傅里叶变换对其维数具有连续性,即当维数 β 趋近于维数 α 时,分数维傅里叶变换 $\mathscr{F}_\beta\{\}$ 趋近于 $\mathscr{F}_\alpha\{\}$。如果距离 d 趋近于零,无论观察球面的半径即透镜的焦距如何选取,维数 α 都将趋近于零。相应的分数维傅里叶变换趋近于单位算子 $\mathscr{F}_0\{\}$,变换结果给出函数本身。这一数学描述与物理现象是一致的。另一方面,如果距离 d 趋近于无穷,比例 d/f 将趋近于 1,维数 α 则将趋近于 $\pi/2$。相应的分数维傅里叶变换转化为常规傅里叶变换,变换结果给出函数角谱。从物理上讲,产生无穷远处的远场衍射,即夫琅禾费衍射。分数维傅里叶变换的连续性对应着光的传播由原始光场经过菲涅耳衍射区一直到无穷远处夫琅禾费衍射区的全过程。

另外,衍射作为一种物理现象,要求用衍射理论计算在距离 d_1 和距离 d_2 上连续两次衍射得到的结果与计算在距离 $d_1 + d_2$ 上一次衍射得到的结果是相同的。用衍射理论中的经典菲涅耳衍射公式计算证明这一点相当困难。分数维傅里叶变换的可加性性质则直接满足了这个要求。总之,用分数维傅里叶变换描述衍射全过程是很理想的。

习题二

2.1 一列波长为 λ 的单位振幅平面光波,波矢量 $\boldsymbol{k}$ 与 x 轴的夹角为 30°,与 y 轴夹角为 45°,试写出其空间频率及 $z = z_1$ 平面上的复振幅表达式。

2.2 尺寸为 $a \times b$ 的不透明矩形屏被单位振幅的单色平面波垂直照明,求出紧靠屏后的平面上的透射光场的角谱。

2.3 波长为 λ 的单位振幅平面波垂直入射到一孔径平面上,在孔径平面上有一个足够大的模板,其振幅透过率为 $t(x_0) = 0.5\left(1 + \cos\dfrac{2\pi x_0}{3\lambda}\right)$,求紧靠孔径透射场的角谱。

2.4 参看图 2-1,边长为 $2a$ 的正方形孔径内再放置一个边长为 a 的正方形掩模,其中心落在 (ξ, η) 点。采用单位振幅的单色平面波垂直照明,求出与它相距为 z 的观察平面上夫琅禾费衍射图样的光场强度分布。画出 $\xi = \eta = 0$ 时,孔径频谱在 x 方向上的截面图。

2.5 图 2-2 所示的孔径由两个相同的矩形组成,它们的宽度为 a,长度为 b,中心相距为 d。采用单位振幅的单色平面波垂直照明,求与它相距为 z 的观察平面上夫琅禾费衍射图样的强度分布。假定 $b = 4a$ 及 $d = 1.5a$,画出沿 x 和 y 方向上强度分布的截面图。如果对其中一个矩形引入相位差 π,上述结果有何变化?

2.6 图 2-3 所示半无穷不透明屏的复振幅透过率可用阶跃函数表示为 $t(x_0) = \text{step}(x_0)$。采用单位振幅的单色平面波垂直照明,求相距为 z 的观察平面上夫琅禾费衍射图样的复振幅分布。画出在 x 方向上的振幅分布曲线。

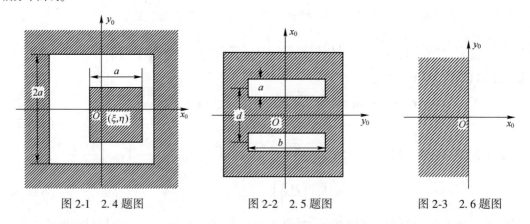

图 2-1　2.4 题图　　　　　图 2-2　2.5 题图　　　　　图 2-3　2.6 题图

2.7 在夫琅禾费衍射中,只要孔径上的场没有相位变化,试证明:(1)不论孔径的形状如何,夫琅禾费衍射图样都有一个对称中心;(2)若孔径对于某一条直线是对称的,则衍射图样将对于通过原点与该直线平行和垂直的两条直线对称。

2.8 试证明如下列阵定理:假设在衍射屏上有 N 个形状和方位都相同的全等形开孔,在每一个开孔内取一个相对开孔来讲方位一样的点代表孔的位置,那么该衍射屏生成的夫琅禾费衍射场是下列两个因子的乘积:(1)置于原点的一个孔径的夫琅禾费衍射(该衍射屏的原点处不一定有开孔;(2)N 个处于代表孔位置的点上的点光源在观察面上的干涉。

2.9 一个衍射屏具有下述圆对称振幅透过率函数

$$t(r) = \left(\frac{1}{2} + \frac{1}{2}\cos ar^2\right)\text{circ}\left(\frac{r}{a}\right)$$

(1) 这个屏的作用在什么方面像一个透镜?

(2) 给出此屏的焦距表达式。

(3) 什么特性会严重限制这种屏用作成像装置(特别是对于彩色物体)?

2.10 用波长为 $\lambda = 632.8\ nm$ 的平面光波垂直照明半径为 2 mm 的衍射孔,若观察范围是与衍射孔共轴、半径为 30 mm 的圆域,试求菲涅耳衍射和夫琅禾费衍射的范围。

2.11 单位振幅的单色平面波垂直入射到一半径为 a 的圆形孔径上,试求菲涅耳衍射图样在轴上的强度分布。

2.12 余弦型振幅光栅的复振幅透过率为

$$t(x_0) = \left(a + b\cos 2\pi \frac{x_0}{d}\right)$$

式中,d 为光栅周期,$a > b > 0$。观察平面与光栅相距 z。当 z 分别取下列各数值时:

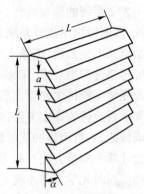

图 2-4 2.13 题图

(1) $z = z_T = \dfrac{2d^2}{\lambda}$;(2) $z = \dfrac{z_T}{2} = \dfrac{d^2}{\lambda}$;(3) $z = \dfrac{z_T}{4} = \dfrac{d^2}{2\lambda}$ (式中 z_T 称作泰伯距离)确定单色平面波垂直照明光栅在观察平面上产生的强度分布。

2.13 图 2-4 所示为透射式锯齿型相位光栅。其折射率为 n,齿宽为 a,齿形角为 α,光栅整体孔径是边长为 L 的正方形。采用单位振幅的单色平面波垂直照明,求距离光栅为 z 的观察平面上夫琅禾费衍射图样的强度分布。若让衍射图样中的某一级谱幅值最大,α 应如何选择?

2.14 设 $u(x)$ 为矩形函数,试编写程序求 $p = 1/4, 1/2, 3/4$ 时的分数阶傅里叶变换,并绘制出相应 $|U^{(p)}(\xi)|$ 的曲线。

第3章 光学成像系统的频率特性

光学成像系统是一种最基本的光信息处理系统,它用于传递二维的光学图像信息。光波携带输入图像信息(图像的细节、对比等)从光学系统物面传播到像面,输出的图像信息取决于光学系统的传递特性。由于光学系统是线性系统,而且在一定条件下还是线性空间不变系统,因而可以用线性系统理论来研究它的性能。对于相干与非相干照明的成像系统可以分别给出其本征函数,把输入信息分解为由本征函数构成的频率分量,考察这些空间频率分量在系统传递过程中衰减、相移等的变化,研究系统空间频率特性即传递函数。显然这是一种全面评价光学系统传递光学信息的能力的方法,也是一种评价光学系统成像质量的方法。与传统的光学系统像质评定方法,如星点法和分辨率法相比,光学传递函数方法能够全面反映光学系统成像能力,有明显的优越性。鉴于微型计算机以及高精度光电测试技术的发展,光学传递函数的计算和测量方法日趋完善,并已实用化,成为光学成像系统的频谱分析理论的一种重要应用。同时光学成像系统的频谱分析作为光信息处理技术的理论基础,对于光信息处理技术在信息科学中日益广泛的应用起着极其重要的作用。

透镜是光学成像系统和光学数据处理系统中的最重要的元件,具有成像和光学傅里叶变换的基本功能。本章首先讨论透镜的成像和光学傅里叶变换性质,然后讨论光学成像系统的频率特性。

3.1 透镜的相位变换作用

在衍射屏后面的自由空间观察夫琅禾费衍射,其条件是相当苛刻的。近距离观察夫琅禾费衍射,则要借助会聚透镜来实现。在单色平面波垂直照射衍射屏的情况下,夫琅禾费衍射分布函数就是屏函数的傅里叶变换。也就是说,透镜可以用来实现透过物体的光场分布的傅里叶变换。而透镜之所以可以实现傅里叶变换的原因是它具有相位变换的作用。

首先研究如图 3.1-1 所示的无像差的正薄透镜对点光源的成像过程。取 z 轴为光轴,轴上单色点光源 S 到透镜顶点 O_1 的距离为 p,不计透镜的有限孔径所造成的衍射,透镜将物点 S 成完善像于 S' 点。S' 点到透镜顶点 O_2 的距离为 q。过透镜两顶点 O_1 和 O_2,分别垂直于光轴做两个参考平面 P_1 和 P_2。由于考虑的是薄透镜,光线通过透镜时入射和出射的高度相同。从几何光学的观点看,图 3.1-1 所示的成像过程是点物成点像;从波面变换的观点看,透镜将一个发散球面波变换成一个会聚球面波。

为了研究透镜对入射波面的变换作用,引入透镜的复振幅透过率 $t(x,y)$,它定义为

$$t(x,y) = U'_1(x,y)/U_1(x,y) \qquad (3.1\text{-}1)$$

式中,$U_1(x,y)$ 和 $U'_1(x,y)$ 分别是 P_1 和 P_2 平面上的光场复振幅分布。

在傍轴近似下,式(2.1-16)表明,位于 S 点的

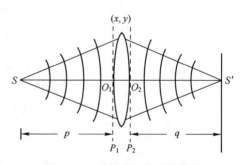

图 3.1-1 透镜的相位变换作用

单色点光源发出的发散球面波在 P_1 平面上造成的光场分布为

$$U_1(x,y) = A\exp(jkp)\exp\left[j\frac{k}{2p}(x^2 + y^2)\right] \tag{3.1-2}$$

式中,A 为常数,表明在傍轴近似下,平面 P_1 上的振幅分布是均匀的,发生变化的只是相位。此球面波经透镜变换后向 S' 点会聚,忽略透镜的吸收,它在 P_2 平面上造成的复振幅分布[参阅式(2.1-17)]为

$$U_1'(x,y) = A\exp(-jkq)\exp\left[-j\frac{k}{2q}(x^2 + y^2)\right] \tag{3.1-3}$$

在式(3.1-2)和式(3.1-3)中的相位因子 $\exp(jkp)$ 和 $\exp(-jkp)$ 仅表示常数相位变化,它们并不影响 P_1 和 P_2 平面上相位的相对分布,分析时可略去。将式(3.1-2)和式(3.1-3)代入式(3.1-1),得到透镜的复振幅透过率或相位变换因子为

$$t(x,y) = \frac{U_1'(x,y)}{U_1(x,y)} = \exp\left[-j\frac{k}{2}(x^2 + y^2)\left(\frac{1}{p} + \frac{1}{q}\right)\right]$$

由透镜成像的高斯公式可知

$$\frac{1}{q} + \frac{1}{p} = \frac{1}{f} \tag{3.1-4}$$

式中,f 为透镜的像方焦距。于是透镜的相位变换因子可简单地表示为

$$t(x,y) = \exp\left[-j\frac{k}{2f}(x^2 + y^2)\right] \tag{3.1-5}$$

以上结果表明,通过透镜的相位变换作用,把一个发散球面波变换成了会聚球面波。当一个单位振幅的平面波垂直于 P_1 平面入射时,它在 P_1 平面上造成的复振幅分布为

$$U_1(x,y) = 1$$

在 P_2 平面上造成的复振幅分布为 $\quad U_1'(x,y) = U_1(x,y)t(x,y) = \exp\left[-j\frac{k}{2f}(x^2 + y^2)\right]$

在傍轴近似下,这是一个球面波的表达式。对于正透镜 $f > 0$,上式所表示的是一个向透镜后方 f 处的焦点 F' 会聚的球面波。对于负透镜 $f < 0$,这是一个由透镜前方 $-f$ 处的虚焦点 F' 发出的发散球面波。

如果考虑透镜孔径的有限大小,用 $P(x,y)$ 表示孔径函数(或称光瞳函数),其定义为

$$P(x,y) = \begin{cases} 1, & 透镜孔径内 \\ 0, & 其他 \end{cases} \tag{3.1-6}$$

于是透镜的相位变换因子为 $\quad t(x,y) = P(x,y)\exp\left[-j\frac{k}{2f}(x^2 + y^2)\right] \tag{3.1-7}$

透镜对光波的相位变换作用,是由透镜本身的性质决定的,与入射光波复振幅 $U_1(x,y)$ 的具体形式无关。$U_1(x,y)$ 可以是平面波的复振幅,也可以是球面波的复振幅,还可以是某种特定分布的复振幅,只要傍轴近似条件满足,薄透镜就会以式(3.1-5)或式(3.1-7)的形式对 $U_1(x,y)$ 进行相位变换。

3.2 透镜的傅里叶变换性质

透镜除了具有成像性质,还能做傅里叶变换,正因如此,傅里叶分析方法在光学中得到广泛而成功的应用。前面已经说明,单位振幅平面波垂直照明衍射屏的夫琅禾费衍射,恰好是衍

射屏透过率函数 $t(x,y)$ 的傅里叶变换(除一相位因子外)。另外,在会聚光照明下的菲涅耳衍射,通过会聚中心的观察屏上的菲涅耳衍射场分布,也是衍射屏透过率函数 $t(x,y)$ 的傅里叶变换(除一相位因子外)。这两种途径的傅里叶变换都能用透镜比较方便地实现。第一种情况可在透镜的后焦面(无穷远照明光源的共轭面)上观察夫琅禾费衍射;第二种情况可在照明光源的共轭面上观察屏函数的夫琅禾费衍射图样。下面分别就透明片(物)放在透镜之前和之后两种情况进行讨论。

3.2.1 物在透镜之前

如图 3.2-1 所示,要变换的透明片置于透镜前方 d_o 处,其复振幅透过率为 $t(x_o,y_o)$,这个位置称为输入面。由于是薄透镜,这里把 P_1 和 P_2 平面画在一起了,位于光轴上的单色点光源 S 与透镜的距离为 p。点光源的共轭像 $x-y$ 与透镜的距离为 q,它是输出面。按信息光学中的习惯,不使用应用光学中的符号规则,这里的 p、q 和 d_o 均用正值,并假设薄透镜孔径不受限制,即抽象认为孔径是无穷大。

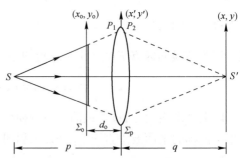

图 3.2-1　物在透镜之前的变换

在傍轴近似下,由单色点光源发出的球面波在物的前表面上造成的场分布为

$$A_o \exp\left[jk \frac{x_o^2 + y_o^2}{2(p - d_o)} \right]$$

透过物体,从输入面上出射的光场为

$$A_o t(x_o, y_o) \exp\left[jk \frac{x_o^2 + y_o^2}{2(p - d_o)} \right]$$

从输入平面出射的光场到达透镜平面,按菲涅耳衍射公式(2.3-8),其复振幅分布为

$$U_1(x', y') = \frac{A_o}{j\lambda d_o} \iint_{\Sigma_o} t(x_o, y_o) \exp\left[jk \frac{x_o^2 + y_o^2}{2(p - d_o)} \right] \exp\left[jk \frac{(x' - x_o)^2 + (y' - y_o)^2}{2d_o} \right] dx_o dy_o$$

这里略去了常数相位因子,Σ_o 为物函数所在的范围。通过透镜后的场分布为

$$U'_1(x', y') = U_1(x', y') P(x', y') \exp\left(-jk \frac{x'^2 + y'^2}{2f} \right)$$

式中 $P(x', y')$ 为式(3.1-6)所定义的光瞳函数。这样一来,在输出面上即光源 S 的共轭面上的光场分布为

$$U(x, y) = \frac{1}{j\lambda q} \iint_{\Sigma_p} U_1(x', y') \exp\left(-jk \frac{x'^2 + y'^2}{2f} \right) \exp\left[jk \frac{(x - x')^2 + (y - y')^2}{2q} \right] dx' dy'$$

式中 Σ_p 为光瞳函数所确定的范围。现将 $U_1(x', y')$ 的表达式代入上式得

$$U(x, y) = -\frac{A_o}{\lambda^2 q d_o} \iint_{\Sigma_o} \iint_{\Sigma_p} t(x_o, y_o) \exp\left[j\frac{k}{2}(\Delta_x + \Delta_y) \right] dx_o dy_o dx' dy' \tag{3.2-1}$$

式中

$$\Delta_x = \frac{x_o^2}{p - d_o} + \frac{(x' - x_o)^2}{d_o} - \frac{x'^2}{f} + \frac{(x - x')^2}{q}$$

$$= x_o^2 \left(\frac{1}{p - d_o} + \frac{1}{d_o} \right) + x'^2 \left(\frac{1}{d_o} + \frac{1}{q} - \frac{1}{f} \right) + \frac{x^2}{q} - \frac{2x_o x'}{d_o} - \frac{2x x'}{q}$$

$$= \frac{fq x_o^2}{d_o [q(f - d_o) + f d_o]} + \frac{x'^2 [q(f - d_o) + f d_o]}{d_o f q} + \frac{x^2}{q} - \frac{2x_o x'}{d_o} - \frac{2x x'}{q}$$

$$= \left\{ x_o \sqrt{\frac{fq}{d_o[q(f-d_o)+fd_o]}} - x' \sqrt{\frac{q(f-d_o)+fd_o}{d_o fq}} + x \sqrt{\frac{fd_o}{q[q(f-d_o)+fd_o]}} \right\}^2 +$$

$$\frac{(f-d_o)x^2}{q(f-d_o)+fd_o} - \frac{2fx_o x}{q(f-d_o)+fd_o}$$

$$\Delta_y = \left\{ y_o \sqrt{\frac{fq}{d_o[q(f-d_o)+fd_o]}} - y' \sqrt{\frac{q(f-d_o)+fd_o}{d_o fq}} + y \sqrt{\frac{fd_o}{q[q(f-d_o)+fd_o]}} \right\}^2 +$$

$$\frac{(f-d_o)y^2}{q(f-d_o)+fd_o} - \frac{2fy_o y}{q(f-d_o)+fd_o}$$

在上面的化简中,应用了物像共轭关系的高斯公式 $1/p + 1/q = 1/f$。式(3.2-1)要分别对物平面和光瞳平面积分。首先完成对光瞳平面的积分:

$$U_p = \iint_{\Sigma_p} \exp\left[\mathrm{j} \frac{k}{2}(\Delta_x + \Delta_y) \right] \mathrm{d}x' \mathrm{d}y'$$

由于不考虑透镜有限孔径的影响,对 Σ_p 积分可扩展到无穷。做变量代换,令

$$\alpha = q(f-d_o) + fd_o$$

$$\bar{x} = \left(\sqrt{\frac{fq}{d_o \alpha}} x_o - \sqrt{\frac{\alpha}{d_o fq}} x' + \sqrt{\frac{fd_o}{q\alpha}} x \right) \qquad \bar{y} = \left(\sqrt{\frac{fq}{d_o \alpha}} y_o - \sqrt{\frac{\alpha}{d_o fq}} y' + \sqrt{\frac{fd_o}{q\alpha}} y \right)$$

$$\mathrm{d}\bar{x} = -\sqrt{\frac{\alpha}{d_o fq}} \mathrm{d}x', \mathrm{d}\bar{y} = -\sqrt{\frac{\alpha}{d_o fq}} \mathrm{d}y'$$

于是 U_p 的积分简化成

$$U_p = \frac{d_o fq}{\alpha} \exp\left[\mathrm{j}k \frac{(f-d_o)}{2\alpha}(x^2+y^2) \right] \exp\left[-\mathrm{j}k \frac{f}{\alpha}(x_o x + y_o y) \right] \iint_{-\infty}^{\infty} \exp\left[\mathrm{j} \frac{k}{2}(\bar{x}^2 + \bar{y}^2) \right] \mathrm{d}\bar{x} \mathrm{d}\bar{y}$$

利用积分公式

$$\int_{-\infty}^{\infty} \mathrm{e}^{-ax^2} \mathrm{d}x = \sqrt{\pi/a}$$

可得

$$U_p = \frac{\mathrm{j}\lambda fq d_o}{\alpha} \exp\left[\mathrm{j}k \frac{f-d_o}{2\alpha}(x^2+y^2) \right] \exp\left[-\mathrm{j}k \frac{f}{\alpha}(x_o x + y_o y) \right]$$

将以上结果代入式(3.2-1)得

$$U(x,y) = c' \exp\left\{ \mathrm{j}k \frac{(f-d_o)(x^2+y^2)}{2[q(f-d_o)+fd_o]} \right\} \iint_{-\infty}^{\infty} t(x_o, y_o) \exp\left[-\mathrm{j}k \frac{f(x_o x + y_o y)}{q(f-d_o)+fd_o} \right] \mathrm{d}x_o \mathrm{d}y_o \quad (3.2\text{-}2)$$

这就是输入平面位于透镜前,计算光源共轭面上场分布的一般公式。由于照明光源和观察平面的位置始终保持共轭关系,因此式(3.2-2)中的 q 由照明光源位置决定。当照明光源位于光轴上无穷远,即平面波垂直照明时,$q = f$,这时观察平面位于透镜后焦面上。另外,输入平面的位置决定了 d_o 的大小,下面讨论一下输入平面的两个特殊位置。

(1) 输入平面位于透镜前焦面。这时 $d_o = f$,由式(3.2-2)得到

$$U(x,y) = c' \iint_{-\infty}^{\infty} t(x_o, y_o) \exp\left(-\mathrm{j}k \frac{x_o x + y_o y}{f} \right) \mathrm{d}x_o \mathrm{d}y_o \quad (3.2\text{-}3)$$

在这种情况下,衍射物体的复振幅透过率与衍射场的复振幅分布存在准确的傅里叶变换关系,并且只要照明光源和观察平面满足共轭关系,与照明光源的具体位置无关。也就是说,不管照明光源位于何处,均不影响观察面上空间频率与位置坐标的关系,始终为 $f_x = x/(\lambda f)$, $f_y = y/(\lambda f)$。在理论分析中这种情况是很有意义的。

(2) 输入面紧贴透镜。这时 $d_o = 0$,由式(3.2-2)得

$$U(x,y) = c'\exp\left(jk\frac{x^2 + y^2}{2q}\right)\iint\limits_{-\infty}^{\infty} t(x_o, y_o)\exp\left(-jk\frac{x_o x + y_o y}{q}\right)dx_o dy_o \qquad (3.2\text{-}4)$$

在这种情况下,衍射物体的复振幅透过率与观察面上的场分布,不是准确的傅里叶变换关系,有一个二次相位因子。观察面上的空间坐标与空间频率的关系为 $f_x = x/\lambda q, f_y = y/\lambda q$,随 q 的值而不同。也就是说,频谱的空间尺度能按一定的比例缩放,这对光学信息处理的应用将带来一定的灵活性,并且也利于充分利用透镜孔径。

3.2.2　物在透镜后方

如图 3.2-2 所示,这时入射到透镜前表面的场为

$$A_o\exp\left(jk\frac{x'^2 + y'^2}{2p}\right)$$

从透镜出射的场为
$$A_o\exp\left(jk\frac{x'^2 + y'^2}{2p}\right)\exp\left(-jk\frac{x'^2 + y'^2}{2f}\right)$$

从透镜的后表面出射的场到达物的前表面造成的场分布为

$$U_o(x_o, y_o) = \frac{A_o}{j\lambda d_o}\iint\limits_{\Sigma_p}\exp\left[jk\frac{x'^2 + y'^2}{2p}\right]\exp\left(-jk\frac{x'^2 + y'^2}{2f}\right)\exp\left[jk\frac{(x_o - x')^2 + (y_o - y')^2}{2d_o}\right]dx'dy'$$

$$(3.2\text{-}5)$$

通过物体后的出射光场为
$$U'_o(x_o, y_o) = t(x_o, y_o)U_o(x_o, y_o)$$

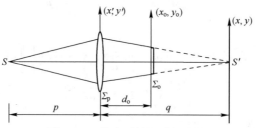

图 3.2-2　物在透镜之后的变换

这个光场传输到观察平面 $x - y$ 上造成的场分布为

$$U(x,y) = \frac{1}{j\lambda(q - d_o)}\iint\limits_{\Sigma_o} t(x_o, y_o)U_o(x_o, y_o)\exp\left[jk\frac{(x - x_o)^2 + (y - y_o)^2}{2(q - d_o)}\right]dx_o dy_o \qquad (3.2\text{-}6)$$

将式(3.2-5)代入式(3.2-6),得

$$U(x,y) = -\frac{A_o}{\lambda^2 d_o(q - d_o)}\iint\limits_{\Sigma_p}\iint\limits_{\Sigma_o} t(x_o, y_o)\exp\left[j\frac{k}{2}(\Delta_x + \Delta_y)\right]dx'dy'dx_o dy_o \qquad (3.2\text{-}7)$$

式中
$$\Delta_x = \frac{x'^2}{p} - \frac{x'^2}{f} + \frac{(x_o - x')^2}{d_o} + \frac{(x - x_o)^2}{q - d_o}$$

$$= x'^2\left(\frac{1}{p} + \frac{1}{d_o} - \frac{1}{f}\right) + x_o^2\left(\frac{1}{d_o} + \frac{1}{q - d_o}\right) + \frac{x^2}{q - d_o} - \frac{2x_o x'}{d_o} - \frac{2x_o x}{q - d_o}$$

$$= x'^2\frac{q - d_o}{d_o q} + x_o^2\frac{q}{d_o(q - d_o)} + \frac{x^2}{q - d_o} - \frac{2x_o x'}{d_o} - \frac{2x_o x}{q - d_o}$$

$$= \left\{x'\sqrt{\frac{q - d_o}{d_o q}} - x_o\sqrt{\frac{q}{d_o(q - d_o)}}\right\}^2 + \frac{x^2}{q - d_o} - \frac{2x_o x}{q - d_o}$$

$$\Delta_y = \left\{ y'\sqrt{\frac{q-d_o}{d_o q}} - y_o\sqrt{\frac{q}{d_o(q-d_o)}} \right\}^2 + \frac{y^2}{q-d_o} - \frac{2y_o y}{q-d_o}$$

用推导式(3.2-2)的方法可得出

$$U(x,y) = c'\exp\left[jk\frac{x^2+y^2}{2(q-d_o)} \right] \iint_{-\infty}^{\infty} t(x_o,y_o)\exp\left(-jk\frac{x_o x + y_o y}{q-d_o} \right) dx_o dy_o \quad (3.2\text{-}8)$$

由式(3.2-2)和式(3.2-8)可以看出,不管衍射物体位于何种位置,只要观察面是照明光源的共轭面,则物面(输入面)和观察面(输出面)光场复振幅之间的关系都是傅里叶变换关系,即观察面上的衍射场都是夫琅禾费型的。显然,当 $d_o = 0$ 时,由式(3.2-8)也可得出式(3.2-4),即物从两面紧贴透镜都是等价的。

3.2.3 透镜的孔径效应

输入面紧贴透镜的情况比较简单,可直接将式(2.2-13)代入式(3.2-4)(注意两式中 t 的意义是不同的)进行计算。对于物在透镜后方,物面上被照明的区域是透镜的孔径沿会聚光锥在物面上的投影。透镜孔径的衍射效应可以用在物面上孔径投影的衍射效应做等效替代。也就是说透镜的孔径效应表现为式(3.2-8)的被积函数增加一个形如 $P\left(\frac{q}{q-d_o}x_o, \frac{q}{q-d_o}y_o \right)$ 的因子(p 由式(3.1-6)定义)。物在透镜前时,用几何光学近似,也就是考虑物面与透镜之间的距离 d_o 相对于透径直径 D 而言不是很大的情况。这时光波从物到透镜之间的传播可看作直线传播,并忽略透镜的孔径衍射。这样的条件,在实用的绝大多数问题中都是能得到满足的。于是有

$$U(x,y) = c'\exp\left[jk\frac{(f-d_o)(x^2+y^2)}{2f^2} \right] \iint_{-\infty}^{\infty} t(x_o,y_o)P\left(x_o + \frac{d_o}{f}x, y_o + \frac{d_o}{f}y \right) \times$$

$$\exp\left[-jk\frac{x_o x + y_o y}{f} \right] dx_o dy_o \quad (3.2\text{-}9)$$

3.3 透镜的一般变换特性

在上一节中,照明光源和观察面是一对成物像关系的共轭面。所以,物透明片无论放在透镜前或透镜后,除一常数相位因子外,观察面总是物的频谱面。下面讨论一种任意情况,物面(输入面)和观察面(输出面)的位置是任意的,将导出此时的输入输出关系式。如图 3.3-1 所示,正透镜焦距为 f,物面 Σ_o 位于透镜前 d_1 处,观察面 Σ_1 位于透镜后 d_2 处,d_1 和 d_2 是任意的。用振幅为 1 的单色平面波垂直照明物平面,设物面上的场分布为 $U_o(x_o,$ $y_o)$,观察面上的场分布为 $U(x,y)$,并假设光场在 d_1 和 d_2 距离上的传播满足菲涅耳近似条件,则透镜前表面上的场 $U_1(x',y')$ 可表为

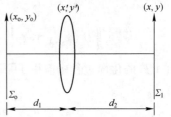

图 3.3-1 透镜的一般变换特性

$$U_1(x',y') = \frac{\exp(jkd_1)}{j\lambda d_1} \iint_{-\infty}^{\infty} U_o(x_o,y_o)\exp\left\{ jk\frac{(x'-x_o)^2 + (y'-y_o)^2}{2d_1} \right\} dx_o dy_o \quad (3.3\text{-}1)$$

考虑到透镜的相位变换因子,则透镜后表面上的场分布 $U_1(x',y')$ 为

$$U'_1(x',y') = \exp\left[-j\frac{k}{2f}(x'^2 + y'^2) \right] U_1(x',y') \quad (3.3\text{-}2)$$

于是观察平面上的场为

$$U(x,y) = \frac{\exp(\mathrm{j}kd_2)}{\mathrm{j}\lambda d_2} \iint_{-\infty}^{\infty} U_1'(x',y') \exp\left\{\mathrm{j}\frac{k}{2d_2}[(x-x')^2 + (y-y')^2]\right\} \mathrm{d}x'\mathrm{d}y'$$

$$= -\frac{\exp[\mathrm{j}k(d_1+d_2)]}{\lambda^2 d_1 d_2} \iiiint_{-\infty}^{\infty} U_o(x_o,y_o) \exp\left(-\mathrm{j}k\frac{x'^2+y'^2}{2f}\right) \times$$

$$\exp\left[\mathrm{j}k\frac{(x'-x_o)^2+(y'-y_o)^2}{2d_1}\right] \exp\left[\mathrm{j}k\frac{(x-x')^2+(y-y')^2}{2d_2}\right] \mathrm{d}x_o\mathrm{d}y_o\mathrm{d}x'\mathrm{d}y'$$

$$= -\frac{\exp[\mathrm{j}k(d_1+d_2)]}{\lambda^2 d_1 d_2} \exp\left[\mathrm{j}\frac{k}{2d_2}(x^2+y^2)\right] \iint_{-\infty}^{\infty} U_o(x_o,y_o) \exp\left[\mathrm{j}k\frac{x_o^2+y_o^2}{2d_1}\right] I(x_o,y_o)\mathrm{d}x_o\mathrm{d}y_o$$

$$(3.3\text{-}3)$$

式中 $I(x_o,y_o) = \displaystyle\iint_{-\infty}^{\infty} \exp\left\{\mathrm{j}\frac{k}{2}\left[\left(\frac{1}{d_1}+\frac{1}{d_2}-\frac{1}{f}\right)(x'^2+y'^2) - 2\left(\frac{x_o}{d_1}+\frac{x}{d_2}\right)x' - 2\left(\frac{y_o}{d_1}+\frac{y}{d_2}\right)y'\right]\right\}\mathrm{d}x'\mathrm{d}y'$

$$= \int_{-\infty}^{\infty} \exp\left\{\mathrm{j}\frac{k}{2}\left[\varepsilon x'^2 - 2\left(\frac{x_o}{d_1}+\frac{x}{d_2}\right)x'\right]\right\}\mathrm{d}x' \int_{-\infty}^{\infty} \exp\left\{\mathrm{j}\frac{k}{2}\left[\varepsilon y'^2 - 2\left(\frac{y_o}{d_1}+\frac{y}{d_2}\right)y'\right]\right\}\mathrm{d}y'$$

$$= I_1(x_o,y_o)I_2(x_o,y_o) \qquad\qquad (3.3\text{-}4)$$

式中
$$\varepsilon = \frac{1}{d_1} + \frac{1}{d_2} - \frac{1}{f} \qquad\qquad (3.3\text{-}5)$$

利用积分公式 $\quad\displaystyle\int_{-\infty}^{\infty} \exp[-Ax^2 \pm 2Bx - C]\mathrm{d}x = \sqrt{\frac{\pi}{A}}\exp[-C+B^2/A]$ $\qquad (3.3\text{-}6)$

对于 $\varepsilon \neq 0$ 的情况可得

$$I_1(x_o,y_o) = \sqrt{\frac{\mathrm{j}\lambda}{\varepsilon}}\exp\left[-\mathrm{j}\frac{k}{2\varepsilon}\left(\frac{x_o}{d_1}+\frac{x}{d_2}\right)^2\right] \qquad\qquad (3.3\text{-}7)$$

$$I_2(x_o,y_o) = \sqrt{\frac{\mathrm{j}\lambda}{\varepsilon}}\exp\left[-\mathrm{j}\frac{k}{2\varepsilon}\left(\frac{y_o}{d_1}+\frac{y}{d_2}\right)^2\right] \qquad\qquad (3.3\text{-}8)$$

将式(3.3-7)和式(3.3-8)代入式(3.3-4),再将式(3.3-4)代入式(3.3-3)得

$$U(x,y) = \frac{\exp[\mathrm{j}k(d_1+d_2)]}{\mathrm{j}\lambda\varepsilon d_1 d_2}\exp\left[\mathrm{j}\frac{k}{2\varepsilon d_1 d_2}\left(1-\frac{d_1}{f}\right)(x^2+y^2)\right] \times$$

$$\iint_{-\infty}^{\infty} U_o(x_o,y_o)\exp\left\{\mathrm{j}\frac{k}{2\varepsilon d_1 d_2}\left[\left(1-\frac{d_2}{f}\right)(x_o^2+y_o^2) - 2(x_o x - y_o y)\right]\right\}\mathrm{d}x_o\mathrm{d}y_o \quad (3.3\text{-}9)$$

在上式的化简过程中应用了下面的恒等变换

$$\frac{1}{d_2} - \frac{1}{\varepsilon d_2^2} = \frac{1}{\varepsilon d_1 d_2}\left(\varepsilon d_1 - \frac{d_1}{d_2}\right) = \frac{1}{\varepsilon d_1 d_2}\left(1-\frac{d_1}{f}\right)$$

$$\frac{1}{d_1} - \frac{1}{\varepsilon d_1^2} = \frac{1}{\varepsilon d_1 d_2}\left(\varepsilon d_2 - \frac{d_2}{d_1}\right) = \frac{1}{\varepsilon d_1 d_2}\left(1-\frac{d_2}{f}\right)$$

当 $d_2 = f$,即后焦面作为观察平面时,则式(3.3-9)简化成

$$U(x,y) = \frac{\exp[\mathrm{j}k(d_1+f)]}{\mathrm{j}\lambda f}\exp\left[\mathrm{j}\frac{k}{2f}\left(1-\frac{d_1}{f}\right)(x^2+y^2)\right] \times$$

$$\iint_{-\infty}^{\infty} U_o(x_o,y_o)\exp\left[-\mathrm{j}\frac{2\pi}{\lambda f}(x_o x + y_o y)\right]\mathrm{d}x_o\mathrm{d}y_o \qquad (3.3\text{-}10)$$

可见,除一相位因子外,$U(x,y)$ 是 $U_o(x_o,y_o)$ 的傅里叶变换。

当 $d_1 = d_2 = f$ 时,式(3.3-10)中的二次相位因子被消去,则有

$$U(x,y) = \frac{\exp(j2kf)}{j\lambda f} \iint_{-\infty}^{\infty} U_o(x,y) \exp\left[-j\frac{2\pi}{\lambda f}(x_o x + y_o y)\right] dx_o dy_o \qquad (3.3\text{-}11)$$

这时 $U(x,y)$ 是 $U_o(x,y)$ 的准确傅里叶变换(常数相位因子无关紧要)。一般情况下,d_1 和 d_2 与 f 并不相等,可以实现分数傅里叶变换,请读者自行证明。

当 $\varepsilon = 0$,即输入和输出满足物像共轭关系时,由式(3.3-4)得

$$I_1 = \int_{-\infty}^{\infty} \exp\left\{j\frac{2\pi}{\lambda}\left(\frac{x_o}{d_1} + \frac{x}{d_2}\right)x'\right\} dx' = \int_{-\infty}^{\infty} \exp\left\{j\frac{2\pi}{\lambda}\frac{1}{d_1}\left(x_o - \frac{x}{M}\right)x'\right\} dx'$$

$$= \lambda d_1 \delta(x_o - x/M) \qquad (3.3\text{-}12)$$

$$I_2 = \int_{-\infty}^{\infty} \exp\left\{j\frac{2\pi}{\lambda}\left(\frac{y_o}{d_1} + \frac{y}{d_2}\right)y'\right\} dy' = \lambda d_1 \delta(y_o - y/M) \qquad (3.3\text{-}13)$$

将以上两式代入式(3.3-3)得

$$U(x,y) = \frac{\exp[jk(d_1 + d_2)]}{M} \exp\left[-\frac{j\pi}{\lambda M f}(x^2 + y^2)\right] U_o\left(\frac{x}{M}, \frac{y}{M}\right) \qquad (3.3\text{-}14)$$

在输出平面得到放大 $M = -d_2/d_1$ 倍的像,回到了几何光学的结果。

3.4 相干照明衍射受限系统的成像分析

任何平面物场分布都可以看作无数小面元的组合,而每个小面元都可看作一个加权的 δ 函数。对于一个透镜或一个成像系统,如果能清楚地了解物平面上任一小面元的光振动通过成像系统后在像平面上所造成的光振动分布情况,通过线性叠加,原则上便能求得任何物面光场分布通过系统后所形成的像面光场分布,进而求得像面强度分布。这就是相干照明下的成像过程。这里关键是求出任意小面元的光振动所对应的像场分布。当该面元的光振动为单位脉冲即 δ 函数时,这个像场分布函数叫作点扩散函数或脉冲响应。通常用 $h(x_o,y_o;x_i,y_i)$ 表示(参阅式(1.1-4)),它表示物平面上 (x_o,y_o) 点的单位脉冲通过成像系统后在像平面上 (x_i,y_i) 点产生的光场分布。

3.4.1 透镜的点扩散函数

首先研究在相干照明下,一个消像差的正薄透镜对透明物成实像的情况。如图 3.4-1 所示,物体放在透镜前距离为 d_o 的输入平面 $x_o - y_o$ 上,在透镜后距离为 d_i 的共轭面 $x_i - y_i$ 上观察成像情况。假定紧靠物体后的复振幅分布为 $U_o(x'_o,y'_o)$,(x'_o,y'_o) 点处发出的单位脉冲为 $\delta(x_o - x'_o, y_o - y'_o)$。沿光波传播方向,逐面计算三个特定平面上的场分布:紧靠透镜后的两个平面上的场分布 dU_1 和 dU'_1,观察平面上的场分布 h。这样就可最终导出一个点源的输入输出关系。

利用菲涅耳公式(2.3-8)有

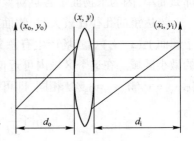

图 3.4-1　推导透镜点扩散函数的简图

$$\mathrm{d}U_1(x'_\mathrm{o},y'_\mathrm{o};x,y) = \frac{\exp(\mathrm{j}kd_\mathrm{o})}{\mathrm{j}\lambda d_\mathrm{o}}\iint\limits_{-\infty}^{\infty}\delta(x_\mathrm{o}-x'_\mathrm{o},y_\mathrm{o}-y'_\mathrm{o})\exp\left[\mathrm{j}k\frac{(x-x_\mathrm{o})^2+(y-y_\mathrm{o})^2}{2d_\mathrm{o}}\right]\mathrm{d}x_\mathrm{o}\mathrm{d}y_\mathrm{o}$$

$$= \frac{\exp[\mathrm{j}kd_\mathrm{o}]}{\mathrm{j}\lambda d_\mathrm{o}}\exp\left[\mathrm{j}k\frac{(x-x'_\mathrm{o})^2+(y-y'_\mathrm{o})^2}{2d_\mathrm{o}}\right]$$

由于 $(x'_\mathrm{o},y'_\mathrm{o})$ 点是任意的,可省去撇号,同时为书写方便,略去常数相位因子,上式可写成

$$\mathrm{d}U_1(x_\mathrm{o},y_\mathrm{o};x,y) = \frac{1}{\mathrm{j}\lambda d_\mathrm{o}}\exp\left[\mathrm{j}k\frac{(x-x_\mathrm{o})^2+(y-y_\mathrm{o})^2}{2d_\mathrm{o}}\right]$$

此波面通过孔径函数为 $P(x,y)$、焦距为 f 的透镜后,复振幅 $\mathrm{d}U'(x_\mathrm{o},y_\mathrm{o};x,y)$ 为

$$\mathrm{d}U'_1(x_\mathrm{o},y_\mathrm{o};x,y) = P(x,y)\exp\left(-\mathrm{j}k\frac{x^2+y^2}{2f}\right)\mathrm{d}U_1(x_\mathrm{o},y_\mathrm{o};x,y)$$

由透镜后表面到观察面,光场的传播满足菲涅耳衍射,于是物平面上的单位脉冲在观察面上引起的复振幅分布即点扩散函数可写作

$$h(x_\mathrm{o},y_\mathrm{o};x_\mathrm{i},y_\mathrm{i}) = \frac{\exp(\mathrm{j}kd_\mathrm{i})}{\mathrm{j}\lambda d_\mathrm{i}}\iint\limits_{-\infty}^{\infty}\mathrm{d}U'_1(x_\mathrm{o},y_\mathrm{o};x,y)\exp\left[\mathrm{j}k\frac{(x_\mathrm{i}-x)^2+(y_\mathrm{i}-y)^2}{2d_\mathrm{i}}\right]\mathrm{d}x\mathrm{d}y$$

将 $\mathrm{d}U'_1$ 的表达式代入并略去包括 -1 在内的常数相位因子,得

$$h(x_\mathrm{o},y_\mathrm{o};x_\mathrm{i},y_\mathrm{i}) = \frac{1}{\lambda^2 d_\mathrm{o}d_\mathrm{i}}\exp\left[\mathrm{j}k\frac{x_\mathrm{i}^2+y_\mathrm{i}^2}{2d_\mathrm{i}}\right]\exp\left[\mathrm{j}k\frac{x_\mathrm{o}^2+y_\mathrm{o}^2}{2d_\mathrm{o}}\right]\times$$

$$\iint\limits_{-\infty}^{\infty}P(x,y)\exp\left[\mathrm{j}\frac{k}{2}\left(\frac{1}{d_\mathrm{i}}+\frac{1}{d_\mathrm{o}}-\frac{1}{f}\right)(x^2+y^2)\right]\exp\left\{-\mathrm{j}k\left[\left(\frac{x_\mathrm{i}}{d_\mathrm{i}}+\frac{x_\mathrm{o}}{d_\mathrm{o}}\right)x+\left(\frac{y_\mathrm{i}}{d_\mathrm{i}}+\frac{y_\mathrm{o}}{d_\mathrm{o}}\right)y\right]\right\}\mathrm{d}x\mathrm{d}y$$

$$(3.4\text{-}1)$$

由于物像平面的共轭关系满足高斯公式,故 $1/d_\mathrm{i}+1/d_\mathrm{o}=1/f$,于是点扩散函数简化成

$$h(x_\mathrm{o},y_\mathrm{o};x,y) = \frac{1}{\lambda^2 d_\mathrm{o}d_\mathrm{i}}\exp\left(\mathrm{j}k\frac{x_\mathrm{o}^2+y_\mathrm{o}^2}{2d_\mathrm{o}}\right)\exp\left(\mathrm{j}k\frac{x_\mathrm{i}^2+y_\mathrm{i}^2}{2d_\mathrm{i}}\right)\times$$

$$\iint\limits_{-\infty}^{\infty}P(x,y)\exp\left\{-\mathrm{j}k\left[\left(\frac{x_\mathrm{i}}{d_\mathrm{i}}+\frac{x_\mathrm{o}}{d_\mathrm{o}}\right)x+\left(\frac{y_\mathrm{i}}{d_\mathrm{i}}+\frac{y_\mathrm{o}}{d_\mathrm{o}}\right)y\right]\right\}\mathrm{d}x\mathrm{d}y \quad (3.4\text{-}2)$$

式 (3.4-2) 比较复杂,现在来研究怎样将它简化。积分号前的相位因子 $\exp[\mathrm{j}k(x_\mathrm{i}^2+y_\mathrm{i}^2)/2d_\mathrm{i}]$ 不影响最终探测的强度分布,可以略去。但是对相位因子 $\exp[\mathrm{j}k(x_\mathrm{o}^2+y_\mathrm{o}^2)/2d_\mathrm{o}]$ 的处理就不那么简单,因为求物面上各点对像面光场的贡献时,这个因子要参与积分。

当透镜的孔径比较大时,物面上每一物点产生的脉冲响应是一个很小的像斑,那么能够对于像面上 $(x_\mathrm{i},y_\mathrm{i})$ 点光场产生有意义贡献的,必定是物面上以几何成像所对应的以物点为中心的微小区域。在这个区域内可近似地认为 $x_\mathrm{o},y_\mathrm{o}$ 坐标值不变,其大小与 $(x_\mathrm{i},y_\mathrm{i})$ 点的共轭物坐标 $x_\mathrm{o}=x_\mathrm{i}/M,y_\mathrm{o}=y_\mathrm{i}/M$ 相同,即可做以下近似

$$\exp\left[\mathrm{j}\frac{k}{2d_\mathrm{o}}(x_\mathrm{o}^2+y_\mathrm{o}^2)\right] \approx \exp\left[\mathrm{j}\frac{k}{2d_\mathrm{o}}\left(\frac{x_\mathrm{i}^2+y_\mathrm{i}^2}{M^2}\right)\right] \quad (3.4\text{-}3)$$

式中,$M=-d_\mathrm{i}/d_\mathrm{o}$ 是成像透镜的横向放大率。近似后的相位因子不再依赖于 $(x_\mathrm{o},y_\mathrm{o})$,因此不会影响 $x_\mathrm{i}y_\mathrm{i}$ 平面上的强度分布,于是也可以略去。这样一来,点扩散函数的形式为

$$h(x_\mathrm{o},y_\mathrm{o};x_\mathrm{i},y_\mathrm{i}) = \frac{1}{\lambda^2 d_\mathrm{o}d_\mathrm{i}}\iint\limits_{-\infty}^{\infty}P(x,y)\exp\left\{-\mathrm{j}k\left[\left(\frac{x_\mathrm{i}}{d_\mathrm{i}}+\frac{x_\mathrm{o}}{d_\mathrm{o}}\right)x+\left(\frac{y_\mathrm{i}}{d_\mathrm{i}}+\frac{y_\mathrm{o}}{d_\mathrm{o}}\right)y\right]\right\}\mathrm{d}x\mathrm{d}y \quad (3.4\text{-}4)$$

将 $M = -d_i/d_o$ 代入,则

$$h(x_o,y_o;x_i,y_i) = \frac{1}{\lambda^2 d_o d_i} \iint_{-\infty}^{\infty} P(x,y)\exp\left\{-j\frac{2\pi}{\lambda d_i}[(x_i-Mx_o)x+(y_i-My_o)y]\right\}dxdy$$

$$= \frac{1}{\lambda^2 d_o d_i}\iint_{-\infty}^{\infty} P(x,y)\exp\left\{-j\frac{2\pi}{\lambda d_i}[(x_i-\tilde{x}_o)x+(y_i-\tilde{y}_o)y]\right\}dxdy \quad (3.4\text{-}5)$$

式中,$\tilde{x}_o = Mx_o$,$\tilde{y}_o = My_o$。于是,$h(x_o,y_o;x_i,y_i)$ 可以写成 $h(x_i-\tilde{x}_o,y_i-\tilde{y}_o)$ 的形式,即

$$h(x_i-\tilde{x}_o,y_i-\tilde{y}_o) = \frac{1}{\lambda^2 d_o d_i}\iint_{-\infty}^{\infty} P(x,y)\exp\left\{-j\frac{2\pi}{\lambda d_i}[(x_i-\tilde{x}_o)x+(y_i-\tilde{y}_o)y]\right\}dxdy \quad (3.4\text{-}6)$$

这说明,在傍轴成像条件下,以式(3.4-6)所表征的透镜成像系统是空间不变的。而且,透镜的脉冲响应就等于透镜孔径的夫琅禾费衍射图样,其中心位于理想像点 $(\tilde{x}_o,\tilde{y}_o)$ 处。透镜孔径的衍射作用明显与否,是由孔径线度相对于波长 λ 和像距 d_i 的比例决定的,为此对孔径平面上的坐标 (x,y) 做变换,令

$$\tilde{x} = \frac{x}{\lambda d_i}, \quad \tilde{y} = \frac{y}{\lambda d_i}$$

代入式(3.4-6)得

$$h(x_i-\tilde{x}_o,y_i-\tilde{y}_o)$$
$$= |M|\iint_{-\infty}^{\infty} P(\lambda d_i \tilde{x},\lambda d_i \tilde{y})\exp\left\{-j2\pi[(x_i-\tilde{x}_o)\tilde{x}+(y_i-\tilde{y}_o)\tilde{y}]\right\}d\tilde{x}d\tilde{y} \quad (3.4\text{-}7)$$

这就是透镜的点扩散函数表达式,式中 $|M| = d_i/d_o$。

当孔径大小比 λd_i 大得多时,在 (x,y) 坐标中,在无限大的区域内 $P(\lambda d_i \tilde{x},\lambda d_i \tilde{y})$ 的值均为 1,则

$$h(x_i-\tilde{x}_o,y_i-\tilde{y}_o) = |M|\iint_{-\infty}^{\infty}\exp\left\{-j2\pi[(x_i-\tilde{x}_o)\tilde{x}+(y_i-\tilde{y}_o)\tilde{y}]\right\}d\tilde{x}d\tilde{y}$$
$$= |M|\delta(x_i-\tilde{x}_o,y_i-\tilde{y}_o) \quad (3.4\text{-}8)$$

这时物点成像为一个像点,即几何光学理想像。

3.4.2 衍射受限系统的点扩散函数

所谓衍射受限,是指不考虑系统的几何像差,仅仅考虑系统的衍射限制。如果忽略衍射效应的话,点物通过系统后形成一个理想的点像。一般的衍射受限系统可由若干共轴球面透镜组成,这些透镜既可以是正透镜,也可以是负透镜,而且透镜也不一定是薄的。系统对光束大小的限制是由系统内部的孔径光阑决定的,也就是说在考察衍射受限系统时,实际上主要考察孔径光阑的衍射作用。孔径光阑在物空间所成的像称为入射光瞳,简称入瞳;孔径光阑在像空间所成的像称为出射光瞳,简称出瞳。当轴上物点的位置确定后,孔径光阑、入瞳、出瞳由系统元件参数及相对位置决定。对整个光学系统而言,入瞳和出瞳保持物像共轭关系。由入射光瞳限制的物方光束必定能全部通过系统,成为被出射光瞳所限制的像方光束。下面为这样的系统建立一个普遍模型。

如图 3.4-2 所示,任意成像系统都可以分成三个部分:从物平面到入瞳平面为第一部分;从入瞳平面到出瞳平面为第二部分;从出瞳平面到像平面为第三部分。光波在一、三两部分空间的传播可按菲涅耳衍射处理。对于第二部分的透镜系统,在等晕条件下,可把它当作一个

"黑箱"来处理,这个黑箱的两个边端分别是入瞳和出瞳,只要能够确定黑箱的两个边端的性质,整个透镜组的性质便可确定下来,而不必深究其内部结构。假定在入瞳和出瞳之间的光的传播可用几何光学来描述,所谓边端性质是指成像光波在入瞳和出瞳平面上的物理性质。

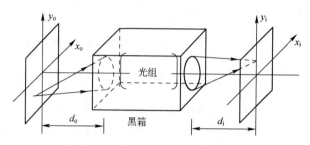

图 3.4-2　成像系统的普遍模型

为了确定系统的脉冲响应,需要知道这个黑箱对点光源发出的球面波的变换作用,即当入瞳平面上输入发射球面波时,出瞳平面透射的波场特性。对于实际光组,这一边端性质千差万别,但总可以分成两类:衍射受限系统和有像差的系统。

当像差很小或者系统的孔径和视场都不大时,实际光学系统就可近似看作衍射受限系统。这时的边端性质就比较简单,物面上任一点源发出的发散球面波投射到入瞳上,被光组变换为出瞳上的会聚球面波。

有像差系统的边端条件是,点光源发出的发散球面波投射到入瞳上,出瞳处的透射波场明显偏离理想球面波,偏离程度由波像差决定。

阿贝认为衍射效应是由于有限的入瞳大小引起的,1896 年瑞利提出衍射效应来自有限大小的出瞳。由于一个光瞳只不过是另一个光瞳的几何像,这两种看法是等价的。衍射效应可以归结为入瞳或出瞳对于成像光波的限制,本书采用瑞利的说法。

由物点发出的球面波,在像方得到的将是一个被出射光瞳所限制的球面波,这个球面波是以理想像点为中心的。由于出射光瞳的限制作用,在像平面上将产生以理想像点为中心的出瞳孔径的夫琅禾费衍射图样。于是可以写出物面上 (x_o, y_o) 点的单位脉冲通过衍射受限系统后在与物面共轭的像面上的复振幅分布,即点扩散函数为

$$h(x_o, y_o; x_i, y_i) = K \iint_{-\infty}^{\infty} P(x, y) \exp\left\{ -j\frac{2\pi}{\lambda d_i} [(x_i - Mx_o)x + (y_i - My_o)y] \right\} dxdy \qquad (3.4\text{-}9)$$

式中,K 是与 (x_o, y_o) 和 (x_i, y_i) 无关的复常数;$P(x, y)$ 是出瞳函数(常称光瞳函数),在光瞳内其值为 1,在光瞳外其值为零;d_i 是光瞳面到像面的距离,已不是通常意义下的像距。还要说明,在推导式(3.4-9)时,同样略去了关于 (x_i, y_i) 和 (x_o, y_o) 的二次相位因子,式(3.4-9)和式(3.4-4)一样是有条件的。式(3.4-9)表明,如果略去积分号前的系数,脉冲响应就是光瞳函数的傅里叶变换,即衍射受限系统的脉冲响应是光学系统出瞳的夫琅禾费衍射图样。其中心在几何光学的理想像点 (Mx_o, My_o) 处。

同样对物平面上的坐标 (x_o, y_o) 和光瞳平面上的坐标 (x, y) 做坐标变换,令

$$\tilde{x}_o = Mx_o, \quad \tilde{y}_o = My_o; \quad \tilde{x} = \frac{x}{\lambda d_i}, \quad \tilde{y} = \frac{y}{\lambda d_i}$$

得到
$$h(x_i - \tilde{x}_o, y_i - \tilde{y}_o)$$

$$= K\lambda^2 d_i^2 \iint\limits_{-\infty}^{\infty} P(\lambda d_i \tilde{x}, \lambda d_i \tilde{y}) \exp\{-j2\pi[(x_i - \tilde{x}_o)\tilde{x} + (y_i - \tilde{y}_o)\tilde{y}]\} d\tilde{x} d\tilde{y} \qquad (3.4\text{-}10)$$

这就是衍射受限系统的点扩散函数的普遍表达式。如果光瞳对于 λd_i 足够大,(x, y) 坐标中,在无限大区域内 $P(\lambda d_i \tilde{x}, \lambda d_i \tilde{y})$ 都为 1,式(3.4-10)变成

$$h(x_i - \tilde{x}_o, y_i - \tilde{y}_o) = K\lambda^2 d_i^2 \delta(x_i - \tilde{x}_o, y_i - \tilde{y}_o) \qquad (3.4\text{-}11)$$

上式表明,当可以忽略光瞳的衍射时,(x_o, y_o) 点的脉冲通过衍射受限系统后在像面上得到的仍然是点脉冲,其位置为 $x_i = \tilde{x}_o = Mx_o, y_i = \tilde{y}_o = My_o$,这便是几何光学理想成像情况。

3.4.3　相干照明下衍射受限系统的成像规律

现在的任务是确定某一给定的物复振幅分布通过衍射受限系统后,在像平面上形成的像复振幅分布和光强分布。一个确定的物分布总可以很方便地分解成无数 δ 函数的线性组合,而每个 δ 函数可按式(3.4-10)求出其响应。然而,在像平面上将这些无数个脉冲响应合成的结果是和物面照明情况有关的,如果物面上某两个脉冲是相干的,则这两个脉冲在像平面上的响应为相干叠加;若这两个脉冲是非相干的,则这两个脉冲在像平面上的响应为非相干叠加,即强度叠加。所以衍射受限系统的成像特性,对于相干照明和非相干照明是不同的。本节先讨论相干照明情况。非相干照明情况留在 3.6 节中讨论。

设物的复振幅分布为 $U_o(x_o, y_o)$,在相干照明下,物面上各点是完全相干的。由于光波传播的线性性质,像的复振幅分布 $U_i(x_i, y_i)$ 可以按式(1.1-5)表示为物的复振幅分布与式(3.4-9)和式(3.4-10)表示的脉冲响应函数的叠加积分。在这个叠加积分中出现了三组坐标:(x_o, y_o),$(\tilde{x}_o, \tilde{y}_o)$,$(x_i, y_i)$,并不是严格意义上的卷积。为了证明该系统的空间不变线性性质,做进一步的变量代换,首先减去一组坐标 (x_o, y_o):

$$U_i(x_i, y_i) = \iint\limits_{-\infty}^{\infty} U_o(x_o, y_o) h(x_i - \tilde{x}_o, y_i - \tilde{y}_o) dx_o dy_o$$
$$(3.4\text{-}12)$$
$$= \frac{1}{M^2} \iint\limits_{-\infty}^{\infty} U_o\left(\frac{\tilde{x}_o}{M}, \frac{\tilde{y}_o}{M}\right) h(x_i - \tilde{x}_o, y_i - \tilde{y}_o) d\tilde{x}_o d\tilde{y}_o$$

为了说明式(3.4-12)的物理意义,先讨论 $U_o(\tilde{x}_o/M, \tilde{y}_o/M)$ 在 $(\tilde{x}_o, \tilde{y}_o)$ 坐标中的意义。式(3.4-11)代表理想成像的脉冲响应,如果将它代入式(3.4-12)中,所得到的像 $U_i(x_i, y_i)$ 应该是理想成像的像分布。用 $U_g(x_i, y_i)$ 表示理想像,即得

$$U_g(x_i, y_i) = \frac{1}{M^2} \iint\limits_{-\infty}^{\infty} U_o\left(\frac{\tilde{x}_o}{M}, \frac{\tilde{y}_o}{M}\right) K\lambda d_i^2 \delta(x_i - \tilde{x}_o, y_i - \tilde{y}_o) d\tilde{x}_o d\tilde{y}_o$$

$$= \frac{K\lambda^2 d_i^2}{M^2} \iint\limits_{-\infty}^{\infty} U_o\left(\frac{\tilde{x}_o}{M}, \frac{\tilde{y}_o}{M}\right) \delta(x_i - \tilde{x}_o, y_i - \tilde{y}_o) d\tilde{x}_o d\tilde{y}_o$$

$$= \frac{K\lambda^2 d_i^2}{M^2} U_o\left(\frac{x_i}{M}, \frac{y_i}{M}\right) \qquad (3.4\text{-}13)$$

理想像 U_g 的分布形式与物 U_o 的分布形式是一样的,只是在 x_i 和 y_i 方向放大了 M 倍。由于 $\tilde{x}_o = Mx_o, \tilde{y}_o = My_o$,$U_o$ 在 $(\tilde{x}_o, \tilde{y}_o)$ 坐标中的读数比在 (x_o, y_o) 坐标中放大了 M 倍,但 $U_o(x_o, y_o)$ 与 $U_o\left(\dfrac{\tilde{x}_o}{M}, \dfrac{\tilde{y}_o}{M}\right)$ 的图像形状是一样的。因此把 $U_o\left(\dfrac{\tilde{x}_o}{M}, \dfrac{\tilde{y}_o}{M}\right)$ 叫作 $U_o(x_o, y_o)$ 的理想像。令

$$\widetilde{h}(x_i - \widetilde{x}_o, y_i - \widetilde{y}_o) = \frac{1}{K\lambda^2 d_i^2} h(x_i - \widetilde{x}_o, y_i - \widetilde{y}_o) \tag{3.4-14}$$

将上式代入式(3.4-12)得

$$U_i(x_i, y_i) = \frac{K\lambda^2 d_i^2}{M^2} \iint\limits_{-\infty}^{\infty} U_o\left(\frac{\widetilde{x}_o}{M}, \frac{\widetilde{y}_o}{M}\right) \widetilde{h}(x_i - \widetilde{x}_o, y_i - \widetilde{y}_o) \mathrm{d}\widetilde{x}_o \mathrm{d}\widetilde{y}_o$$

$$= \iint\limits_{-\infty}^{\infty} U_g(\widetilde{x}_o, \widetilde{y}_o) \widetilde{h}(x_i - \widetilde{x}_o, y_i - \widetilde{y}_o) \mathrm{d}\widetilde{x}_o \mathrm{d}\widetilde{y}_o$$

$$= U_g(x_i, y_i) * \widetilde{h}(x_i, y_i) \tag{3.4-15}$$

由式(3.4-14)可以看出式(3.4-12)的物理意义是:物 $U_o(x_o, y_o)$ 通过衍射受限系统后的像分布 $U_i(x_i, y_i)$ 是 $U_o(x_o, y_o)$ 的理想像 $U_g(x_i, y_i)$ 和点扩散函数 $\widetilde{h}(x_i, y_i)$ 的卷积。这就表明,不仅对于薄的单透镜系统,而且对于更普遍的情形,衍射受限成像系统仍可看成线性空间不变系统。由 $U_i(x_i, y_i)$ 可以得到像的强度分布为

$$I_i(x_i, y_i) = |U_i(x_i, y_i)|^2 \tag{3.4-16}$$

将式(3.4-10)代入式(3.4-14),可得

$$\widetilde{h}(x_i - \widetilde{x}_o, y_i - \widetilde{y}_o) = \frac{1}{K\lambda^2 d_i^2} K\lambda^2 d_i^2 \iint\limits_{-\infty}^{\infty} P(\lambda d_i \widetilde{x}, \lambda d_i \widetilde{y}) \exp\{-j2\pi[(x_i - \widetilde{x}_o)\widetilde{x} + (y_i - \widetilde{y}_o)\widetilde{y}]\} \mathrm{d}\widetilde{x} \mathrm{d}\widetilde{y}$$

$$= \iint\limits_{-\infty}^{\infty} P(\lambda d_i \widetilde{x}, \lambda d_i \widetilde{y}) \exp\{-j2\pi[(x_i - \widetilde{x}_o)\widetilde{x} + (y_i - \widetilde{y}_o)\widetilde{y}]\} \mathrm{d}\widetilde{x} \mathrm{d}\widetilde{y}$$

$$= \mathscr{F}\{P(\lambda d_i \widetilde{x}, \lambda d_i \widetilde{y})\} \tag{3.4-17}$$

这就是衍射受限成像系统的点扩散函数与光瞳函数的关系。由于是空间不变的,可以用 $\widetilde{x}_o = \widetilde{y}_o = 0$ 的脉冲响应表示成像系统的特性,即

$$\widetilde{h}(x_i, y_i) = \iint\limits_{-\infty}^{\infty} P(\lambda d_i \widetilde{x}, \lambda d_i \widetilde{y}) \exp[-j2\pi(x_i \widetilde{x} + y_i \widetilde{y})] \mathrm{d}\widetilde{x} \mathrm{d}\widetilde{y} = \mathscr{F}\{P(\lambda d_i \widetilde{x}, \lambda d_i \widetilde{y})\} \tag{3.4-18}$$

在相干照明条件下,对于衍射受限成像系统,表征成像系统特征的点扩散函数 $\widetilde{h}(x_i, y_i)$,仅决定于系统的光瞳函数 P。由此可见光瞳函数对于衍射受限系统成像的重要性。

3.5 衍射受限系统的相干传递函数

式(3.4-15)表明在相干照明下的衍射受限系统,对复振幅的传递是线性空间不变的。线性空间不变系统的变换特性在频域中来描述更方便。频域中描述系统的成像特性的频谱函数 $H_c(f_x, f_y)$ 称为衍射受限系统的相干传递函数,记作 CTF。

相干成像系统的物像关系由式(3.4-15)中的卷积积分描述。该卷积积分把物点看作基元,而像点是物点产生的衍射图样在该点处的相干叠加。从频域来分析成像过程,把复指数函数作为系统的本征函数,考察系统对各种频率成分的传递特性。定义系统的输入频谱 $G_{gc}(f_x, f_y)$ 和输出频谱 $G_{ic}(f_x, f_y)$ 分别为

$$G_{gc}(f_x, f_y) = \mathscr{F}\{U_g(\widetilde{x}_o, \widetilde{y}_o)\} \tag{3.5-1}$$

$$G_{ic}(f_x, f_y) = \mathscr{F}\{U_i(x_i, y_i)\} \tag{3.5-2}$$

相干传递函数为

$$H_c(f_x, f_y) = \mathscr{F}\{\widetilde{h}(x_i, y_i)\} \tag{3.5-3}$$

将式(3.4-18)代入式(3.5-3)得

$$H_c(f_x, f_y) = \mathscr{F}\{\mathscr{F}\{P(\lambda d_i \tilde{x}, \lambda d_i \tilde{y})\}\} = P(-\lambda d_i f_x, -\lambda d_i f_y) \quad (3.5\text{-}4)$$

这说明,相干传递函数 $H_c(f_x, f_y)$ 等于光瞳函数,仅在空域坐标 (x, y) 和频域坐标 (f_x, f_y) 之间存在一定的坐标缩放关系。

一般说来光瞳函数总是取 1 和 0 两个值,所以相干传递函数也是如此,只有 1 和 0 两个值。若由 (f_x, f_y) 决定的 $x = -\lambda d_i f_x$,$y = -\lambda d_i f_y$ 的值在光瞳内,则这种频率的指数基元按原样在像分布中出现,既没有振幅衰减也没有相位变化,即传递函数对此频率的值为 1。若由 (f_x, f_y) 决定的 (x, y) 的值在光瞳之外,则系统将完全不能让此种频率的指数基元通过,也就是传递函数对该频率的值为 0。这就是说,衍射受限系统是一个低通滤波器。在频域中存在一个有限的通频带,它允许通过的最高频率称为系统的截止频率,用 f_{cut} 表示。

如果在一个反射坐标中来定义 P,则可以去掉负号的累赘,把式(3.5-4)改写为

$$H_c(f_x, f_y) = P(\lambda d_i f_x, \lambda d_i f_y) \quad (3.5\text{-}5)$$

尤其是一般光瞳函数都是对光轴呈中心对称的,这样处理的结果不会产生任何实质性的影响。

对于直径为 D 的圆形光瞳,其光瞳函数为

$$P(x, y) = \text{circ}\left(\frac{\sqrt{x^2 + y^2}}{D/2}\right)$$

由式(3.5-5),其相干传递函数为

$$H_c(f_x, f_y) = P(\lambda d_i f_x, \lambda d_i f_y) = \text{circ}\left(\frac{\sqrt{f_x^2 + f_y^2}}{D/(2\lambda d_i)}\right) \quad (3.5\text{-}6)$$

由圆柱函数的定义可知,在 $D/(2\lambda d_i)$ 区域内 $H_c(f_x, f_y) = 1$,在 $D/(2\lambda d_i)$ 之外 $H_c(f_x, f_y) = 0$。故截止频率为

$$f_{cut} = \frac{D}{2\lambda d_i} \quad (3.5\text{-}7)$$

如果出瞳直径 $D = 60 \text{ mm}$,出瞳与像面距离 $d_i = 200 \text{ mm}$,照明光波长 $\lambda = 600 \text{ nm}$,则有

$$f_{cut} = \frac{60}{2 \times 6 \times 10^{-4} \times 200} = 250(\text{mm}^{-1})$$

由于是圆形光瞳,任何方向的截止频率均是相同的。注意,这里的 f_{cut} 指的是像面上的截止频率,而物面上的截止频率 $f_{cuto} = |M|\rho_c$。

如果出瞳是边长为 a 的正方形,则光瞳函数为

$$P(x, y) = \text{rect}\left(\frac{x}{a}\right)\text{rect}\left(\frac{y}{a}\right)$$

相干传递函数为
$$H(f_x, f_y) = P(\lambda d_i f_x, \lambda d_i f_y) = \text{rect}\left(\frac{\lambda d_i f_x}{a}\right)\text{rect}\left(\frac{\lambda d_i f_y}{a}\right)$$

$$= \text{rect}\left(\frac{f_x}{a/\lambda d_i}\right)\text{rect}\left(\frac{f_y}{a/\lambda d_i}\right) \quad (3.5\text{-}8)$$

显然,不同方位上的截止频率不相同,在 x, y 轴方向上,系统的截止频率 $f_{cut} = a/(2\lambda d_i)$。系统的最大截止频率在与 x 轴成 45° 方向上,此时截止频率 $f_{cut} = \sqrt{2}a/2\lambda d_i$。

例 3.5.1 用一直径为 D,焦距为 f 的理想单透镜对相干照明物体成像。若物方空间截止频率为 f_{cuto},试问当系统的放大率 M 为何值时 f_{cuto} 有最大值?

解: 设物距为 d_o,像距为 d_i。为使成实像时 M 为正,将像面坐标相对于物面坐标反演,

于是
$$M = \frac{d_i}{d_o} = \frac{d_i - f}{f}$$
即
$$d_i = (1 + M)f$$

对直径为 D 的圆形光瞳,其光瞳函数的截止频率 $f_{cut} = D/2\lambda d_i$,考虑到物像空间截止频率的关系,则有

$$f_{cut} = \frac{D}{2\lambda d_i} = \frac{1}{M} f_{cuto}$$

或
$$f_{cuto} = \frac{MD}{2\lambda d_i} = \frac{MD}{2\lambda (1 + M)f}$$

为求得当 f_{cuto} 取最大值 $f_{cuto\ max}$ 时的放大倍数 M,将 f_{cuto} 对 M 求导并令其为零,得

$$\frac{df_{cuto}}{dM} = \frac{D}{2\lambda f} \frac{1}{(1 + M)^2} = 0$$

因此,只有当放大倍数 M 为无穷大时,系统才有最大的空间截止频率

$$f_{cuto\ max} = \lim_{M \to \infty} \frac{D}{2\lambda f} \cdot \frac{M}{1 + M} = \frac{D}{2\lambda f}$$

此时,物置于透镜前焦面,像在像方无穷远处,在物空间的通频带为

$$-\frac{D}{2\lambda f} < \rho < \frac{D}{2\lambda f}$$

例 3.5.2 图 3-5-1 表示两个相干成像系统,所用透镜的焦距都相同。单透镜系统中光阑直径为 D,双透镜系统为了获得相同的截止频率,光阑直径 a 应为多大(相对于 D 写出关系式)?

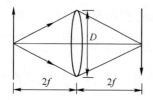 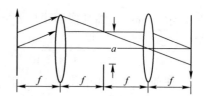

图 3.5-1 两个相干成像系统

解:这两个系统都是横向放大率为 1 的系统,故不必区分物方截止频率和像方截止频率。对于单透镜系统的截止频率为

$$\rho_c = \frac{D}{4\lambda f}$$

根据相干传递函数的意义可知,凡是物面上各面元发出的低于空间频率的平面波均能无阻挡地通过此成像系统。

对于双透镜成像系统,其孔径光阑置于频谱面上,故入瞳和出瞳分别在物方和像方无穷远处。入瞳与孔径光阑保持物像共轭关系,孔径光阑与出瞳也保持物像共轭关系。对于这种放大率为 1 的系统,能通过光阑的最高空间频率也必定能通过入瞳和出瞳。即系统的截止频率可通过光阑的尺寸来计算。

为保证 4f 系统物面上每一面元发出的低于某一空间频率的平面波均都毫无阻挡地通过

此成像系统,则要求光阑直径 a 应不小于透镜直径与物面直径之差。于是相应的截止频率为

$$f'_{\text{cut}} = \frac{a}{2\lambda f}$$

按题意要求二者相等,即 $f_{\text{cut}} = f'_{\text{cut}}$,于是得

$$a = D/2$$

3.6　衍射受限系统的非相干传递函数

在非相干照明下,物面上各点的振幅和相位随时间变化的方式是彼此独立、统计无关的。这样一来,虽然物面上每一点通过系统后仍可得到一个对应的复振幅分布,但由于物面的照明是非相干的,不能通过对这些复振幅分布的相干叠加得到像的复振幅分布,而应该先由这些复振幅分布分别求出对应的强度分布,然后将这些强度分布叠加(非相干叠加)而得到像面强度分布。在传播时光的非相干叠加对于强度是线性的,因此非相干成像系统是强度的线性系统。在等晕区光学系统成像是空间不变的,故非相干成像系统是强度的线性空间不变系统。对非相干成像系统的严格讨论需由部分相干光理论引入,这里先行引用其结论。

3.6.1　非相干成像系统的光学传递函数(OTF)

非相干线性空间不变成像系统,物像关系满足下述卷积积分

$$\begin{aligned} I_\text{i}(x_\text{i}, y_\text{i}) &= k \iint\limits_{-\infty}^{\infty} I_\text{g}(\widetilde{x}_\text{o}, \widetilde{y}_\text{o}) h_1(x_\text{i} - \widetilde{x}_\text{o}, y_\text{i} - \widetilde{y}_\text{o}) \mathrm{d}\widetilde{x}_\text{o} \mathrm{d}\widetilde{y}_\text{o} \\ &= k I_\text{g}(x_\text{i}, y_\text{i}) * h_1(x_\text{i}, y_\text{i}) \end{aligned} \tag{3.6-1}$$

式中,I_g 是几何光学理想像的强度分布,I_i 为像强度分布,k 是常数,由于它不影响 I_i 的分布形式,所以不用给出具体表达式。h_1 为强度脉冲响应(或称非相干脉冲响应、强度点扩散函数)。它是点物产生的像斑的强度分布,它应该是复振幅点扩散函数模的平方,即

$$h_1(x_\text{i}, y_\text{i}) = |\widetilde{h}(x_\text{i}, y_\text{i})|^2 \tag{3.6-2}$$

式(3.6-1)和式(3.6-2)表明,在非相干照明下,线性空间不变成像系统的像强度分布是理想像的强度分布与强度点扩散函数的卷积,系统的成像特性由 $h_1(x_\text{i}, y_\text{i})$ 表示,而 $h_1(x_\text{i}, y_\text{i})$ 又由 $\widetilde{h}(x_\text{i}, y_\text{i})$ 决定。

对于非相干照明下的强度线性空间不变系统,在频域中描述物像关系更加方便。将式(3.6-2)两边进行傅里叶变换并略去无关紧要的常数后,得

$$A_\text{i}(f_x, f_y) = A_\text{g}(f_x, f_y) H_1(f_x, f_y)$$

其中 $A_\text{i}(f_x, f_y) = \mathscr{F}\{I_\text{i}(x_\text{i}, y_\text{i})\}$　$A_\text{g}(f_x, f_y) = \mathscr{F}\{I_\text{g}(x_\text{i}, y_\text{i})\}$　$H_1(f_x, f_y) = \mathscr{F}\{h_1(x_\text{i}, y_\text{i})\}$

由于 $I_\text{i}(x_\text{i}, y_\text{i})$、$I_\text{g}(x_\text{i}, y_\text{i})$ 和 $h_1(x_\text{i}, y_\text{i})$ 都是强度分布,都是非负实函数,因而其傅里叶变换必有一个常数分量即零频分量,而且它的幅值大于任何非零分量的幅值。像的清晰与否,主要不是包括零频分量在内的总光强有多大,而在于携带有信息那部分光强相对于零频分量的比值有多大,所以更有意义的是 $A_\text{i}(f_x, f_y)$、$A_\text{g}(f_x, f_y)$、$H_1(f_x, f_y)$ 相对于各自零频分量的比值。这就启示我们用零频分量对它们进行归一化,得到归一化频谱为

$$\mathscr{A}_{\mathrm{i}}(f_x, f_y) = \frac{A_{\mathrm{i}}(f_x, f_y)}{A_{\mathrm{i}}(0,0)} = \frac{\displaystyle\iint_{-\infty}^{\infty} I_{\mathrm{i}}(x_{\mathrm{i}}, y_{\mathrm{i}}) \exp[-\mathrm{j}2\pi(f_x x_{\mathrm{i}} + f_y y_{\mathrm{i}})] \mathrm{d}x_{\mathrm{i}}\mathrm{d}y_{\mathrm{i}}}{\displaystyle\iint_{-\infty}^{\infty} I_{\mathrm{i}}(x_{\mathrm{i}}, y_{\mathrm{i}}) \mathrm{d}x_{\mathrm{i}}\mathrm{d}y_{\mathrm{i}}} \tag{3.6-3}$$

$$\mathscr{A}_{\mathrm{g}}(f_x, f_y) = \frac{A_{\mathrm{g}}(f_x, f_y)}{A_{\mathrm{g}}(0,0)} = \frac{\displaystyle\iint_{-\infty}^{\infty} I_{\mathrm{g}}(x_{\mathrm{i}}, y_{\mathrm{i}}) \exp[-\mathrm{j}2\pi(f_x x_{\mathrm{i}} + f_y y_{\mathrm{i}})] \mathrm{d}x_{\mathrm{i}}\mathrm{d}y_{\mathrm{i}}}{\displaystyle\iint_{-\infty}^{\infty} I_{\mathrm{g}}(x_{\mathrm{i}}, y_{\mathrm{i}}) \mathrm{d}x_{\mathrm{i}}\mathrm{d}y_{\mathrm{i}}} \tag{3.6-4}$$

$$\mathscr{H}(f_x, f_y) = \frac{H_{\mathrm{I}}(f_x, f_y)}{H_{\mathrm{I}}(0,0)} = \frac{\displaystyle\iint_{-\infty}^{\infty} h_{\mathrm{I}}(x_{\mathrm{i}}, y_{\mathrm{i}}) \exp[-\mathrm{j}2\pi(f_x x_{\mathrm{i}} + f_y y_{\mathrm{i}})] \mathrm{d}x_{\mathrm{i}}\mathrm{d}y_{\mathrm{i}}}{\displaystyle\iint_{-\infty}^{\infty} h_{\mathrm{I}}(x_{\mathrm{i}}, y_{\mathrm{i}}) \mathrm{d}x_{\mathrm{i}}\mathrm{d}y_{\mathrm{i}}} \tag{3.6-5}$$

由于 $A_{\mathrm{i}}(f_x, f_y) = A_{\mathrm{g}}(f_x, f_y) H_{\mathrm{I}}(f_x, f_y)$，并且 $A_{\mathrm{i}}(0,0) = A_{\mathrm{g}}(0,0) H_{\mathrm{I}}(0,0)$，所以得到的归一化频谱满足

$$\mathscr{A}_{\mathrm{i}}(f_x, f_y) = \mathscr{A}_{\mathrm{I}}(f_x, f_y) \mathscr{H}(f_x, f_y) \tag{3.6-6}$$

$\mathscr{H}(f_x, f_y)$ 称为非相干成像系统的光学传递函数(optical transfer function，简称 OTF)，它描述非相干成像系统在频域的效应。

由于 $\mathscr{A}_{\mathrm{i}}$，$\mathscr{A}_{\mathrm{g}}$ 和 $\mathscr{H}$ 一般都是复函数，都可以用它的模和辐角表示，于是有

$$\mathscr{A}_{\mathrm{i}}(f_x, f_y) = |\mathscr{A}(f_x, f_y)| \exp[\mathrm{j}\phi_{\mathrm{i}}(f_x, f_y)]$$

$$\mathscr{A}_{\mathrm{g}}(f_x, f_y) = |\mathscr{A}_{\mathrm{g}}(f_x, f_y)| \exp[\mathrm{j}\phi_{\mathrm{g}}(f_x, f_y)]$$

$$\mathscr{H}(f_x, f_y) = m(f_x, f_y) \exp[\mathrm{j}\phi(f_x, f_y)]$$

注意到式(3.6-5)和式(3.6-6)的关系，可以得出

$$m(f_x, f_y) = \frac{|H_{\mathrm{I}}(f_x, f_y)|}{H_{\mathrm{I}}(0,0)} = \frac{|\mathscr{A}_{\mathrm{i}}(f_x, f_y)|}{|\mathscr{A}_{\mathrm{g}}(f_x, f_y)|} \tag{3.6-7}$$

$$\phi(f_x, f_y) = \phi_{\mathrm{i}}(f_x, f_y) - \phi_{\mathrm{g}}(f_x, f_y) \tag{3.6-8}$$

通常称 $m(f_x, f_y)$ 为调制传递函数(MTF)，$\phi(f_x, f_y)$ 为相位传递函数(PTF)，前者描写系统对各频率分量对比度的传递特性，后者描述系统对各频率分量施加的相移。

由于 I_{i}，I_{g} 和 h_{I} 都是非负实函数，它们的归一化频谱 $\mathscr{A}_{\mathrm{i}}$，$\mathscr{A}_{\mathrm{g}}$ 和 $\mathscr{H}$ 都是厄米型函数。在 1.2.3 节中讨论过，余弦函数是这种系统的本征函数，即强度余弦分量在通过系统后仍为同频率的余弦输出，其对比度和相位的变化决定于系统传递函数的模和辐角。换句话说，如果把输入物看作强度透过率呈余弦变化的不同频率的光栅的线性组合，在成像过程中，OTF 唯一的影响是改变这些基元的对比度和相对相位。

对于一个余弦输入的光强分布

$$I_{\mathrm{g}}(\tilde{x}_{\mathrm{o}}, \tilde{y}_{\mathrm{o}}) = a + b\cos[2\pi(f_{x\mathrm{o}}\tilde{x}_{\mathrm{o}} + f_{y\mathrm{o}}\tilde{y}_{\mathrm{o}}) + \phi_{\mathrm{g}}(f_{x\mathrm{o}}, f_{y\mathrm{o}})]$$

用 1.2.3 节中的方法可以计算出，通过非相干光学系统成像后得到的输出光强分布为

$$I_{\mathrm{i}}(x_{\mathrm{i}}, y_{\mathrm{i}}) = a + bm(f_{x\mathrm{o}}, f_{y\mathrm{o}})\cos[2\pi(f_{x\mathrm{o}}x_{\mathrm{i}} + f_{y\mathrm{o}}y_{\mathrm{i}}) + \phi_{\mathrm{g}}(f_{x\mathrm{o}}, f_{y\mathrm{o}}) + \phi(f_{x\mathrm{o}}, f_{y\mathrm{o}})] \tag{3.6-8}$$

由此可见，余弦条纹通过线性空间不变成像系统后，像仍然是同频率的余弦条纹，只是重幅减小了，相位变化了。振幅的减小和相位的变化都取决于系统的光学传递函数在该频率处的

取值。

对于呈余弦变化的强度分布,很自然地要讨论其对比度或调制度,其定义为

$$V = \frac{I_{\max} - I_{\min}}{I_{\max} + I_{\min}} \tag{3.6-9}$$

式中,$I_{\max}$ 和 $I_{\min}$ 分别是光强度分布的极大值和极小值。物(或理想像)和像的调制度为

$$V_{\mathrm{g}} = \frac{I_{\mathrm{gmax}} - I_{\mathrm{gmin}}}{I_{\mathrm{gmax}} + I_{\mathrm{gmin}}} = \frac{(a+b) - (a-b)}{(a+b) + (a-b)} = \frac{b}{a}$$

$$V_{\mathrm{i}} = \frac{I_{\mathrm{gmax}} - I_{\mathrm{imin}}}{I_{\mathrm{imax}} + I_{\mathrm{imin}}} = \frac{a + bm(f_x,f_y) - a + bm(f_x,f_y)}{a + bm(f_x,f_y) + a - bm(f_x,f_y)} = \frac{b}{a}m(f_x,f_y)$$

合并以上两式得

$$V_{\mathrm{i}} = m(f_x,f_y)V_{\mathrm{g}} \tag{3.6-10}$$

而 $\mathscr{H}(f_x,f_y)$ 的辐角 $\phi(f_x,f_y)$ 显然是余弦像和余弦物(或理想像)的相位差,即

$$\phi_{\mathrm{i}}(f_x,f_y) = \phi_{\mathrm{g}}(f_x,f_y) + \phi(f_x,f_y) \tag{3.6-11}$$

即像的对比度等于物的对比度与相应频率的 MTF 的乘积,PTF 给出了相应的相移,空间余弦分布的相位差 $\phi(f_x,f_y)$ 体现了余弦像分布 $I_{\mathrm{i}}(x_{\mathrm{i}},y_{\mathrm{i}})$ 相对于其物分布 $I_{\mathrm{g}}(\tilde{x}_{\mathrm{o}},\tilde{y}_{\mathrm{o}})$ 移动了多少。当 $\phi(f_x,f_y)$ 为 2π 时,表示错开一个条纹;当 $\phi(f_x,f_y) = \theta$ 时,说明错开了 $\theta/2\pi$ 个条纹。

由此可见,光学传递函数的模 $m(f_x,f_y)$ 表示物分布中频率为 f_x、f_y 的余弦基元通过系统后振幅的衰减($m(f_x,f_y) \leq 1$),或者说 $m(f_x,f_y)$ 表示频率为 f_x、f_y 的余弦物通过系统后调制度的降低,正是这个原因才把 $m(f_x,f_y)$ 叫调制传递函数。而 $\mathscr{H}(f_x,f_y)$ 的辐角 $\phi(f_x,f_y)$ 则表示频率为 f_x、f_y 的余弦像分布相对于物(理想像)的横向位移量,所以也把 $\phi(f_x,f_y)$ 叫作相位传递函数。

3.6.2 OTF 与 CTF 的关系

光学传递函数 $\mathscr{H}(f_x,f_y)$ 与相干传递函数 $H_{\mathrm{c}}(f_x,f_y)$ 分别描述同一系统采用非相干和相干照明时的传递函数,它们都决定于系统本身的物理性质,应当有联系。由式(3.6-5),并注意到自相关定理[式(1.2-18)]和帕斯瓦尔定理[式(1.2-13)],得到

$$\mathscr{H}(\xi,\eta) = \frac{H_{\mathrm{I}}(\xi,\eta)}{H_{\mathrm{I}}(0,0)} = \frac{\mathscr{F}\{h_{\mathrm{I}}(x_{\mathrm{i}},y_{\mathrm{i}})\}}{\displaystyle\iint_{-\infty}^{\infty} h_{\mathrm{I}}(x_{\mathrm{i}},y_{\mathrm{i}})\,\mathrm{d}x_{\mathrm{i}}\mathrm{d}y_{\mathrm{i}}} = \frac{\mathscr{F}\{|\tilde{h}(x_{\mathrm{i}},y_{\mathrm{i}})|^2\}}{\displaystyle\iint_{-\infty}^{\infty} |\tilde{h}(x_{\mathrm{i}},y_{\mathrm{i}})|^2\,\mathrm{d}x_{\mathrm{i}}\mathrm{d}y_{\mathrm{i}}}$$

$$= \frac{\displaystyle\iint_{-\infty}^{\infty} H_{\mathrm{c}}^{*}(\alpha,\beta)H_{\mathrm{c}}(\xi+\alpha,\eta+\beta)\,\mathrm{d}\alpha\mathrm{d}\beta}{\displaystyle\iint_{-\infty}^{\infty} |H_{\mathrm{c}}(\alpha,\beta)|^2\,\mathrm{d}\alpha\mathrm{d}\beta} \tag{3.6-12}$$

因此,对同一系统来说,光学传递函数等于相干传递函数 H_{c} 的自相关归一化函数。这一结论是在式(3.6-2)的基础上导出的,所以它对有像差的系统和没有像差的系统都完全成立。

3.6.3 衍射受限的 OTF

对于相干照明的衍射受限系统,已知 $H_{\mathrm{c}}(f_x,f_y) = P(\lambda d_{\mathrm{i}}f_x, \lambda d_{\mathrm{i}}f_y)$,把它代入式(3.6-12),得到

$$\mathscr{H}(f_x,f_y)=\frac{\displaystyle\iint_{-\infty}^{\infty}P(\lambda d_i\alpha,\lambda d_i\beta)P[(\lambda d_i(f_x+\alpha),\lambda d_i(f_y+\beta)]\mathrm{d}\alpha\mathrm{d}\beta}{\displaystyle\iint_{-\infty}^{\infty}P(\lambda d_i\alpha,\lambda d_i\beta)\mathrm{d}\alpha\mathrm{d}\beta}$$

令 $x=\lambda d_i\alpha$，$y=\lambda d_i\beta$，积分变量的替换不会影响积分结果，于是得 $\mathscr{H}(f_x,f_y)$ 与 $P(x,y)$ 的关系如下

$$\mathscr{H}(f_x,f_y)=\iint_{-\infty}^{\infty}P(x,y)P(x+\lambda d_if_x,y+\lambda d_if_y)\mathrm{d}x\mathrm{d}y\bigg/\iint_{-\infty}^{\infty}P^2(x,y)\mathrm{d}x\mathrm{d}y \qquad (3.6\text{-}13)$$

对于光瞳函数只有 1 和 0 两个值的情况，分母中的 P^2 可以写成 P。上式表明衍射受限系统的 OTF 是光瞳函数的自相关归一化函数。

研究式(3.6-13)可得到 OTF 的一个重要几何解释。一般情况下光瞳函数只有 1 和 0 两个值，式中分母是光瞳(图 3.6-1(a))的总面积 S_0，分子代表中心位于 $(-\lambda d_if_x,-\lambda d_if_y)$ 的经过平移的光瞳与原光瞳的重叠面积 $S(f_x,f_y)$，求衍射受限系统的 OTF 只不过是计算归一化重叠面积，即

$$\mathscr{H}(f_x,f_y)=S(f_x,f_y)/S_0 \qquad (3.6\text{-}14)$$

如图 3.6-1(b)所示，重叠面积取决于两个错开的光瞳的相对位置，也就是和频率 (f_x,f_y) 有关。对于简单几何形状的光瞳不难求出归一化重叠面积的数学表达式。对于复杂的光瞳，可用计算机计算在一系列分立频率上的 OTF。

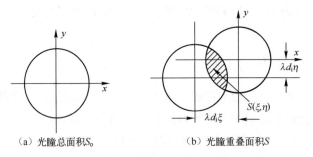

(a) 光瞳总面积 S_0 (b) 光瞳重叠面积 S

图 3.6-1 衍射受限系统 OTF 的几何解释

从上述的几何解释，不难了解衍射受限系统 OTF 的一些性质。

(1) $\mathscr{H}(f_x,f_y)$ 是实的非负函数。因此衍射受限的非相干成像系统只改变各频率余弦分量的对比度，而不改变它们的相位。即只需考虑 MTF 而不必考虑 PTF。

(2) $\mathscr{H}(0,0)=1$。当 $f_x=f_y=0$ 时，两个光瞳完全重叠，归一化重叠面积为 1，这正是 OTF 归一化的结果，并不意味着物和像的平均(背景)光强相同。由于吸收、反射、散射及光阑挡光等原因，像面平均(背景)光强总要弱于物面光强。但从对比度考虑，物像方零频分量的对比度都是单位值，无所谓衰减，所以 $\mathscr{H}(0,0)=1$。

(3) $\mathscr{H}(f_x,f_y)\leqslant\mathscr{H}(0,0)$。这一结论很容易从两个光瞳错开后重叠的面积小于完全重叠面积得出。

(4) $\mathscr{H}(f_x,f_y)$ 有一截止频率。当 f_x、f_y 足够大，两光瞳完全分离时，重叠面积为零。此时 $\mathscr{H}(f_x,f_y)=0$，即在截止频率所规定的范围之外，光学传递函数为零，像面上不出现这些频率成分。

例 3.6.1 衍射受限非相干成像系统的光瞳是边长为 l 的正方形,求其光学传递函数。

解:此时的光瞳函数为
$$P(x,y) = \mathrm{rect}\left(\frac{x}{l}\right)\mathrm{rect}\left(\frac{y}{l}\right)$$

显然光瞳总面积 $S_\mathrm{o} = l^2$,当 $P(x,y)$ 在 x、y 方向分别位移 $-\lambda d_\mathrm{i} f_x$、$-\lambda d_\mathrm{i} f_y$ 以后,得 $P(x + \lambda d_\mathrm{i} f_x, y + \lambda d_\mathrm{i} f_y)$,从图 3-6-2(a) 可以求出 $P(x,y)$ 和 $P(x + \lambda d_\mathrm{i} f_x, y + \lambda d_\mathrm{i} f_y)$ 的重叠面积 $S(f_x, f_y)$。由图 3.6-2 可得

$$S(f_x,f_y) = \begin{cases} (l - \lambda d_\mathrm{i}|f_x|)(l - \lambda d_\mathrm{i}|f_y|), & |f_x| \leq \dfrac{l}{\lambda d_\mathrm{i}}, |f_y| \leq \dfrac{l}{\lambda d_\mathrm{i}} \\ 0, & \text{其他} \end{cases}$$

光学传递函数为
$$\mathscr{H}(f_x,f_y) = \frac{S(f_x,f_y)}{S_\mathrm{o}} = \varLambda\left(\frac{f_x}{2\rho_\mathrm{c}}\right)\varLambda\left(\frac{f_y}{2\rho_\mathrm{c}}\right) \tag{3.6-15}$$

式中,$f_\mathrm{cut} = 1/(2\lambda d_\mathrm{i})$ 是同一系统采用相干照明的截止频率。非相干系统沿 f_x 和 f_y 轴方向上截止频率是 $2f_\mathrm{cut} = 1/(\lambda d_\mathrm{i})$。其结果如图 3.6-2(b) 所示。

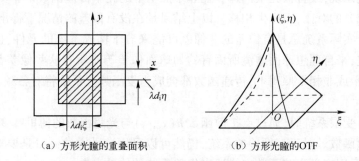

(a) 方形光瞳的重叠面积   (b) 方形光瞳的OTF

图 3.6-2 方形光瞳衍射受限 OTF 的计算

例 3.6.2 衍射受限系统是出瞳直径为 D 的圆,求此系统的光学传递函数。

解:由于是圆形光瞳,OTF 应该是圆对称的。只要沿 f_x 轴计算即可。参看图 3.6-3(a),在 f_x 轴方向移动 $\lambda d_\mathrm{i} f_x$ 后,交叠面积被 A、B 分成两个面积相等的弓形。根据几何公式,交叠面积为

$$S(f_x,0) = \frac{D^2}{2}(\theta - \sin\theta\cos\theta)$$

其中
$$\cos\theta = \frac{\lambda d_\mathrm{i} f_x/2}{D/2} = \frac{\lambda d_\mathrm{i} f_x}{D}$$

在截止频率内
$$\mathscr{H}(f_x,0) = \frac{S(f_x,0)}{S_\mathrm{o}} = \frac{S(f_x,0)}{\pi D^2/4} = \frac{2}{\pi}(\theta - \sin\theta\cos\theta)$$

截止频率满足 $\lambda d_\mathrm{i} f_x = D$,也就是两个圆中心距离大于直径 D 时,重叠面积为零。此种系统的相干传递函数的截止频率 $f_\mathrm{cut} = D/(2\lambda d_\mathrm{i})$。显然光学传递函数的截止频率恰好又是 $2f_\mathrm{cut}$。图 3.6-3(b) 为光瞳函数为圆域函数时 $\mathscr{H}(f_x,f_y)$ 的示意图。$\mathscr{H}(f_x,f_y)$ 在极坐标系中的表达式为

$$\mathscr{H}(\rho) = \begin{cases} \dfrac{2}{\pi}(\theta - \sin\theta\cos\theta), & \rho \leq D/\lambda d_\mathrm{i} \\ 0, & \text{其他} \end{cases} \tag{3.6-16}$$

式中 $\rho = \sqrt{f_x^2 + f_y^2}$,$\cos\theta = \lambda d_\mathrm{i} f_x/D$。

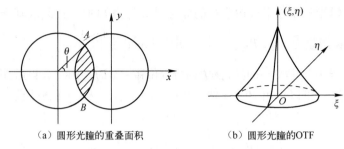

（a）圆形光瞳的重叠面积　　　　　（b）圆形光瞳的OTF

图 3.6-3　圆形光瞳衍射受限的 OTF 计算

3.7　有像差系统的传递函数

对于衍射受限系统,在相干照明下传递函数 H_c 只有 1 和 0 两个值,各种空间频率成分或者无畸变地通过系统,或者被完全挡掉。在非干照明下的光学传递函数是非负实函数,即系统只改变各频率成分的对比,不产生相移。以上结果是在没有像差的情况下得出的,当然是理想情况。任何一个实际系统总是有像差的。像差可能来自于构成系统的元件,也可能来自成像平面的位置误差,来自理想球面透镜所固有的如球面像差等。所有这些像差都会对传递函数产生影响,在相干或非相干照明下,传递函数都会成为复函数。系统将对各频率成分的相位产生影响。

在讨论衍射受限系统时,通过点扩散函数 $h(x_i,y_i)$ 与光瞳函数的傅里叶变换,最终用光瞳函数来描述传递函数。对于有像差的系统,仍然可以采用这种方法。只是要对光瞳函数的概念加以推广,然后用广义光瞳函数来描述有像差系统的传递函数。

在衍射受限系统中,单位脉冲 $\delta(\tilde{x}_o,\tilde{y}_o)$ 通过系统后投射到光瞳上的是以理想像点为中心的球面波。对于有像差的系统,不论产生像差的原因如何,其效果都是使光瞳上的出射波前偏离理想球面。如图 3-7-1 所示,由于系统有像差,使与 O 点等相位的各点形成波面 Σ_1,若系统没有像差,理想波面应该是 Σ_o。Σ_1 和 Σ_o 每一点的光程差用函数 $W(x,y)$ 表示,它的具体形式由系统像差决定,由它引起的相位变化是 $kW(x,y)$,若定义

$$\mathscr{P}(x,y) = P(x,y)\exp[jkW(x,y)] \qquad (3.7\text{-}1)$$

则 $h(x_i,y_i)$ 可以看作复振幅透过率为 $\mathscr{P}(x,y)$ 的光瞳被半径为 d_i 的球面波照明后所得的分布,式中 $P(x,y)$ 为系统没有像差时

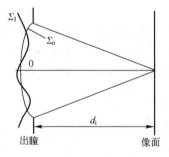

图 3.7-1　像差对于出瞳平面波前的影响

的光瞳函数,$\mathscr{P}(x,y)$ 叫作广义光瞳函数。这样一来,$h(x_i,y_i)$ 就是广义光瞳函数的傅里叶变换。在式(3.4-18)中用广义光瞳函数代替光瞳函数 P 就可以得到有像差系统的相干点扩散函数,即

$$\begin{aligned}
\tilde{h}(x_i,y_i) &= \mathscr{H}\{\mathscr{P}(\lambda d_i\tilde{x},\lambda d_i\tilde{y})\} \\
&= \mathscr{H}\{P(\lambda d_i\tilde{x},\lambda d_i\tilde{y})\exp[jkW(\lambda d_i\tilde{x},\lambda d_i\tilde{y})]\}
\end{aligned} \qquad (3.7\text{-}2)$$

由此可见,相干脉冲响应不再单纯是孔径的夫琅禾费衍射图样,必须考虑波像差的影响。若像差是对称的,如球差和离焦,点物的像斑仍具有对称性。若像差是非对称的,如彗差、像散等,点物的像斑也不具有圆对称性。

相干传递函数定义为相干点扩散函数的傅里叶变换,利用式(3.5-6)可得

$$H_c(\xi,\eta) = \mathcal{P}(\lambda d_i\xi, \lambda d_i\eta) = P(\lambda d_i\xi, \lambda d_i\eta)\exp[jkW(\lambda d_i\xi, \lambda d_i\eta)] \tag{3.7-3}$$

显然,像差的出现并不影响振幅传递函数的通带限制,系统的通频带的范围仍由光瞳的大小决定,截止频率和无像差的情况相同。像差的唯一影响是在通带内引入了与频率有关的相位畸变,使像质变坏。

在非相干照明下,强度点扩散函数仍然是相干点扩散函数模的平方,$h_I = |\tilde{h}|^2$。对于圆形光瞳,h_I 不再是艾里斑图样的强度分布。由于像差的影响,点扩散函数的峰值明显小于没有像差时系统点扩散函数的峰值。可以把这两个峰值之比作为像差大小的指标,称为斯特列尔(Strehl)清晰度。

借助于式(3.6-12)和式(3.6-13),由 H_c 和 $\mathcal{H}$、光瞳函数的关系可知,有像差系统的 OTF 应该是广义光瞳函数的归一化自相关函数

$$\mathcal{H}(f_x, f_y) = \frac{\displaystyle\iint_{-\infty}^{\infty} P^*(x,y)P(x+\lambda d_i f_x, y+\lambda d_i f_y)\mathrm{d}x\mathrm{d}y}{\displaystyle\iint_{-\infty}^{\infty} P(x,y)\mathrm{d}x\mathrm{d}y} \tag{3.7-4}$$

在式(3.7-4)中,广义光瞳函数的相位因子不影响该式中分母的积分值,它仍然是光瞳的总面积 S_o。在式(3.7-4)中分子的积分区域仍然是 $\mathcal{P}(x,y)$ 和 $\mathcal{P}(x+\lambda d_i f_x, y+\lambda d_i f_y)$ 的重叠区 $S(f_x, f_y)$,于是式(3.7-4)可简写为

$$\mathcal{H}(f_x, f_y) = \frac{\displaystyle\iint_{S(f_x, f_y)} \exp[-jkW(x,y)]\exp[jkW(x+\lambda d_i f_x, y+\lambda d_i f_y)]\mathrm{d}x\mathrm{d}y}{S_o} \tag{3.7-5}$$

式(3.7-5)给出了像差引起的相位畸变与 OTF 的直接关系。当波像差为零时,所得结果与式(3.6-15)一致,是衍射受限的 OTF。对于像差不为零的情况,OTF 是复函数,像差不为零不仅影响输入各频率成分的对比度,而且也产生相移,利用施瓦兹不等式,不难证明

$$|\mathcal{H}(f_x, f_y)|_{\text{有像差}} \leqslant |\mathcal{H}(f_x, f_y)|_{\text{无像差}} \tag{3.7-6}$$

因此像差会进一步降低成像质量。

由于 h_I 是实函数,无论有无像差,$\mathcal{H}$ 都是厄米型的,即有 $\mathcal{H}(f_x, f_y) = \mathcal{H}^*(-f_x, -f_y)$。它的模和辐角分别为偶函数和奇函数,即

$$M(f_x, f_y) = M(-f_x, -f_y) \tag{3.7-7}$$

$$\phi(f_x, f_y) = -\phi(-f_x, -f_y) \tag{3.7-8}$$

了解这一点后,在画 MTF 或 PTF 截面曲线时可以只画出曲线的正频部分。

最后,以离焦情况为例来说明有误差存在时相干传递函数的计算。在正确聚焦的理想情况下,出瞳面到理想像点 S 的距离为 d_i,来自出瞳面的理想球面波向 S 点会聚,出瞳面上的相位分布函数为 $\exp\left(-jk\dfrac{x^2+y^2}{2d_i}\right)$。在离焦情况下,来自出瞳面的球面波向距出瞳为 d_i' 的像点 S' 会聚,此时出瞳面上的相位分布为 $\exp\left(-jk\dfrac{x^2+y^2}{2d_i'}\right)$。这个结果可以理解为本应向 S 点会聚的球面波由于在出瞳面上引入了一个相位板而聚向了 S' 点,即有

$$\exp\left(-jk\frac{x^2+y^2}{2d_i}\right)\exp[jkW(x,y)] = \exp\left(-jk\frac{x^2+y^2}{2d_i'}\right) \tag{3.7-9}$$

于是
$$W(x,y) = \frac{1}{2}\left(\frac{1}{d_i} - \frac{1}{d'_i}\right)(x^2 + y^2) = \frac{\varepsilon(x^2 + y^2)}{2} \quad (3.7\text{-}10)$$

式中 ε 表示离焦程度。当出瞳是直径为 D 的圆时，广义光瞳函数的形式为

$$\mathscr{P}(x,y) = \mathrm{circ}\left(\frac{\sqrt{x^2 + y^2}}{D/2}\right) \exp\left[jk\frac{\varepsilon(x^2 + y^2)}{2}\right] \quad (3.7\text{-}11)$$

相应地
$$H_c(f_x, f_y) = \mathrm{circ}\left(\frac{\lambda d'_i\sqrt{f_x^2 + f_y^2}}{D}\right) \exp\left[jk\frac{\varepsilon(\lambda d'_i)^2(f_x^2 + f_y^2)}{2}\right] \quad (3.7\text{-}12)$$

光学传递函数的计算比较复杂，读者可以自行计算，这里就不介绍了。

3.8 相干与非相干成像系统的比较

下面对相干与非相干成像做一些比较，通过这种比较虽然并不能得出哪一种成像更好些这类简单的结论，但对两者之间的联系和某些基本差异的理解会更深入一些。并可根据一些具体情况判断选用哪种照明会更好。

3.8.1 截止频率

OTF 的截止频率是 CTF 截止频率的 2 倍。但这并不意味着非相干照明一定比相干照明好一些。这是因为不同系统的截止频率是对不同物理量传递而言的。对于非相干系统，它是指能够传递的强度呈余弦变化的最高频率。对于相干系统是指能够传递的复振幅呈周期变化的最高频率。显然，从数值上对二者做简单比较是不合适的。但对于二者的最后可观察量都是强度，因此直接对像强度进行比较是恰当的。下面将会看到，即使比较的物理量一致，要判断绝对好坏也很困难。

3.8.2 像强度的频谱

对相干和非相干照明情况下像强度进行比较，最简单的方法是考察其频谱特性。在相干和非相干照明下，像强度可分别表示为

$$I_c(x_i, y_i) = |U_g(x_i, y_i) * \tilde{h}(x_i, y_i)|^2 \quad (3.8\text{-}1)$$
$$I_i(x_i, y_i) = I_g(x_i, y_i) * h_I(x_i, y_i) \quad (3.8\text{-}2)$$

式中，I_c 和 I_i 分别是相干和非相干照明下像面上的强度分布，U_g 和 I_g 分别为物（或理想像）的复振幅分布和强度分布。为了求像的频谱，分别对式(3.8-1)和式(3.8-2)进行傅里叶变换，并利用卷积定理和自相关定理得到相干和非相干像强度频谱为

$$G_c(f_x, f_y) = [G_{gc}(f_x, f_y)H_c(f_x, f_y)] \star [G_{gc}(f_x, f_y)H_c(f_x, f_y)] \quad (3.8\text{-}3)$$
$$G_i(f_x, f_y) = [G_{gc}(f_x, f_y) \star G_{gc}(f_x, f_y)][H_c(f_x, f_y) \star H_c(f_x, f_y)] \quad (3.8\text{-}4)$$

式中，G_c 和 G_i 分别是相干和非相干像强度的频谱，G_{gc} 是物的复振幅分布的频谱，H_c 是相干传递函数。

由此可知，在两种情况下像强度的频谱可能很不相同，但仍不能就此得出结论哪种情况更好些。因为成像结果不仅依赖于系统的结构与照明光的相干性，而且也与物的空间结构有关。下面举两个例子来说明。

例 3.8.1 物体的复振幅透过率为 $t_1(x) = \left|\cos 2\pi\dfrac{x}{b}\right|$，将此物通过一横向放大率为 1 的

光学系统成像。系统的出瞳是半径为 a 的圆形孔径,并且 $\dfrac{\lambda d_i}{b} < a < \dfrac{2\lambda d_i}{b}$。$d_i$ 为出瞳到像面的距离,λ 为照明光波波长,试问对该物体成像,采用相干照明和非相干照明,哪一种照明方式为好?

解:采用相干照明,对于半径为 a 的圆形出瞳,其截止频率 $f_{cut} = \dfrac{a}{\lambda d_i}$,由于系统的横向放大率为 1,物和理想像等大,空间频谱结构相同。由题设条件 $\dfrac{\lambda d_i}{b} < a < \dfrac{2\lambda d_i}{b}$,可得 $\dfrac{1}{2} f_{cut} < \dfrac{1}{b} < f_{cut}$。

将物函数展开成傅里叶级数得

$$t_1(x) = \left| \cos 2\pi \frac{x}{b} \right| = \frac{4}{\pi} \left[\frac{1}{2} + \frac{1}{1\cdot 3} \cos\left(4\pi \frac{x}{b}\right) - \frac{1}{3\cdot 5} \cos\left(6\pi \frac{x}{b}\right) + \cdots \right]$$

此物函数的基频 $f_{cut} < 2/b$。所以在相干照明下,成像系统只允许零频分量通过,而其他频谱分量均被挡住,所以物不能成像,像面呈均匀强度分布。

在非相干照明条件下,系统的截止频率 $2f_{cut}$ 大于物的基频 $2/b$,所以零频和基频均能通过系统参与成像。于是在像面上仍有图像存在,尽管像的基频被衰减,高频被截断了。基于这种分析,显然非相干成像要比相干成像好。

例 3.8.2 在上题中,如果物体的复振幅透过率为 $t_2(x) = \cos 2\pi \dfrac{x}{b}$,结论又如何?

解:$t_1(x)$ 和 $t_2(x)$ 这两个物函数的振幅分布不同,但有相同的强度分布 $\cos^2 2\pi \dfrac{x_o}{b}$。下面将看到,它们通过系统的成像情况是不一样的。

对于相干照明,理想像的复振幅分布为 $\cos 2\pi \dfrac{x_i}{b}$,其频率为 $1/b$。按题设系统的截止频率为 $f_{cut} = \dfrac{a}{\lambda d_i}$,且 $1/b < f_{cut}$。因此这个呈余弦分布的复振幅能不受影响地通过此系统成像。对于非相干照明,理想像的强度分布为 $\cos^2 2\pi \dfrac{x_i}{b} = \dfrac{1}{2}\left[1 + \cos 2\pi \dfrac{2}{b} x_i\right]$,其频率为 $2/b$,按题设 $2/b < 2f_{cut}$,即小于非相干截止频率。故此物也能通过系统成像,但幅度要受到衰减。由此看来,在这种物结构下,相干照明好于非相干照明。

以上结论也可通过对像面强度的频谱进行分析得出。

在相干照明情况下,理想像的频谱分布为

$$G_{gc}(f_x) = \mathscr{F}\{t_2(x_i)\} = \frac{1}{2}\delta\left(f_x - \frac{1}{b}\right) + \frac{1}{2}\delta\left(f_y + \frac{1}{b}\right)$$

而系统的相干传递函数在沿 f_x 的截面内,在 $-\rho_c < f_x < \rho_c$ 内为常数 1,故 $G_{gc}(f_x)H(f_x,0) = G_{gc}(f_x)$。所以式(3.8-3)所表示的相干照明下的像面强度谱为

$$G_c(f_x) = [G_{gc}(f_x)H_c(f_x,0)] \star [G_{gc}(f_x)H_c(f_x,0)] = G_{gc}(f_x) \star G_{gc}(f_x)$$
$$= \frac{1}{2}\left[\delta\left(f_x - \frac{1}{b}\right) + \delta\left(f_x + \frac{1}{b}\right)\right] \star \frac{1}{2}\left[\delta\left(f_x - \frac{1}{b}\right) + \delta\left(f_x + \frac{1}{b}\right)\right]$$
$$= \frac{1}{4}\left[\delta\left(f_x - \frac{2}{b}\right) + \delta\left(f_x + \frac{2}{b}\right)\right] + \frac{1}{2}\delta(f_x)$$

在非相干照明下，像面强度谱为

$$G_i(f_x) = \left[G_{gc}(f_x) \Leftrightarrow G_{gc}(f_x) \right]\left[H_c(f_x,0) \Leftrightarrow H_c(f_x,0) \right]$$
$$= G_c(f_x)\left[H_c(f_x,0) \Leftrightarrow H_c(f_x,0) \right]$$

当 $f_x = 0$ 时，$H_c \Leftrightarrow H_c$ 的值为 1，故 $G_i(0) = G_c(0)$，即像强度频谱的零频分量在两种情况下相等，但对频率为 $2/b$ 的分量，由于这时的 $H_c \Leftrightarrow H_c$ 值小于 1，故 $G_c\left(\dfrac{2}{b}\right) > G_i\left(\dfrac{2}{b}\right)$，即在这个频率上相干像强度频谱的幅度要比非相干像强度的频谱幅度大一些，所以相干像的对比度也大一些。从这个意义上说，相干照明优于非相干照明。

3.8.3　两点分辨

分辨率是评判系统成像质量的一个重要指标。非相干成像系统所使用的是瑞利分辨判据，用它来表示理想光学系统的分辨限。对于衍射受限的圆形光瞳情况，点光源在像面上产生的衍射斑的强度分布称为艾里斑。根据瑞利判据，对两个强度相等的非相干点源，若一个点源产生的艾里斑中心恰与第二个点源产生的艾里斑的第一个零点重合，则认为这两个点源刚好能够分辨。若把两个点源像中心取在 $x = \pm 1.92$ 处，则这一条件刚好满足，其强度分布为

$$I(x) = \left[\frac{2J_1(\pi x - 1.92)}{\pi x - 1.92} \right]^2 + \left[\frac{2J_1(\pi x + 1.92)}{\pi x + 1.92} \right]^2 \tag{3.8-5}$$

图 3-8-1 给出了刚能分辨的两个点源所产生的强度分布曲线，中心凹陷大小为峰值的 19%，这时在像面上得到的最小分辨限 σ 等于艾里斑图样的核半径，即

$$\sigma = 1.22\frac{\lambda d_i}{D} \tag{3.8-6}$$

式中 D 为出瞳直径。

相干照明时，两点源产生的艾里斑按复振幅叠加，叠加的结果强烈依赖于两点源之间的相位关系。为了说明问题，仍取两个像点的距离为瑞利间隔，看相干照明时是否也能分辨。因为是相干成像，两点源的像强度分布应为其复振幅相加结果的模的平方，即

$$I(x) = \left| \frac{2J_1(\pi x - 1.92)}{\pi x - 1.92} + \frac{2J_1(\pi x + 1.92)}{\pi x + 1.92}e^{j\phi} \right|^2 \tag{3.8-7}$$

式中，ϕ 为两个点源的相对相位差。图 3.8-2 对于 ϕ 分别为 0、$\pi/2$ 和 π 三种情况画出了像强度分布。当 $\phi = 0$ 时，两个点源的相位相同，$I(x)$ 不出现中心凹陷，因此两个点完全不能分辨。当 $\phi = \pi/2$ 时，$I(x)$ 与非相干照明完全相同，刚好能够分辨。当 $\phi = \pi$ 时，两个点源的相位相反，$I(x)$ 的中心凹陷为零，这两点比非相干照明时分辨得更为清楚。

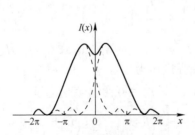

图 3.8-1　刚能分辨的两个非相干
点源的像强度分布

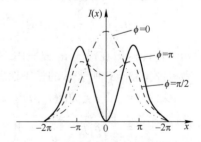

图 3.8-2　相距为瑞利间隔的两个相干
点源的像强度分布

因此,瑞利分辨判据仅适用于非相干成像系统,对于相干成像系统能否分辨两个点源,要看它们的相位关系。

3.8.4　其他效应

非相干系统和相干系统对锐边(sharp edge)的响应迥然不同。图3.8-3示出了一个具有圆形光瞳的系统对一个阶跃透射物的理论响应曲线,阶跃透射物的振幅透射比为

$$t(x,y)=\begin{cases}0,x<0\\1,x\geqslant0\end{cases}$$

从图中可以看出,相干系统显现出相当显著的"振铃振荡(ringing)"。这个性质类似于传递函数随频率下降过于陡峭的视频放大器电路中所出现的振铃振荡。相干成像系统的传递函数具有陡峭的不连续性,但OTF的下降则平缓得多。相干成像的另一个重要性质是,它在真实的边缘位置上的强度值只有强度渐近值的1/4,而非相干像在此位置的强度值则是强度渐近值的1/2。如果在光电检测系统中设定边缘的检测阈值是在强度达到其渐近值一半的地方,那么在非相干情形下将得到边的位置的正确估计,而

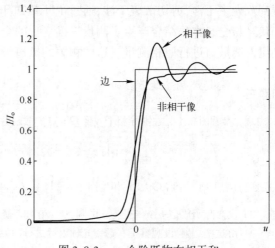

图3.8-3　一个阶跃物在相干和非相干照明下的像

在相干情形下的估计则是错的,偏向锐边的亮侧。由于一些实际的光学系统介于完全的相干成像和完全的非相干像成像之间,即处于部分相干成像状态,这时的锐边的像将呈现更复杂的现象,必须按照部分相干成像的理论进行分析。对边缘成像的分析不只是具有理论意义,还具有实际价值。众所周知,在大规模集成电路生产中,广泛使用以线条为基本图形的光掩模进行光刻制版,必须精确测定光掩模线条尺寸。对实际的显微成像系统光场相干性进行分析(相干、非相干或部分相干),设定正确的检测阈值,采用光电阈值法来自动瞄准测量,可以提高瞄准精度和检测效率。

此外,还必须提到所谓散斑效应,这个效应在高度相干照明下很容易观察到,例如一个透明片物分别用相干光和非相干光通过一个漫射体(例如一片毛玻璃)照明所摄得的像。相干像上的颗粒状特性是漫射体所引入的复杂而随机的波前扰动和光的相干性的直接结果。像中的颗粒性来自漫射体中间隔紧密而相位随机的散射单元互相的干涉。可以证明单个散斑的大小大约是像(或物)上一个分辨单元(resolution cell)的大小。在非相干照明情况下,这种干涉是不能发生的,像上没有散斑。因此,当感兴趣的特定物体接近光学系统的分辨极限时,如果采用相干光照明,散斑效应将是相当讨厌的事。在观察时使毛玻璃运动,能够使得在测量过程中照明的相干性部分被破坏而散斑被"部分洗掉",可以在一定程度上解决这个问题。可是,在常规的全息术中(全息术由于其本性几乎永远是一个相干成像过程),使漫射体运动是不可能的,因而散斑在全息成像中仍然是一个特殊的问题。

高度相干照明对可能存在于到观察者的传播过程上的光学缺陷是特别敏感的。例如,透镜上微小的尘粒可以引起十分显著的衍射图样叠加在像上。上面的讨论的一个合理的结论是,人们应该尽可能选用非相干照明,以避免与相干照明有关的各种弊端。但是,在许多情况

下,要么简单地无法实现非相干照明,要么由于某一基本原因不得使用非相干照明。这些情况包括高分辨显微术、相干光学信息处理和全息术。

虽然散斑开始是作为提高光学成像和全息照相质量的障碍来研究的,人们致力于消除散斑的影响。但到上世纪 60 年代末,人们意识到散斑不仅是一种全息照相不可避免的噪声,而且可能是一种不可多得的随机编码的手段。利用其对平滑表面进行的编码,陆续提出了各种利用激光散斑的测量方法,由散斑照相测量发展到散斑干涉测量,由参考束型散斑干涉方法发展到双光束干涉,剪切散斑干涉,通过电子散斑干涉测量,直到电子散斑照相。而 20 世纪 80 年代又与全息方法结合产生了测量三维变形的全息散斑干涉法。甚至在非相干照明的条件下利用人造散斑进行照相测量。这些相关的散斑干涉计量将在第 11 章做深入研究和讨论。

习题三

3.1 参看图 3.4-1,在推导相干成像系统点扩散函数[式(3.4-5)]时,对于积分号前的相位因子:

$$\exp\left[j\frac{k}{2d_o}(x_o^2 + y_o^2)\right] \approx \exp\left[j\frac{k}{2d_o}\left(\frac{x_i^2 + y_i^2}{M^2}\right)\right]$$

试问:(1) 物平面上半径多大时,相位因子 $\exp\left[j\frac{k}{2d_o}(x_o^2 + y_o^2)\right]$ 相对于它在原点之值正好改变 π 弧度?

(2) 设光瞳函数是一个半径为 a 的圆,那么在物平面上相应 h 的第一个零点的半径是多少?

(3) 由这些结果,设观察是在透镜光轴附近进行的,那么 a、λ 和 d_o 之间存在什么关系时可以舍去相位因子 $\exp\left[j\frac{k}{2d_o}(x_o^2 + y_o^2)\right]$?

3.2 一个余弦型振幅光栅,复振幅透过率为 $t(x_o, y_o) = \frac{1}{2} + \frac{1}{2}\cos 2\pi f_o x_o$,放在图 3.5-1(a)所示的成像系统的物面上,用单色平面波倾斜照明,平面波的传播方向在 $x_o - z$ 平面内,与 z 轴(z 轴与 $x_o - y_o$ 平面垂直,指向右方)夹角为 θ。透镜焦距为 f,孔径为 D。

(1) 求物体透射光场的频谱;

(2) 使像平面出现条纹的最大 θ 角等于多少?求此时像面强度分布;

(3) 若 θ 采用上述极大值,使像面上出现条纹的最大光栅频率是多少?与 $\theta = 0$ 时的截止频率比较,结论如何?

3.3 光学传递函数在 $f_x = f_y = 0$ 处都等于 1,这是为什么?光学传递函数的值可能大于 1 吗?如果光学系统真的实现了点物成点像,这时的光学传递函数怎样?

3.4 试证明:当非相干成像系统的点扩散函数 $h_1(x_i, y_i)$ 成点对称时,则其光学传递函数是实函数。

3.5 非相干成像系统的出瞳是由大量随机分布的小圆孔组成的。小圆孔的直径都为 $2a$,出瞳到像面的距离为 d_i,光波长为 λ,这种系统可用来实现非相干低通滤波。系统的截止频率近似为多大?

3.6 试用场的观点证明在物的共轭面上得到物体的像

3.7 试写出平移模糊系统、大气扰动系统的传递函数。

3.8 有一光楔(即薄楔形棱镜),其折射率为 n,顶角 α 很小,当一束傍轴平行光入射其上时,出射光仍为平行光,只是光束方向向底边偏转了一个角度 $(n-1)\alpha$,试根据这一事实,导出光束的相位变换函数 t。

3.9 考虑一个想要的强场(振幅为 A)和一个不想要的弱场(振幅为 a)的相加。你可以假设 $A \gg a$。

(1) 当两个场相干时,计算由于不想要的场的出现而引起的对想要的场的强度的干扰 $\Delta I / |A|^2$。

(2) 当两个场相互不相干时,重复这一计算。

第4章 光学全息技术

普通照相是根据几何光学成像原理,记录下光波的强度(即振幅),将空间物体成像在一个平面上,由于丢失了光波的相位,因而失去了物体的三维信息。与普通照相不同,全息照相能够记录物光波的振幅和相位,并在一定条件下再现,可看到包含物体全部信息的三维像,即使物体已经移开,仍然可以看到原始物体本身具有的全部现象,包括三维感觉和视差。利用干涉原理,将物体发出的特定光波以干涉条纹的形式记录下来,使物光波波前的全部信息都储存在记录介质中,故所记录的干涉条纹图样被称为"全息图"。当用光波照射全息图时,由于衍射原理能重现出原始物光波,从而形成与原物体逼真的三维像,这个波前记录和重现的过程被称为全息术或全息照相。

本章重点讨论光学全息的基本原理,介绍一些重要类型的全息图。更深入的研究要用到 Kogelnik 理论[40],本书不予讨论。

4.1 概　　述

全息照相术是英籍匈牙利科学家丹尼斯·盖伯(Dennis Gabor)发明的。1947 年他从事电子显微镜研究,当时电子显微镜的理论分辨率极限是 0.4 nm,由于丢失了光波的相位,实际只能达到 1.2 nm,比分辨原子晶格所要求的分辨率 0.2 nm 差得很多。这主要是由于电子透镜的像差比光学透镜要大得多,从而限制了分辨率的提高。

为此,盖伯设想:记录一张不经任何透镜的,用物体衍射的电子波制作曝光照片(即全息图),使它能保持物体的振幅和相位的全部信息,然后用可见光照明全息图来得到放大的物体像。由于光波波长比电子波长高 5 个数量级,这样,再现时物体的放大率 $M = \lambda_光/\lambda_{电子}$ 就可达到 10^5 倍而不会出现任何像差,所以这种无透镜两步成像的过程可期望获得更高的分辨率。根据这一设想,他在 1948 年提出了一种用光波记录物光波的振幅和相位的方法——波前重建,现在我们把它叫作全息术。他研究了全息术对显微术的应用。虽然由于实际原因未能实现所设想的应用,但是 20 世纪 60 年代出现的进展,导致许多盖伯始料不及的应用,并且开辟了光学中的一个崭新领域,他也因此而获得 1971 年的诺贝尔物理学奖。

从 1948 年盖伯提出全息照相的思想开始一直到 20 世纪 50 年代末期,全息照相都采用汞灯作为光源,而且是所谓的同轴全息图,它的 ±1 级衍射波是分不开的,即存在所谓的"孪生像"问题,不能获得好的全息像。这是第一代全息图,是全息术的萌芽时期。第一代全息图存在两个严重问题,一个是再现的原始像和共轭像分不开,另一个是光源的相干性太差。

1960 年激光的出现,提供了一种高相干性光源。1962 年美国科学家利思(Leith)和乌帕特尼克斯(Upatnieks)将通信理论中的载频概念推广到空域中,提出了离轴全息术。他用离轴的参考光与物光干涉形成全息图,再利用离轴的参考光照射全息图,使全息图产生三个在空间互相分离的衍射分量,其中一个复制出原始物光。这样,第一代全息图的两大难题宣告解决,产生了激光记录、激光再现的第二代全息图,从而使全息术在沉睡了十几年之后得到了新生,进入了迅速发展时代。此后相继出现了多种全息方法,并在信息处理、全息干涉计量、全息显示、全息光学元件等领域得到广泛应用。由此可见,高相干度激光的出现,是全息术发展的巨大推动力。

由于激光再现的全息图失去了色调信息,人们开始致力于研究第三代全息图。第三代全息图是利用激光记录和白光再现的全息图,例如反射全息、像全息、彩虹全息及模压全息等,在一定的条件下赋予全息图以鲜艳的色彩。

激光的高度相干性,要求全息拍摄过程中各个元件、光源和记录介质的相对位置严格保持不变,并且相干噪声也很严重,这给全息术的实际使用带来了种种不便。于是,科学家们又回过头来继续探讨白光记录的可能性。第四代全息图可能是白光记录和白光再现的全息图,它将使全息术最终走出实验室,进入广泛的实用领域。这是一个极具诱惑力的方向,正在吸引人们去研究和探索,目前已开始取得进展。

除了用光学干涉方法记录全息图外,还可用计算机和绘图设备画出全息图,这就是计算全息(Computer-Generated Hologram,简称 CGH)。计算全息是利用数字计算机来综合的全息图,不需要物体的实际存在,只需要物光波的数学描述,因此,具有很大的灵活性。

全息术不仅可以用于光波波段,也可以用于声波和其他电磁波段(包括 X 射线、微波等)。实际上,利思和乌帕特尼克斯的离轴全息概念就来自于微波领域的旁视雷达——微波全息图。正如盖伯在他荣获诺贝尔奖时的演说中所指出的,利思在雷达中用的电磁波长比光波长 10 万倍,而盖伯本人在电子显微镜中所用的电子波长又比光波短 10 万倍。他们分别在相差 10^{10} 倍波长的两个方向上发展了全息照相术,这说明科学的发展总是互相渗透、互相影响的。

4.2　波前记录与再现

用干涉方法得到的像平面上光波的全部信息(振幅和相位),存在于物像之间光波经过的任一平面上。如果在这些平面上能记录携带物体全部信息的波前,并在一定条件下再现(亦称重现)物光波的波前,那么,从效果上看,相当于在记录时被"冻结"在记录介质上的波前从全息图上"释放"出来,然后继续向前传播,以产生一个可观察的三维像。如果不考虑记录过程和再现过程在时间上的间隔和空间上存在的差异,则再现光波与原始光波毫无区别。因此,由光波传递信息而构成物体的过程被分解为两步:波前记录与波前再现。在全息术中通常使用的波是光波,一般把它称为光全息术。根据使用波的不同,又有微波全息术、声波全息术等。波前记录与波前再现是全息术的核心。

4.2.1　波前记录

1. 用干涉方法记录物光波波前

物光波波前信息包括光波的振幅和相位,然而现有的所有记录介质仅对光强产生响应,因此,必须设法把相位信息转换成强度的变化才能记录下来。干涉法是将空间相位调制转换为空间强度调制的标准方法。

波前记录过程如图 4.2-1 所示。设传播到记录介质上的物光波波前为

$$\boldsymbol{O}(x,y) = O(x,y)\exp\left[-\mathrm{j}\varphi(x,y)\right] \quad (4.2\text{-}1)$$

传播到记录介质上的参考光波波前为

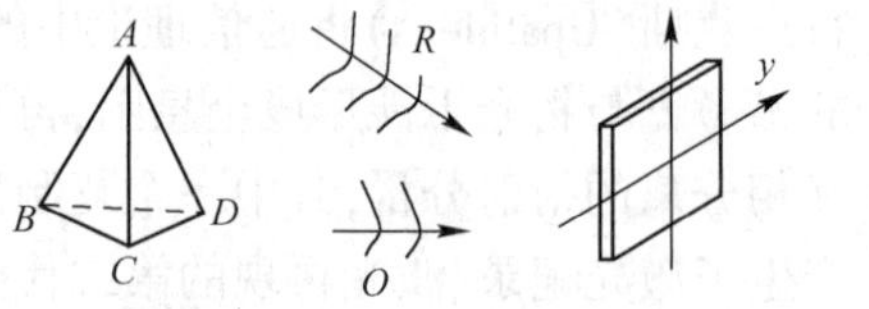

图 4.2-1　波前记录过程

$$R(x,y) = R(x,y)\exp[-\mathrm{j}\psi(x,y)] \qquad (4.2\text{-}2)$$

则被记录的总光强为

$$I(x,y) = |R(x,y) + O(x,y)|^2$$
$$= |R(x,y)|^2 + |O(x,y)|^2 + R(x,y)O^*(x,y) + R^*(x,y)O(x,y) \qquad (4.2\text{-}3)$$

或者 $\quad I(x,y) = |R(x,y)|^2 + |O(x,y)|^2 + 2R(x,y)O(x,y)\cos[\psi(x,y) - \varphi(x,y)] \qquad (4.2\text{-}4)$

常用的记录介质是银盐感光干板,对两个波前的干涉图样曝光后,经显影、定影处理得到全息图。因此,全息图实际上就是一幅干涉图。式(4.2-4)中的前两项是物光和参考光的强度分布,其中参考光波一般都选用比较简单的平面波或球面波,因而 $|R(x,y)|$ 是常数或近似于常数。而 $|O(x,y)|$ 是物光波在底片上造成的强度分布,它是不均匀的,但实验上一般都让它比参考光波弱得多。前两项基本上是常数,作为偏置项,第三项是干涉项,包含有物光波的振幅和相位信息。参考光波作为一种高频载波,其振幅和相位都受到物光波的调制(调幅和调相)。参考光波的作用正好完成使物光波波前的相位分布转换成干涉条纹的强度分布的任务。

2. 记录过程的线性条件

作为全息记录的感光材料很多,最常用的由细微粒卤化银乳胶涂敷的超微粒干板,简称全息干板。假定全息干板的作用相当于一个线性变换器,它把曝光期间内的入射光强线性地变换为显影后负片的振幅透过率,为此必须将曝光量变化范围控制在全息干板 t-E 曲线的线性段内。图 4.2-2 是负片的 t-E 曲线,横坐标 E 表示曝光量,纵坐标 t 表示振幅透过率。此外,我们还必须假定全息干板具有足够高的分辨率,以便能记录全部入射的空间结构。这样,全息图的振幅透过率就可记为

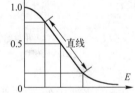

$$t(x,y) = t_0 + \beta E = t_0 + \beta[\tau I(x,y)] = t_0 + \beta' I(x,y) \qquad (4.2\text{-}5)$$

式中,t_0 和 β 均为常数,β 是 t-E 曲线直线部分的斜率,β' 为曝光时间 τ 和 β 之乘积。对于负片和正片,β' 分别为负值和正值。假定参考光的强度在整个记录表面是均匀的,则

$$t(x,y) = t_0 + \beta'(|R|^2 + |O|^2 + R^*O + RO^*)$$
$$= t_b + \beta'(|O|^2 + R^*O + RO^*) \qquad (4.2\text{-}6)$$

图 4.2-2　负片的 t-E 曲线

式中,$t_b = t_0 + \beta'|R|^2$,表示均匀偏置透过率。如果全息图的记录未能满足上面指出的线性记录条件,将影响再现光波的质量。

4.2.2　波前再现

1. 衍射效应再现物光波波前

用一束相干光波照射全息图,假定它在全息图平面上的复振幅分布为 $C(x,y)$,则透过全息图的光场为

$$U(x,y) = C(x,y)t(x,y) = t_b C + \beta' OO^* C + \beta' R^* CO + \beta' RCO^*$$
$$= U_1 + U_2 + U_3 + U_4 \qquad (4.2\text{-}7)$$

透射场式(4.2-7)的写法已经表明,我们应当将 C、O、O^* 看作波前函数,它们分别代表照明光波的直接透射波、物光波及其共轭波,而将它们各自的系数分别看作一种波前变换或一种运算操作。一般而言,如果它们各自的系数中含有二次相位因子,则说明被作用的波前相当于经过了一个透镜的聚散。如果系数中出现了线性因子,则说明被作用的波前经过了一个棱镜

的偏转;如果系数中既含有二次相位因子又含有线性相位因子,则说明被作用的波前相继经过透镜的聚散和棱镜的偏转,究竟是哪一种情况,这要看全息记录时的参考波与再现时的再现波(照明波)之间的关系。先看 U_1 的系数 $t_b = t_0 + \beta' \boldsymbol{R}^2$,其中 t_0 为常数。由于参考波通常采用简单的球面波或平面波,故 $\boldsymbol{R}$ 近似为常数,于是 U_1 中两项系数的作用仅仅改变照明光波 $\boldsymbol{C}$ 的振幅,并不改变 $\boldsymbol{C}$ 的特性。U_2 的系数中含有 $\boldsymbol{O}^2$,是物光波单独存在时在底片上造成的强度分布,它是不均匀的,故 $U_2 = \beta' \boldsymbol{O}^2 \boldsymbol{C}$ 代表振幅受到调制的照明波前,这实际上是 $\boldsymbol{C}$ 波经历 $\boldsymbol{O}^2(x,y)$ 分布的一张底片的衍射,使照明波多少有些离散而出现杂光,是一种"噪声"信息。这是一个麻烦问题,但实验上可以想些办法,例如适当调整照明度,使 $\boldsymbol{O}^2$ 与 $\boldsymbol{R}^2$ 相比成为次要因素。总之,U_1 和 U_2 基本上保留了照明光波的特性。这一项称为全息图衍射场中的 0 级波。

再看 U_3 项,当照明光波是与参考光波完全相同的平面波或球面波时(即 $\boldsymbol{C} = \boldsymbol{R}$),透射光波中的第三项为

$$U_3(x,y) = \beta' \boldsymbol{R}^2 \boldsymbol{O}(x,y) \tag{4.2-8}$$

因为 $\boldsymbol{R}^2$ 是均匀的参考光强度,所以除了相差一个常数因子外,U_3 是原来物光波波前的准确再现,它与在波前记录时原始物体发出的光波的作用完全相同。当这一光波传播到观察者眼睛里时,可以看到原物的形象。由于原始物光波是发散的,所以观察到的是物体的虚像,如图 4.2-3(a) 所示。这一项称为全息图衍射场中的 +1 级波。

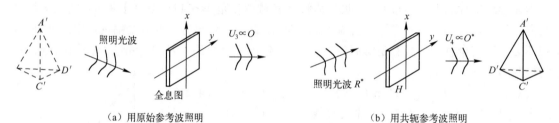

（a）用原始参考波照明　　　　　　　　　　（b）用共轭参考波照明

图 4.2-3　波前再现

透射光波中的第四项为

$$U_4(x,y) = \beta' \boldsymbol{R}^2 \boldsymbol{O}^*(x,y) \tag{4.2-9}$$

当照明光波与参考光波完全相同时,$\boldsymbol{R}^2$ 中的相位因子一般无法消除。如果两者都是平面波,则其相位因子是一个线性相位因子,使 U_4 波成为并不严格与原物镜像对称的会聚波,人们在偏离镜像对称位置的某处仍然可以接收到一个原物的实像。如果照明光波与参考光波是球面波,则 $\boldsymbol{R}^2$ 中有二次相位因子使 $\boldsymbol{O}^*$ 波发生聚散,随之发生位移和缩放,人们在偏离镜像对称位置的某处可能接收到一个与原物大小不同的实像。我们称 U_4 项为全息图衍射场中的 -1 级波。

只有当照明光波与参考光波均为正入射的平面波时,入射到全息图上的相位才可取为零。这时 U_3 和 U_4 中的系数均为实数,无附加相位因子,全息图衍射场中的 ± 1 级光波才严格地镜像对称。由共轭光波 U_4 所产生的实像,对观察者而言,该实像的凸凹与原物体正好相反,因而给人以某种特殊感觉,这种像称为赝像。

若照明光波 $\boldsymbol{C}(x,y)$ 恰好是参考光波的共轭波 $\boldsymbol{R}^*(x,y)$,则再现波场的第三项和第四项分别为

$$U_3(x,y) = \beta' \boldsymbol{R}^* \boldsymbol{R}^* \boldsymbol{O}(x,y) \tag{4.2-10}$$

$$U_4(x,y) = \beta' \boldsymbol{R}^2 \boldsymbol{O}^*(x,y) \tag{4.2-11}$$

这时 U_4 再现了物光波波前的共轭波,给出原始物体的一个实像,如图 4.2-3(b) 所示。U_3 再

现的是物光波波前,故给出原始物体的一个虚像,由于受 R^*R^* 的调制,虚像会也产生变形。

波前记录是物光波波前与参考波前的干涉记录,它使振幅和相位调制的信息变成干涉图的强度调制。这种全息图被再现光波照射时,它又起一个衍射光屏的作用。正是由于光波通过这种衍射光屏而产生的衍射效应,使全息图上的强度调制信息还原为波前的振幅和相位信息,再现了物光波波前。因此,波前记录和波前再现的过程,实质上是光波的干涉和衍射的结果。

2. 波前再现过程的线性性质

无论选择哪一种再现方式,除了我们感兴趣的那个特定场分量(即当 $C = R$ 时的 U_3 项及 $C = R^*$ 时的 U_4 项)外,总是伴随三项附加的场分量。因此,将波前记录和波前再现的过程看成一个系统变化,以记录时的物光波场为输入,以再现的再现波场为输出,这个系统所实现的变换是高度非线性的。但是,若把记录时的物光波波前作为输入,再现时的透射场的单项分量 U_3[式(4.2-10)]或 U_4[式(4.2-11)]作为输出,那么这样定义的系统就是一个线性系统。采用线性系统的概念将有助于简化对全息成像过程的分析。下面将要介绍的离轴全息,为透射场中满足线性变换关系的那个特定场分量的分离,提供了有效的手段。

4.2.3 全息图的基本类型

随着光学全息技术的发展,出现了多种类型的全息图,从不同的角度考虑,全息图可以有不同的分类方法。从物光与参考光的位置是否同轴考虑,可以分为同轴全息和离轴全息;从记录时物体与全息图片的相对位置分类,可以分为菲涅耳全息图、像面全息图和傅里叶变换全息图;从记录介质的厚度考虑,可以分为平面全息图和体积全息图。

例 4.2-1 设一列单色平面波的传播方向平行于 y 轴并与 z 轴成 θ 角,如图 4.2-4(a)所示。

(1) 写出原光波和共轭光波的表达式,并说明其传播方向。

(2) 写出原光波和共轭光波在 $z = 0$ 的平面上的表达式,再讨论它们的传播方向。

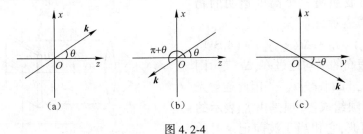

图 4.2-4

解:(1) 一单色平面波和其共轭波的复数表示为

$$U(x,y,z;t) = A\exp[-j(\omega t - \boldsymbol{k} \cdot \boldsymbol{r})]$$

$$U_c(x,y,z;t) = A\exp[-j(\omega t + \boldsymbol{k} \cdot \boldsymbol{r})]$$

式中,ω 为光波的圆频率,$\boldsymbol{k}$ 为波矢,$\boldsymbol{r}$ 为空间位置矢量。由上式可以看出,共轭光波的传播方向与原光波相反,这是共轭光波的原本定义。对于单色光波,因子 $e^{j\omega t}$ 总是相同的,故略去不写,只写所谓复振幅,即

$$U(x,y,z) = Ae^{j\boldsymbol{k} \cdot \boldsymbol{r}} = A\exp[jk(x\cos\alpha + y\cos\beta + z\cos\gamma)]$$

$$U_c(x,y,z) = Ae^{-j\boldsymbol{k} \cdot \boldsymbol{r}} = U^*(x,y,z)$$

即共轭光波的数学表达式为原光波复振幅的共轭复数。

由题设条件知：$\alpha = \dfrac{\pi}{2} - \theta, \beta = \dfrac{\pi}{2}, \gamma = \theta$，于是

$$U(x,z) = A\exp[jk(x\sin\theta + z\cos\theta)]$$

$$U_c(x,z) = A\exp[-jk(x\sin\theta + z\cos\theta)]$$

$$= A\exp\{jk[x\sin(\theta + \pi) + z\cos(\theta + \pi)]\}$$

上式再次说明,共轭波的传播方向与原光波相反,如图 4.2-4(b)所示。

（2）在 $z = 0$ 平面上有

$$U(x) = A\exp[jkx\sin\theta]$$

$$U_c(x) = A\exp[jkx\sin(\theta + \pi) = A\exp[jkx\sin(-\theta)]$$

由上式看出,若从在 $z = 0$ 平面上造成的效果看,可将共轭波理解为沿 $-\theta$ 方向传播的平面波,如图 4.2-4(c)所示。此外,我们习惯上总是让光波从左向右传播,因此人们常常偏爱这种解释。对于单色球面光波可做类似的讨论。

4.3　同轴全息图和离轴全息图

只有使全息图衍射光波中各项有效分离,才能得到可供利用的再现像,这和参考光的方向选取有着直接关系。根据物光波和参考光波的相对位置,全息图可以分为同轴全息图和离轴全息图。

4.3.1　同轴全息图

盖伯最初所提出和实现的全息图就是一种同轴全息图,记录盖伯全息图的光路如图 4.3-1(a)所示。

设相干平面波照明一个高度透明的物体,透射光场可以表示为

$$t(x_o, y_o) = t_0 + \Delta t(x_o, y_o) \quad (4.3\text{-}1)$$

式中,t_0 是一个很高的平均透过率,Δt 表示围绕平均值的变化,$|\Delta t| \ll |t_0|$。因此透射光场可以看成由两项组成:一项是由 t_0 表示的强而均匀的平面波,它相当于波前记录时的参考波;另一项是 Δt 所代表的弱散射波,它相当于波前记录时的物光波。在距离物体 z_o 处放置全息图干板时的曝光光强为

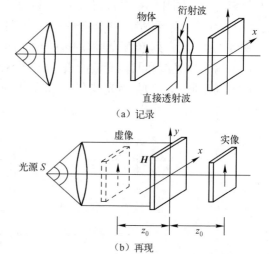

图 4.3-1　同轴全息图的记录与再现

$$I(x,y) = |\boldsymbol{R} + \boldsymbol{O}(x,y)|^2$$

$$= \boldsymbol{R}^2 + |\boldsymbol{O}(x,y)|^2 + \boldsymbol{R}^*\boldsymbol{O}(x,y) + \boldsymbol{R}\boldsymbol{O}^*(x,y) \quad (4.3\text{-}2)$$

在线性记录条件下,所得到的全息图的振幅透过率正比于曝光光强,稍做化简即为

$$t(x,y) = t_b + \beta'(|\boldsymbol{O}|^2 + \boldsymbol{R}^*\boldsymbol{O} + \boldsymbol{R}\boldsymbol{O}^*) \quad (4.3\text{-}3)$$

如果用振幅为 C 的平面波垂直照明全息图,则透射光场可以用四项场分量之和表示为

$$U(x,y) = Ct(x,y)$$

$$= Ct_b + \beta'C|\boldsymbol{O}(x,y)|^2 + \beta'\boldsymbol{R}^*C\boldsymbol{O}(x,y) + \beta\boldsymbol{R}C\boldsymbol{O}^*(x,y) \quad (4.3\text{-}4)$$

第一项是透过全息图的受到均匀衰减的平面波;第二项正比于弱的散射光的光强,可以忽略不计;第三项正比于 $O(x,y)$,再现了原始物光波波前,产生原始物体的一个虚像;第四项正比于 $O^*(x,y)$,将在全息图另一侧与虚像对称位置产生物体的实像,如图 4.3-1(b)所示。

上述四项场分量都在同一方向上传播,其中直接透射光大大降低了像的衬度,且虚像和实像的距离为 $2z_o$,构成不可分离的孪生像。当对实像聚焦时,总是伴随一离焦的虚像,反之亦然。孪生像的存在大大降低了全息像的质量。同轴全息的最大局限性还在于我们必须假定物体是高度透明的,否则第二项场分量将不能忽略。这一假定极大地限制了同轴全息图的应用范围。

4.3.2　离轴全息图

为了消除全息图中孪生像的干扰,1962 年美国密歇根大学雷达实验室的利思和乌帕特立克斯提出了离轴全息图,也叫作偏斜参考光全息图。记录离轴全息图的光路如图 4.3-2 所示,准直光束一部分直接照射振幅透过率为 $t_0(x,y)$ 的物体,另一部分经物体之上的棱镜 P 偏折,以倾角 θ 投射到全息干板上。全息干板上的振幅分布应该是物体透射波和倾斜参考波叠加的结果,即

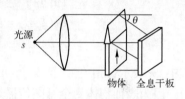

图 4.3-2　记录离轴全息图的光路

$$U(x,y) = A\exp[-j2\pi\alpha y] + O(x,y) \quad (4.3\text{-}5)$$

其中参考波的空间频率 $\alpha = \sin\theta/\lambda$,底片上的强度分布为

$$I(x,y) = A^2 + |O(x,y)|^2 + AO(x,y)\exp(j2\pi\alpha y) + AO^*(x,y)\exp[-j2\pi\alpha y] \quad (4.3\text{-}6)$$

把 O 表示为振幅和相位分布,即

$$O(x,y) = O(x,y)\exp[-j\varphi(x,y)] \quad (4.3\text{-}7)$$

则式(4.3-6)可以改写为另一种形式

$$I(x,y) = A^2 + O^2(x,y) + 2AO(x,y) + 2AO(x,y)\cos[2\pi\alpha y - \varphi(x,y)] \quad (4.3\text{-}8)$$

此式表明,物光波波前的振幅信息 $O(x,y)$ 和相位信息 $\varphi(x,y)$ 分别作为高频载波的调幅和调相而被记录下来。在满足线性记录的条件下,所得到的全息图的振幅透过率应正比于曝光期间的入射光强,即

$$t(x,y) \propto t_b + \beta'\left[|O|^2 + AO\exp(j2\pi\alpha y) + AO^*\exp(-j2\pi\alpha y)\right] \quad (4.3\text{-}9)$$

假定再现光路如图 4.3-3 所示,全息图由一束垂直入射、振幅为 C 的均匀平面波照明,透射光场写成下列四个场分量之和:

$$\left.\begin{aligned} U_1 &= t_b C \\ U_2 &= \beta'|O(x,y)|^2 \\ U_3 &= \beta'CAO(x,y)\exp(j2\pi\alpha y) \\ U_4 &= \beta'CAO^*(x,y)\exp(-j2\pi\alpha y) \end{aligned}\right\} \quad (4.3\text{-}10)$$

分量 U_1 是经过衰减的照明光波,代表沿底片轴线传播的平面波。分量 U_2 是一个透射光锥,主要能量方向靠近底片轴线,光锥的扩展程度取决于 $O(x,y)$ 的带宽。分量 U_3 正比于原始物光波波前 O

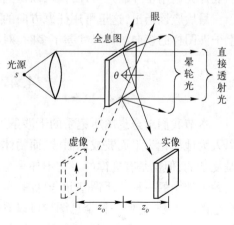

图 4.3-3　像的再现

与一平面波相位因子 $\exp(j2\pi\alpha y)$ 的乘积，表示原始物光波将以向上倾斜的平面波为载波，在距底片 z_o 处形成物体的一个虚像。分量 U_4 表示物光波的共轭波前将以向下倾斜的平面波为载波，在底片的另一侧距离底片 z_o 处形成物体的一个实像。

从图 4.3-3 可以看到，再现的物光波波前 O 和物光波共轭波前 O^*，二者具有不同的传播方向，并且还和分量波 U_1 和 U_2 分开。参考光和全息图之间的夹角 θ 越大，则分量波 U_3 和 U_4 与 U_1 和 U_2 分得越开。下面将从全息图所具有的空间频谱的分布来考察这四个场分量，以便对孪生像完全分离的条件给出一个定量的说明。

假定 G_1,G_2,G_3,G_4 分别表示全息图被再现时透射光场四个分量波的空间频谱，又设再现光波 C 具有单位振幅，并忽略全息图底片的有限孔径，则这四项场分量分别为

$$G_1(\xi,\eta) = \mathscr{F}\{U_1(x,y)\} = t_b\delta(\xi,\eta) \tag{4.3-11}$$

$$G_2(\xi,\eta) = \mathscr{F}\{U_2(x,y)\} = \beta'G_a(\xi,\eta) \star G_a(\xi,\eta) \tag{4.3-12}$$

$$G_3(\xi,\eta) = \mathscr{F}\{U_3(x,y)\} = \beta'G_a(\xi,\eta - a) \tag{4.3-13}$$

$$G_4(\xi,\eta) = \mathscr{F}\{U_1(x,y)\} = \beta'AG_a^*(-\xi,-\eta - a) \tag{4.3-14}$$

式中，$\star$ 表示自相关，并且 $G_a(\xi,\eta) = \mathscr{F}\{a(x,y)\}$。

因为表征物体到全息图传播过程的传递函数是纯相位函数，所以 G_a 的带宽和物体带宽相同。假定物的最高空间频率为 B 周/毫米，带宽为 $2B$，则物体的频谱和全息图四项场分量的频谱如图 4.3-4 所示。其中 G_1 是频域平面原点上的一个 δ 函数；G_2 正比于 G_a 的自相关，以原点为中心，带宽扩展到 $4B$；$|G_3|$ 和 $|G_4|$ 互成镜像，中心位于 $(0 \pm a)$，带宽为 $2B$。因此，为使 $|G_3|$、$|G_4|$ 和 $|G_2|$ 互相不重叠，必须满足如下条件

$$a \geq \frac{2B + 4B}{2} = 3B \tag{4.3-15}$$

若将 $a = (\sin\theta)/\lambda$ 代入，则由式(4.3-15)可得 θ 的最小值为

$$\theta_{min} = \arcsin(3B\lambda) \tag{4.3-16}$$

一旦 θ 超过 θ_{min}，实像和虚像即彼此分离，互不干扰，成像波也不会与背景光干涉叠加。这样，透明底片无论用正片还是负片，都可以得到和原物衬度相同的像。

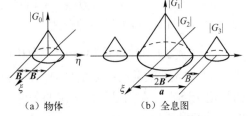

图 4.3-4 物体和全息图的频谱

（a）物体　　　　（b）全息图

最后应该指出，这里可用任意方向的平面波照明全息图，只有当记录介质的厚度与全息图上干涉图样的横向结构尺寸差不多时，对再现光波的性质才有严格要求。

4.4　基元全息图

本节我们对全息图所记录的干涉条纹进行分析。在拍摄全息图时，所用的参考光波总可以人为地简化为平面波或球面波，而物体的形状却很复杂，所以全息图的干涉花样一般说来总是复杂的，但也是有规律的。它不外乎是平面波与平面波、平面波与球面波、球面波与球面波三种干涉中的一种。所谓基元全息图，是指由单一物点发出的光波与参考光波干涉所构成的全息图。于是，任何一种全息图均可以看作许多基元全息图的线性组合。了解基元全息图的结构和作用，对于深入理解整个全息图的记录和再现机理，是十分有益的。

从空域的观点，可以把物体看作一些相干点源的集合，物光波波前是所有点源发出的球面

波的线性叠加。每一个点元与参考光波相干涉,所形成的基元全息图称为基元波带片。从频域的观点,可以把物光波看作许多不同方向传播的平面波(即角谱)的线性叠加,每一平面波分量与参考平面波干涉而形成的基元全息图是一些平行直条纹,称为基元光栅。当然,正是由于前一节中所指出的系统的线性性质,我们才能用叠加原理来进行讨论。

我们撇开实际光路,只考虑参考光波 **R** 与物光波 **O** 的干涉。在图 4.4-1(a)中,参考光波和物光波均为平面波,条纹的峰值强度面是平行的等间距平面,面间距 d 与光束的夹角有关。图 4.4-1(b)是参考光波为平面光波、物光波为发散球面球波的情形,峰值强度面是一族旋转抛物面。图 4.4-1(c)是参考光波和物光波均为发散球面波的情形,峰值强度面是一族旋转抛物面。图 4.4-1(c)是参考光波和物光波均为发散球面波的情形,峰值强度面是旋转双曲面,转轴为两个点光源的连线。图 4.4-1(d)是一个发散的球面波和一个会聚的球面波相干涉,峰值强度面是一族旋转椭圆面,两个点源的位置是旋转椭圆面的焦点。

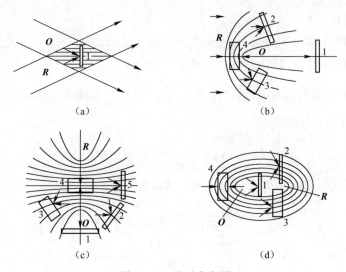

图 4.4-1 基元全息图

在图 4.4-1 中用实线框表示记录物体位置,位置不同基元全息图的结构也不同。图 4.4-1(a)是傅里叶变换全息图结构。图 4.4-1(b)~(d)中:在位置 1 是同轴全息图,条纹是中心疏边缘密的同心圆环;在位置 2 是离轴全息图;在位置 3 是透射体积全息图;在位置 4 是反射体积全息图,参考光波与物光波自两边入射在记录介质上;在图 4.4-1(c)的位置 5 是无透镜傅里叶变换全息图。

例 4.4-1 研究基元光栅,如图 4.4-2(a)所示,参考光和物光均为平行光,对称入射到记录介质 Σ 上,即 $\theta_o = -\theta_r$,二者之间的夹角为 $\theta = 2\theta_o$。

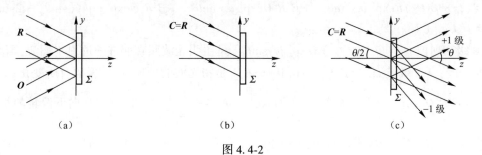

（a）　　　　　　　　　（b）　　　　　　　　　（c）

图 4.4-2

（1）求出全息图上干涉条纹的形状和条纹间距公式。

（2）当采用氦–氖激光记录时，试计算夹角为 $\theta = 1°$ 和 $60°$ 时，条纹间距分别是多少？某感光胶片厂生产的全息记录干板，其分辨率为 3000 条/毫米，试问当 $\theta = 60°$ 时此干板能否记录下其干涉条纹？

（3）如图 4.4-2(b)所示，当采用的再现光波 $\boldsymbol{C} = \boldsymbol{R}$ 时，试分析 0 级、±1 级衍射的出射波方向，并作图表示。

解：（1）设物光波和参考光波分别为

$$\boldsymbol{O} = O\exp[\,\mathrm{j}ky\sin\theta_o\,], \qquad \boldsymbol{R} = R\exp[\,\mathrm{j}ky\sin\theta_r\,]$$

全息干板上的干涉场为

$$\boldsymbol{U}(y) = \boldsymbol{O} + \boldsymbol{R} = O\exp[\,\mathrm{j}ky\sin\theta_o\,] + R\exp[\,\mathrm{j}ky\sin\theta_r\,]$$

全息干板上的光强分布为

$$
\begin{aligned}
I(y) &= |\,\boldsymbol{O} + \boldsymbol{R}\,|^2 \\
&= R^2 + O^2 + RO\exp[\,\mathrm{j}ky(\sin\theta_o - \sin\theta_r)\,] + RO\exp[\,-\mathrm{j}ky(\sin\theta_o - \sin\theta_r)\,] \\
&= R^2 + O^2 + 2RO\cos[\,ky(\sin\theta_o - \sin\theta_r)\,] \qquad\qquad (4.4\text{-}1)
\end{aligned}
$$

显然干涉条纹的形式是正弦型的，条纹峰值由 $\dfrac{2\pi}{\lambda}y(\sin\theta_o - \sin\theta_r) = 2m\pi$ 决定，它是一组与 y 轴垂直的平行直线。条纹间距为

$$\Delta y = \frac{\lambda}{\sin\theta_o - \sin\theta_r} \qquad\qquad (4.4\text{-}2)$$

若物光与参考光对称入射，即 $\theta_o = -\theta_r$，于是上式成为

$$\Delta y = \frac{\lambda}{2\sin\theta_o} = \frac{\lambda}{2\sin(\theta/2)} \qquad\qquad (4.4\text{-}3)$$

（2）当 $\theta = 1°$ 时 $\qquad \Delta y = \dfrac{0.6328/2}{\sin 0.5°} = \dfrac{0.3164}{0.0087} = 36.26(\mu m)$

当 $\theta = 60°$ 时 $\qquad \Delta y = \dfrac{0.3164}{0.5000} = 0.6328(\mu m)$

干板的最小分辨率为 $\quad d = (1/3000)\,\mathrm{mm} = (1000/3000)\mu m = 0.33\ \mu m$

这说明，当物光与参考光的夹角 $\theta = 60°$ 时，所提供的全息干板可以记录下其干涉条纹。

（3）全息记录干板经显影、定影等线性处理后，负片的复振幅透过率正比于曝光光强，即

$$t = t_b\beta'O^2 + \beta'RO\exp[\,\mathrm{j}ky(\sin\theta_o - \sin\theta_r)\,] + \beta'RO\exp[\,-\mathrm{j}ky(\sin\theta_o - \sin\theta_r)\,]$$

若再现波 $\boldsymbol{C} = \boldsymbol{R} = R\exp[\,\mathrm{j}ky\sin\theta_r\,]$，于是透射波场为

$$
\begin{aligned}
U &= tR \\
&= (t_b + \beta'O^2)R\exp[\,\mathrm{j}ky\sin\theta_r\,] + \beta'R^2O\exp[\,\mathrm{j}ky\sin\theta_o\,] + \beta'R^2O\exp[\,-\mathrm{j}ky(\sin\theta_o - 2\sin\theta_r)\,] \\
&= U_o + U_{+1} + U_{-1}
\end{aligned}
$$

其中：0 级衍射波 $U_0 = (t_b + \beta'O^2)R\exp[\,\mathrm{j}ky\sin\theta_r\,]$ 是照明光波照直前进的透射平面波，当然，振幅有所下降；+1 级波 $U_{+1} = \beta'R^2O\exp[\,\mathrm{j}ky\sin\theta_o\,]$ 是物光波的再现波，但振幅有所变化；−1 级波 $U_{-1} = \beta'R^2O\exp[\,-\mathrm{j}ky3\sin\theta_o\,] = \beta'R^2O\exp\left[\,-\mathrm{j}ky3\sin\dfrac{\theta}{2}\,\right]$ 是方向进一步向下偏转的物光波的共轭波，其偏转角度 θ_{-1} 满足 $\sin\theta_{-1} = 3\sin\dfrac{\theta}{2}$（请读者对该等式予以证明）。各波的传播情况

如图 4.4-2(c)所示。

4.5 菲涅耳全息图

菲涅耳全息的特点是记录平面位于物体衍射光场的菲涅耳衍射区,物光由物体直接照到底片上。由于物体可以看成点源的线性组合,所以讨论点源全息图(即基元全息图)具有普遍意义。

4.5.1 点源全息图的记录和再现

两相干单色点光源所产生的干涉图实质上就是一个点源全息图,即波带片型基元全息图。假定参考波和物光波是从点源 $O(x_o, y_o, z_o)$ 和点源 $R(x_r, y_r, z_r)$ 发出的球面波,波长为 λ_1,全息底片位于 $z = 0$ 的平面上,与两个点源的距离满足菲涅耳近似条件。据此即可以用球面波的二次曲面近似描述这个球面波。记录光路如图 4.5-1(a)所示。

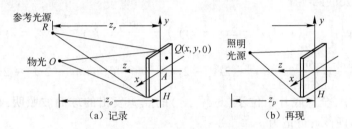

图 4.5-1 点源全息图的记录和再现

设投射到记录平面上的物光波的振幅为 1,考虑到一常数相位因子,写成 $\boldsymbol{O}$。到达记录平面的相位以坐标原点 A 为参考点来计算,并做傍轴近似,即假设

$$x^2 + y^2 \leqslant z_o^2, \quad x_o^2 + y_o^2 \ll z_o^2$$

于是物光波的相位可简化成

$$\varphi(x,y) = \frac{2\pi}{\lambda_1}(OQ - OA) = \frac{2\pi}{\lambda_1}\{[(x - x_o)^2 + (y - y_o)^2 + z_o^2]^{1/2} - (x_o^2 + y_o^2 + z_o^2)\}$$

$$= \frac{2\pi}{\lambda_1}\left\{z_o\left[1 + \frac{(x - x_o)^2 + (y - y_o)^2}{z_o^2}\right]^{1/2} - z_o\left[1 + \frac{x_o^2 + y_o^2}{2z_o^2}\right]^{1/2}\right\}$$

$$\approx \frac{2\pi}{\lambda_1}\left\{z_o\left[1 + \frac{(x - x_o)^2 + (y - y_o)^2}{2z_o^2}\right] - z_o\left[1 + \frac{x_o^2 + y_o^2}{2z_o^2}\right]\right\}$$

$$= \frac{2\pi}{\lambda_1 z_o}(x^2 + y^2 - 2xx_o - 2yy_o) \tag{4.5-1}$$

于是记录平面上的物光波可写成

$$\boldsymbol{O}(x,y) = \boldsymbol{O}\exp\left\{j\frac{\pi}{\lambda_1 z_o}(x^2 + y^2 - 2xx_o - 2yy_o)\right\} \tag{4.5-2}$$

同理,记录平面上的参考光可写成

$$\boldsymbol{R}(x,y) = R\exp\left\{j\frac{\pi}{\lambda_1 z_r}(x^2 + y^2 - 2xx_r - 2yy_r)\right\} \tag{4.5-3}$$

以上两式中的 λ_1 为记录时所用的波长。记录平面上的复振幅分布为

$$U(x,y) = O\exp\left\{j\frac{\pi}{\lambda_1 z_o}(x^2 + y^2 - 2xx_r - 2yy_r)\right\} + R\exp\left\{j\frac{\pi}{\lambda_1 z_r}(x^2 + y^2 - 2xx_r - 2yy_r)\right\} \quad (4.5\text{-}4)$$

记录平面上的光强分布为

$$I(x,y) = |R|^2 + |O|^2 + RO^*\exp\left\{-j\left[\frac{\pi}{\lambda_1 z_o}(x^2 + y^2 - 2xx_o - 2yy_o) - \frac{\pi}{\lambda_1 z_r}(x^2 + y^2 - 2xx_r - 2yy_r)\right]\right\} +$$

$$R^*O\exp\left\{j\left[\frac{\pi}{\lambda_1 z_o}(x^2 + y^2 - 2xx_o - 2yy_o) - \frac{\pi}{\lambda_1 z_r}(x^2 + y^2 - 2xx_r - 2yy_r)\right]\right\} \quad (4.5\text{-}5)$$

通常需保持记录过程的线性条件,即显影定影后底片的振幅透过率正比于曝光量,即

$$t(x,y) = t_b + \beta'|O|^2 + \beta'RO^*\exp\left\{-j\left[\frac{\pi}{\lambda_1 z_o}(x^2 + y^2 - 2xx_o - 2yy_o) - \frac{\pi}{\lambda_1 z_r}(x^2 + y^2 - 2xx_r - 2yy_r)\right]\right\} +$$

$$\beta'R^*O\exp\left\{j\left[\frac{\pi}{\lambda_1 z_o}(x^2 + y^2 - 2xx_o - 2yy_o) - \frac{\pi}{\lambda_1 z_r}(x^2 + y^2 - 2xx_r - 2yy_r)\right]\right\}$$

$$= t_1 + t_2 + t_3 + t_4 \quad (4.5\text{-}6)$$

在透过率中最重要的两项是

$$t_3 = \beta'RO^*\exp\left\{j\left[\frac{\pi}{\lambda_1 z_r}(x^2 + y^2 - 2xx_r - 2yy_r) - \frac{\pi}{\lambda_1 z_o}(x^2 + y^2 - 2xx_o - 2yy_o)\right]\right\} \quad (4.5\text{-}7)$$

$$t_4 = \beta'RO^*\exp\left\{-j\left[\frac{\pi}{\lambda_1 z_r}(x^2 + y^2 - 2xx_r - 2yy_r) - \frac{\pi}{\lambda_1 z_o}(x^2 + y^2 - 2xx_o - 2yy_o)\right]\right\} \quad (4.5\text{-}8)$$

在再现过程中,全息底片由位于(x_p, y_p, z_p)的点源发出的球面波照明,再现光波波长为 λ_2,如图 4.5-1(b)所示,可记为

$$C(x,y) = C\exp\left[j\frac{\pi}{\lambda_2 z_p}(x^2 + y^2 - 2xx_p - 2yy_p)\right] \quad (4.5\text{-}9)$$

全息图透射项中,$U_3 = t_3 C(x,y)$ 和 $U_4 = t_4 C(x,y)$ 是我们感兴趣的波前。

$$U_3 = \beta'RO^*C\exp\left\{j\left[\frac{\pi}{\lambda_1 z_r}(x^2 + y^2 - 2xx_r - 2yy_r) - \frac{\pi}{\lambda_1 z_o}(x^2 + y^2 - 2xx_o - 2yy_o) + \frac{\pi}{\lambda_2 z_p}(x^2 + y^2 - 2xx_p - 2yy_p)\right]\right\}$$

$$= \beta'RO^*C\exp\left\{j\pi\left(\frac{1}{\lambda_1 z_r} - \frac{1}{\lambda_1 z_o} + \frac{1}{\lambda_2 z_p}\right)(x^2 + y^2)\right\} \times$$

$$\exp\left\{-j2\pi\left[\left(\frac{x_r}{\lambda_1 z_r} - \frac{x_o}{\lambda_1 z_o} + \frac{x_p}{\lambda_2 z_p}\right)x + \left(\frac{y_r}{\lambda_1 z_r} - \frac{y_o}{\lambda_1 z_o} + \frac{y_p}{\lambda_2 z_p}\right)y\right]\right\} \quad (4.5\text{-}10)$$

同理 $$U_4 = \beta R^*OC\exp\left\{j\pi\left(-\frac{1}{\lambda_1 z_r} + \frac{1}{\lambda_1 z_o} + \frac{1}{\lambda_2 z_p}\right)(x^2 + y^2)\right\} \times$$

$$\exp\left\{-j2\pi\left[-\left(\frac{1}{\lambda_1 z_r} + \frac{1}{\lambda_1 z_o} + \frac{1}{\lambda_2 z_p}\right)x + \left(-\frac{y_r}{\lambda_1 z_r} + \frac{y_o}{\pi_1 z_o} - \frac{\lambda_p}{\lambda_2 z_p}\right)y\right]\right\} \quad (4.5\text{-}11)$$

式(4.5-10)和式(4.5-11)的相位项中,x 和 y 的二次项是傍轴近似的球面波的相位因子,给出了再现像在 z 方向上的焦点。x 和 y 的一次项是倾斜传播的平面波的相位因子,给出了再现像离开 z 轴的距离。因此它们给出了再现光波的几何描述:一个向像点(x_i, y_i, z_i)会聚或由像点(x_i, y_i, z_i)发散的球面波。这些球面波在 xy 平面上的光场傍轴近似具有下列标准形式

$$\exp\left\{j\frac{\pi}{\lambda_2 z_i}(x^2 + y^2 - 2xx_i - 2yy_i)\right\} \quad (4.5\text{-}12)$$

z_i 为正表示由点(x_i, y_i, z_i)发出的发散球面波,z_i 为负表示向点(x_i, y_i, z_i)会聚的球面波。将它们含 x, y 的二次项和一次项系数与式(4.5-10)和式(4.5-11)比较,可以确定像点坐标

$$z_i = \left(\frac{1}{z_p} \pm \frac{\lambda_2}{\lambda_1 z_r} \mp \frac{\lambda_2}{\lambda_1 z_o} \right)^{-1} \tag{4.5-13}$$

$$x_i = \mp \frac{\lambda_2 z_i}{\lambda_1 z_o} x_o \pm \frac{\lambda_2 z_i}{\lambda_1 z_r} x_r + \frac{z_i}{z_p} x_p \tag{4.5-14}$$

$$y_i = \mp \frac{\lambda_2 z_i}{\lambda_1 z_o} y_o \pm \frac{\lambda_2 z_i}{\lambda_1 z_r} y_r + \frac{z_i}{z_p} y_p \tag{4.5-15}$$

式中,上面的一组符号适用于分量波 U_3,下面的一组符号适用于分量 U_4。当 z_i 为正时,再现像是虚像,位于全息图的左侧;当 z_i 为负时,再现像是实像,位于全息图的右侧。

像的横向放大率可以用 $\left| \dfrac{dx_i}{dx_o} \right|$ 和 $\left| \dfrac{dy_i}{dy_o} \right|$ 表示,所以波前再现过程产生的横向放大率为

$$M = \left| \frac{dx_i}{dx_o} \right| = \left| \frac{dy_i}{dy_o} \right| = \left| \frac{\lambda_2 z_i}{\lambda_1 z_o} \right| = \left| 1 - \frac{z_o}{z_r} \mp \frac{\lambda_1 z_o}{\lambda_2 z_p} \right|^{-1} \tag{4.5-16}$$

像的纵向放大率可以用 $\left| \dfrac{dz_i}{dz_o} \right|$ 表示,所以

$$M_z = \frac{\lambda_1}{\lambda_2} M^2 \tag{4.5-17}$$

4.5.2　几种特殊情况的讨论

(1) 当再现光波与参考光波完全一样时,即 $x_p = x_r, y_p = y_r, z_p = z_r, \lambda_1 = \lambda_2$,由式(4.5-13)~式(4.5-15)可得

$$\left. \begin{array}{l} z_{i_1} = \dfrac{z_r z_o}{2z_o - z_r}, \ x_{i_1} = \dfrac{2z_o x_r - z_r x_o}{2z_o - z_r}, \ y_{i_1} = \dfrac{2z_o y_r - z_r y_o}{2z_o - z_r}, \ M = \left| 1 - \dfrac{2z_o}{z_r} \right|^{-1} \\[3mm] z_{i_2} = z_o, \ x_{i_2} = x_o, \ y_{i_2} = y_o, \ M = 1 \end{array} \right\} \tag{4.5-18}$$

及

式(4.5-18)表明,分量波 U_4 产生物点的一个虚像,像点的空间位置与物点重合,横向放大率为 1,它是原物点准确的再现。分量波 U_3 可以产生物点的实像或虚像,它取决于 z_{i_1} 的正负。当 $z_r < 2z_o$ 时, $z_{i_1} > 0$,产生虚像;当 $z_r > 2z_o$ 时, $z_{i_1} < 0$,产生实像。在通常情况下,横向放大率不等于 1。

(2) 再现光波与参考光波共轭时,即 $x_p = x_r, y_p = y_r, z_p = -z_r, \lambda_1 = \lambda_2$,则由式(4.5-13)~式(4.5-15)可得

$$\left. \begin{array}{l} z_{i_1} = -z_o, \ x_{i_1} = x_o, \ y_{i_1} = y_o, \ M = 1 \\[3mm] z_{i_2} = \dfrac{z_r z_o}{z_r - 2z_o}, \ x_{i_2} = \dfrac{x_o z_r - 2x_r z_o}{z_r - 2z_o}, \ y_{i_2} = \dfrac{y_o z_r - 2y_r z_o}{z_r - 2z_o} \end{array} \right\} \tag{4.5-19}$$

及

式(4.5-19)表明,分量波 U_3 产生物点的一个实像,像点与物点的空间位置相对于全息图镜面对称,因此,观察者看到的是一个与原物形状相同,但凸凹互易的赝视实像。分量波 U_4 可以产生物点的虚像,也可以产生物点的实像,这取决于 z_{i_2} 的正负。

(3) 参考光波和再现光波都是沿 z 轴传播的完全一样的平面波,即 $x_r = x_p = 0, y_r = y_p = 0, z_r = z_p = \infty, \lambda_1 = \lambda_2$,则式(4.5-13)~式(4.5-15)可得

$$z_i = \mp z_o, \ x_i = x_o, \ y_i = y_o, \ M = 1 \tag{4.5-20}$$

可见,此时得到的两个像点位于全息图两侧对称位置,一个实像,一个虚像。

（4）如果物点和参考点位于 z 轴上，即 $x_o = x_r = 0, y_o = y_r = 0$，这时在线性记录的全息图中与式（4.5-10）和式（4.5-11）相对应的透过率中，重要的两项是

$$
\left.\begin{aligned}
t_3 &= \beta' RO^* \exp\left[j\frac{\pi}{\lambda_1}(x^2 + y^2)\left(\frac{1}{z_r} - \frac{1}{z_o}\right)\right] \\
t_4 &= \beta' R^* O \exp\left[-j\frac{\pi}{\lambda_1}(x^2 + y^2)\left(\frac{1}{z_r} - \frac{1}{z_o}\right)\right]
\end{aligned}\right\}
\tag{4.5-21}
$$

这时透过率的峰值出现在其相位为 2π 整数倍的地方，由式（4.5-21）得

$$
\pm\frac{\pi}{\lambda_1}(x^2 + y^2)\left(\frac{1}{z_r} - \frac{1}{z_o}\right) = 2m\pi, \qquad m = 0, \pm 1, \pm 2, \cdots
$$

即

$$
\rho^2 = x^2 + y^2 = 2m\lambda_1\frac{z_o z_r}{z_o - z_r}
$$

可见，此时所形成的干涉条纹是一族同心圆，圆心位于原点，为同轴全息图，其半径为

$$
\rho = \sqrt{2m\lambda_1\frac{z_o z_r}{z_o - z_r}}
\tag{4.5-22}
$$

同轴全息图的再现可以分为两种情况：

其一，在轴上照明光源再现的情况下，$x_p = y_p = 0$，这时像点的坐标是

$$
z_i = \left(\frac{1}{z_p} \pm \frac{\lambda_2}{\lambda_1 z_r} \mp \frac{\lambda_2}{\lambda_1 z_o}\right)^{-1}, \quad x_i = 0, \; y_i = 0
\tag{4.5-23}
$$

这表明再现所得到的两个像均位于 z 轴上。当照明光源与参考光源完全相同，即 $z_p = z_r, \lambda_2 = \lambda_1$ 时，则有

$$
z_{i_1} = \frac{z_r z_o}{2z_o - z_r}, \quad z_{i_2} = z_o
\tag{4.5-24}
$$

这说明分量波 U_4 产生的虚像与轴上原始物点完全重合，另一个像点的虚实由 z_{i_1} 的符号决定。

当照明光源与参考光源为共轭时，有

$$
z_{i_1} = -z_o, \quad z_{i_2} = \frac{z_r z_o}{z_r - 2z_o}
\tag{4.5-25}
$$

这说明分量波 U_3 产生一个与原始物点位置对称的实像，另一个像点的虚实仍然由 z_{i_2} 的符号决定。

其二，同轴全息图也可能用轴外照明光源再现。设照明光源坐标为 (x_p, y_p, z_p)，这时像点坐标为

$$
z_i = \left(\frac{1}{z_p} \pm \frac{\lambda_2}{\lambda_1 z_r} \pm \frac{\lambda_2}{\lambda_1 z_o}\right)^{-1}, \quad x_i = \frac{z_i}{z_p}x_p, \quad y_i = \frac{z_i}{z_p}y_p
\tag{4.5-26}
$$

注意到 $x_i/y_i = x_p/y_p$，说明再现的两个像点位于通过全息图原点的倾斜直线上。这表明，即使用轴外照明光源再现，同轴全息图产生的各分量衍射波仍然沿同一方向传播，观察时互相干扰。图4.5-2示出了点源同轴全息图再现的情况。

例4.5-1 用正入射的平面参考波记录轴外物点 $O(0, y_o, z_o)$ 发出的球面波，用轴上同波长点源 $C(0, 0, z_p)$ 发出的球面波照射全息图以再现物光波波前。试求：

（1）两个像点的位置及横向放大率 M；

（2）若 $y_o = 5\,\text{cm}, z_o = 50\,\text{cm}, z_p = 100\,\text{cm}$，像点的位置和横向放大率以及像的虚实。

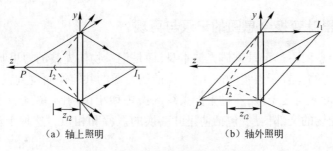

（a）轴上照明　　　　　　　　　　　　　（b）轴外照明

图 4.5-2　点源同轴全息的再现

解:（1）由题设知,参考光波、物光波和再现光波的位置坐标为:参考光波$(0,0,\infty)$;物光波$(0,y_o,z_o)$;再现光波$(0,0,z_p)$。

利用式(4.5-13)~式(4.5-15)得

$$z_i = \left(\frac{1}{z_p} \pm \frac{1}{z_r} \mp \frac{1}{z_o}\right)^{-1} = \left(\frac{1}{z_p} \mp \frac{1}{z_o}\right)^{-1} = \frac{z_o z_p}{z_o \mp z_p}$$

$$x_i = \frac{z_i}{z_p}x_p \mp \frac{z_i}{z_o}x_o \pm \frac{z_i}{z_r}x_r = 0$$

$$y_i = \frac{z_i}{z_p}y_p \mp \frac{z_i}{z_o}y_o \pm \frac{z_i}{z_r}y_r = \mp \frac{z_p y_o}{z_o \mp z_p}$$

由此可知,两个像点的坐标分别为

$$\text{像点 } I_1\left(0, -\frac{z_p y_o}{z_o - z_p}, \frac{z_o z_p}{z_o \pm z_p}\right) \qquad \text{像点 } I_2\left(0, \frac{z_p y_o}{z_o + z_p}, \frac{z_o z_p}{z_o + z_p}\right)$$

物上一点的横坐标为y_o,现分别位移到 $\mp \dfrac{z_p y_o}{z_o \mp z_p}$ 处,故像I_1和像I_2的横向放大率为

$$M_1 = -\frac{z_p}{z_o - z_p}, \qquad M_2 = \frac{z_p}{z_o + z_p}$$

这与用式(4.5-16)计算的结果是一致的。

（2）将数据代入相应公式,得

$$I_1\left(0, -\frac{z_p y_o}{z_o - z_p}, \frac{z_o z_p}{z_o - z_p}\right) = I_1\left(0, -\frac{100 \times 5}{50 - 100}, \frac{50 \times 100}{50 - 100}\right) = I_1(0, 10, 100) \quad \text{（实像）}$$

$$I_2\left(0, \frac{z_p y_o}{z_o + z_p}, \frac{z_o z_p}{z_o + z_p}\right) = I_2\left(0, \frac{100 \times 5}{50 + 100}, \frac{50 \times 100}{50 + 100}\right) = I_2(0, 10/3, 100/3) \quad \text{（虚像）}$$

（横向放大率代入上式即可算出,此处略。）

4.6　傅里叶变换全息图

物体的信息由物光波所携带,全息记录了物光波,也就记录下了物体所包含的信息。物体信号可以在空域中表示,也可以在频域中表示,也就是说,物体或图像的光信息既表现在它的物光波中,也蕴含在它的空间频谱内。因此,用全息方法既可以在空域中记录物光波,也可以在频域中记录物频谱。物体或图像频谱的全息记录,称为傅里叶变换全息图。

4.6.1　傅里叶变换全息图的记录与再现

傅里叶变换全息图不是记录物体光波本身,而是记录物体光波的傅里叶频谱,利用透镜的傅里叶变换性质,将物体置于透镜的前焦面,在照明光源的共轭像面位置就得到物光波的傅里叶频谱,再引入参考光与之干涉,通过干涉条纹的振幅和相位调制,在干涉图样中就记录了物光波傅里叶变换光场的全部信息,包括傅里叶变换的振幅和相位。这种干涉图称为傅里叶变换全息图。

实现傅里叶变换可以采用平行光照明和点光源照明两种基本方式,这里我们以平行光照明方式为例进行分析,记录光路见图 4.6-1(a)。设物光分布为 $g(x_o, y_o)$,则物光波的频谱为

$$\boldsymbol{G}(\xi, \eta) = \iint\limits_{-\infty}^{\infty} g(x_o, y_o) \exp[-\mathrm{j}2\pi(\xi x_o + \eta y_o)] \mathrm{d}x_o \mathrm{d}y_o \qquad (4.6\text{-}1)$$

式中,$\xi = x/\lambda f, \eta = y/\lambda f; \xi, \eta$ 是空间频率;f 是透镜焦距;x, y 是后焦面上傅里叶频谱的位置坐标。平面参考光是由位于物平面上的点 $(0, -b)$ 处的点源产生的。点源的复振幅可用 δ 函数表示为

$$r(x_o, y_o) = R_0 \delta(0, y_o + b)$$

它在后焦面上形成的场分布为

$$\mathscr{F}\{r(x_o, y_o)\} = R_0 \exp[\mathrm{j}2\pi b\eta]$$

后焦面上总的光场分布为

$$\boldsymbol{U}(\xi, \eta) = \boldsymbol{G}(\xi, \eta) + R_0 \exp[\mathrm{j}2\pi b\eta]$$

这样,记录时的曝光强度为

$$I(\xi, \eta) = R_0^2 + |\boldsymbol{G}|^2 + R_0 \boldsymbol{G} \exp[-\mathrm{j}2\pi b\eta] + R_0 \boldsymbol{G}^* \exp[\mathrm{j}2\pi b\eta] \qquad (4.6\text{-}2)$$

在线性记录条件下,全息图的复振幅透过率为

$$t = t_\mathrm{b} + \beta' |\boldsymbol{G}|^2 + \beta' R_0 \boldsymbol{G} \exp[-\mathrm{j}2\pi b\eta] + \beta' R_0 \boldsymbol{G}^* \exp[\mathrm{j}2\pi b\eta] \qquad (4.6\text{-}3)$$

假定用振幅为 C_0 的平面波垂直照射全息图,则透射光波的复振幅为

$$\boldsymbol{U}'(\xi, \eta) = t_\mathrm{b} C_0 + \beta' C_0 |\boldsymbol{G}|^2 + \beta' C_0 R_0 \boldsymbol{G} \exp[-\mathrm{j}2\pi b\eta] + \beta' C_0 R_0 \boldsymbol{G}^* \exp[\mathrm{j}2\pi b\eta] \qquad (4.6\text{-}4)$$

式中,第三项是原始物的空间频谱,第四项是共轭频谱,这两个谱分布分别以两列平面波作为载波向不同方向传播。这样,就以离轴全息的方式再现出了物光波的傅里叶变换。为了得到物体的再现象,必须对全息图的透射光场做一次逆傅里叶变换。为此,在全息图后方放置透镜,使全息图位于透镜前焦面上,在透镜后焦面上将得到物体的再现像。再现光路如图 4.6-1(b)所示。由于透镜只能做正变换,所以这里取反演坐标,并假定再现和记录透镜的焦距相同,于是后焦面上的光场分布为

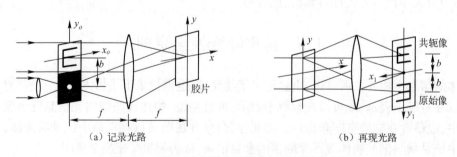

（a）记录光路　　　　　　　　　　　（b）再现光路

图 4.6-1　傅里叶变换全息图的记录与再现光路

$$U(x,y) = \mathscr{F}\{U'(\xi,\eta)\} = \iint_{-\infty}^{\infty} U'(\xi,\eta)\exp[-\mathrm{j}2\pi(\xi x + \eta y)]\mathrm{d}\xi\mathrm{d}\eta \tag{4.6-5}$$

将式(5.6-4)代入上式,于是可得

$$\text{第一项} = \iint_{-\infty}^{\infty} t_{\mathrm{b}}C_0\exp[-\mathrm{j}2\pi(\xi x + \eta y)]\mathrm{d}\xi_o\mathrm{d}\eta = t_{\mathrm{b}}C_0\delta(x,y)$$

$$\text{第二项} = \iint_{-\infty}^{\infty} \beta'C_0\,|\,\boldsymbol{G}(\xi,\eta)\,|^2\exp[-\mathrm{j}2\pi(\xi x + \eta y)]\mathrm{d}\xi_o\mathrm{d}\eta$$

$$= \beta'C_0\iint_{-\infty}^{\infty} G(\xi,\eta)G^*(\xi,\eta)\exp[-\mathrm{j}2\pi(\xi x + \eta y)]\mathrm{d}\xi\mathrm{d}\eta$$

$$= \beta'C_0\iint_{-\infty}^{\infty}\left\{\iint_{-\infty}^{\infty} g(x_o,y_o)\exp[-\mathrm{j}2\pi(\xi x_o + \eta y_o)]\mathrm{d}x_o\mathrm{d}y_o \times\right.$$

$$\left.\left[\iint_{-\infty}^{\infty} g(x'_o,y'_o)\exp[-\mathrm{j}2\pi(\xi x'_o + \eta y'_o)]\mathrm{d}x'_o\mathrm{d}y'_o\right]^*\exp[-\mathrm{j}2\pi(\xi x + \eta y)]\right\}\mathrm{d}\xi\mathrm{d}\eta$$

$$= \beta'C_0\iint_{-\infty}^{\infty} g(x_o,y_o)\mathrm{d}x_o\mathrm{d}y_o\iint_{-\infty}^{\infty} g^*(x'_o,y'_o)\mathrm{d}x'_o\mathrm{d}y'_o\iint_{-\infty}^{\infty}\exp\{\mathrm{j}2\pi[x'_o - x - x_o)\xi +$$

$$(y'_o - y - y_o)\eta]\}\mathrm{d}\xi\mathrm{d}\eta$$

$$= \beta'C_0\iint_{-\infty}^{\infty}\iint g(x_o,y_o)g^*(x'_o,y'_o)\delta(x'_o - x - x_o,y'_o - y_o - y)\mathrm{d}x_o\mathrm{d}y_o\mathrm{d}x'_o\mathrm{d}y'_o$$

$$= \beta'C_0\iint_{-\infty}^{\infty} g[x_o,y_o]g^*(x_o + x,y_o + y)\mathrm{d}x_o\mathrm{d}y_o$$

$$= \beta'C_0\iint_{-\infty}^{\infty} g(x_o,y_o)g^*[x_o - (-x),y_o - (-y)]\mathrm{d}x_o\mathrm{d}y_o$$

将坐标反演,令 $x_1 = -x$, $y_1 = -y$,于是

$$\text{第二项} = \beta'C_0\iint_{-\infty}^{\infty} g(x_o,y_o)g^*(x_o - x_1,y_o - y_1)\mathrm{d}x_o\mathrm{d}y_o = \beta'C_0 g(x_1,y_1)\bigstar g(x_1,y_1)$$

同理可证,第三项、第四项在反演坐标中的形式为

$$\text{第三项} = \beta'C_0R_0\iint_{-\infty}^{\infty}\boldsymbol{G}(\xi,\eta)\exp[-\mathrm{j}2\pi b\eta]\exp[-\mathrm{j}2\pi(\xi x + \eta y)]\mathrm{d}\xi\mathrm{d}\eta = \beta'C_0R_0\boldsymbol{g}(x_1,y_1 - b)$$

$$\text{第四项} = \beta'C_0R_0\iint_{-\infty}^{\infty}\boldsymbol{G}^*(\xi,\eta)\exp[\mathrm{j}2\pi b\mu]\exp[-\mathrm{j}2\pi(\xi x + \eta y)]\mathrm{d}\xi\mathrm{d}\eta = \beta'C_0R_0\boldsymbol{g}^*(-x_1,-y - b)$$

所以
$$U(x_1,y_1) = t_{\mathrm{b}}C_0\delta(x,y) + \beta'C_0\boldsymbol{g}(x_1,y_1)\bigstar\boldsymbol{g}(x_1,y_1) +$$
$$\beta'C_0R_0\boldsymbol{g}(x_1,y_1 - b) + \beta'C_0R_0\boldsymbol{g}^*(-x_1,-y - b) \tag{4.6-6}$$

式中,第一项是 δ 函数,表示直接透射光经透镜会聚在像面中心产生的亮点;第二项是物分布的自相关函数,形成焦点附近的一种晕轮光;第三项是原始像的复振幅,中心位于反射坐标系的 $(0,b)$ 处;第四项是共轭像的复振幅,中心位于反射坐标系的 $(0,-b)$ 处,第三、四项都是实像。设物体在 y 方向上的宽度为 ω_y,原始像和共轭像的宽度均为 ω_y,因此欲使再现像不受晕轮光的影响,必须使 $b \geqslant \dfrac{3}{2}\omega_y$,在安排记录光路时应该保证这一条件。

实现傅里叶变换还可以采用球面波照明方式,使物体置于透镜的前焦面,在点源的共轭像面上得到物光分布的傅里叶变换。用倾斜入射的平面波作为参考光,也能记录傅里叶变换全息图。根据完全同样的理由,也可以用球面波照射全息图,利用透镜进行逆傅里叶变换,在点源的共轭像面上实现傅里叶变换全息图的再现。图 4.6-2 示出了采用这种方式的记录和再现光路。

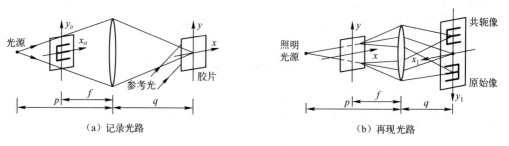

（a）记录光路　　　　　　　　　　　　　　（b）再现光路

图 4.6-2　傅里叶变换全息图的记录与再现光路(球面波照明方式)

应该说明的是,两种记录和再现的方法都是独立的,例如我们可以采用平行光入射记录、球面波照明再现;反过来也一样,采用球面波入射记录,平行光照明再现。

4.6.2　准傅里叶变换全息图

在图 4.6-3 所示的光路中,平行光垂直照射物体,透镜紧靠物体放置,参考点源与物体位于同一平面上,在透镜后焦面处放置记录介质。根据透镜的傅里叶变换性质,则在全息图平面上的物光分布为

$$U(x,y) = C'\exp\left[jk\frac{x^2 + y^2}{2f}\right]\iint_{-\infty}^{\infty} g(x_o, y_o)\exp[-j2\pi(\xi x_o + \eta y_o)]\mathrm{d}x_o\mathrm{d}y_o$$

$$= C'\exp\left[jk\frac{x^2 + y^2}{2f}\right]G(\xi, \eta) \qquad (4.6\text{-}7)$$

式中,$\xi = x/\lambda f, \eta = y/\lambda f, G(\xi, \eta)$ 是物函数 $g(x_o, y_o)$ 的傅里叶变换。注意:由于 $G(\xi, \eta)$ 前面出现了二次相位因子,使物体的频谱产生了一个相位变形,因而全息图平面上的物光波并不是物体准确的傅里叶变换。设参考点位于 $(0, -b)$ 处,参考点源的表达式为 $R_0\delta(x_o, y_o + b)$,于是在全息图平面上的参考光场分布为

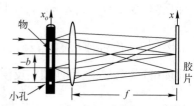

图 4.6-3　准傅里叶变换全息图的记录

$$r(x,y) = \exp\left[jk\frac{x^2 + y^2}{2f}\right]\iint_{-\infty}^{\infty} R_0\delta(x_o, y_o + b)\exp[-j2\pi(\xi x_o + \eta y_o)]\mathrm{d}x_o\mathrm{d}y_o$$

$$= R_0\exp\left[\frac{jk}{2f}(x^2 + y^2 + 2by)\right] \qquad (4.6\text{-}8)$$

这样,在线性记录条件下,全息图的复振幅透过率为

$$t = t_b + \beta'|\boldsymbol{G}|^2 + \beta'R_0\boldsymbol{G}\exp\left[\frac{jk}{2f}(x^2 + y^2 + 2by)\right] + \beta'R_0\boldsymbol{G}^*\exp\left[\frac{-jk}{2f}(x^2 + y^2)\right]\exp\left[\frac{jk}{2f}(x^2 + y^2 + 2by)\right]$$

$$= \boldsymbol{t}_b + \beta'|\boldsymbol{G}|^2 + \beta'R_0\boldsymbol{G}\exp[-j2\pi b\eta] + \beta'R_0\boldsymbol{G}^*\exp[j2\pi b\eta] \qquad (4.6\text{-}9)$$

式(4.6-9)与式(4.6-3)所表示的傅里叶变换全息图的透过率完全相同,并且球面参考波的二次相位因子抵消了物体频谱的相位弯曲。因此,尽管到达全息图平面的物光场不是物体准确的傅里叶变换,但由于参考光波的相位被补偿,我们仍然能得到物体的傅里叶变换全息图,故称之为准傅里叶变换全息图。若不考虑记录过程的光路安排,则准傅里叶变换全息图与傅里叶变换全息图具有相同的透过率函数,因此再现方式也完全相同,我们就不再另行讨论了。

从上面的结果中,我们得到一个启示,即参考光波的形式提供了一种额外的灵活性,我们甚至可以采用空间调制的参考光来记录一个全息图。全息术的某些应用,例如信息的保密存储、文字翻译,就是根据的这一原理。

4.6.3 无透镜傅里叶变换全息图

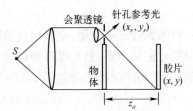

图 4.6-4　无透镜傅里叶变换
全息图的记录

下面我们讨论另一种记录光路,如图 4.6-4 所示,参考光束是从和物体共面的一个点发出的一个球面波。用这种特殊光路所记录的全息图可称为无透镜傅里叶变换全息图。

为研究这类全息图的性质,我们仍要用到成像过程的线性特性,但这次是考虑成像系统对单个物点的响应(即只考虑基元全息图),而不是对一个平面物光束的响应,用(x_r,y_r)和(x_o,y_o)分别代表参考光束和物光束的点光源的坐标,它们在乳胶上对应复振幅分布可写成

$$R(x,y) = R\exp\left[j\frac{\pi}{\lambda z_o}(x^2 + y^2 - 2xx_r - 2yy_r)\right]$$

$$O(x,y) = O\exp\left[j\frac{\pi}{\lambda z_o}(x^2 + y^2 - 2xx_o - 2yy_o)\right]$$

因此曝光时的入射光强为

$$
\begin{aligned}
I(x,y) &= R^2 + |O|^2 + RO\exp\left[-j\frac{\pi}{\lambda z_o}(x^2 + y^2 - 2xx_r - 2yy_r)\right]\exp\left[j\frac{\pi}{\lambda z_o}(x^2 + y^2 - 2xx_o - 2yy_o)\right] + \\
&\quad RO^*\exp\left[j\frac{\pi}{\lambda z_o}(x^2 + y^2 - 2xx_r - 2yy_r)\right]\exp\left[-j\frac{\pi}{\lambda z_o}(x^2 + y^2 - 2xx_o - 2yy_o)\right] \\
&= R^2 + |O|^2 + 2R|O|\cos\left\{2\pi\left[\frac{x_o - x_r}{\lambda z_o}x + \frac{y_o - y_r}{\lambda z_o}y\right]\right\}
\end{aligned}
\tag{4.6-10}
$$

现在,"无透镜傅里叶变换全息图"这个名称的来由就清楚了。由坐标为(x_o,y_o)的物点发出的光波与参考光波相干涉,形成一个正弦型条纹图样,其空间频率为

$$\xi = \frac{x_o - x_r}{\lambda z_o}, \quad \eta = \frac{y_o - y_r}{\lambda z_o} \tag{4.6-11}$$

因此,对于这种特殊记录光路,物点坐标和全息图上的空间频率之间具有一一对应关系。这样一种变换关系正是傅里叶变换运算的特征,但没有用变换透镜就完成了,所以称为无透镜傅里叶变换全息图。

由式(4.6-11)可见,物点离参考点越远,空间频率越高。粗略地说,若ξ_{max}表示乳胶上能分辩的最高空间频率,那么只有坐标满足条件

$$\sqrt{(x_o - x_r) + (y_o - y_r)^2} \leqslant \lambda z \, \xi_{max} \qquad (4.6\text{-}12)$$

的那些物点的像,才能在再现中出现。

为了从这个全息图中得到像,我们用相干光照明底片并且在后面加一正透镜,如图 4.6-5 所示。在式(4.5-13)中令 $z_p = \infty$ 及 $z_o = z_r$,全息图本身形成的两个孪生像都位于离底片无穷远处。正透镜使无穷远处的像成像在透镜的后焦面上。

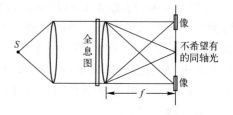

图 4.6-5 无透镜傅里叶变换
全息图的再现

4.7 像全息图

物体靠近记录介质,或利用成像系统使物成像在记录介质附近,或者使一个全息图再现的实像靠近记录介质,都可以得到像全息图。像全息的主要特点是可以用扩散的白光光源照明再现,因此它广泛用于全息显示。

下面我们首先讨论光源宽度和光谱宽度对全息再现像的影响,然后介绍像全息的摄制。

4.7.1 再现光源宽度的影响

通常,用点光源照明全息图时,点物的再现像也是点像,若照明光源的线度增加,像的线度也会增加。理论研究表明,当物体接近全息记录介质时,再现光源的线度可以增大,再现像的线度不变。

若来自点光源的一个球面波与一个平面波干涉,所形成的条纹图样称为波带片干涉图。它由亮暗相间的同心圆环组成,中心条纹间距大,边缘条纹间距小。全息图相当于被记录物体上每一点源发出的光波与参考光波之间的干涉所产生的诸多波带片的总和。当物(或像)移近记录介质平面时,波带片的横向尺寸逐渐变小,直到物体上的点位于全息记录介质平面上时,波带片即变为物体本身。因为通常的离轴全息图所形成的波带片的界限被减小,参考光束的空间变化不会使波带片的形状有本质上的变化,所以参考光波的相位变动就不重要了,再现光的线度将不受限制。因此,在再现过程中,相位的变动不是很重要,可将扩展光源用于再现。

像全息可用扩展光源再现的特点,也可给予定量解释。若再现光源在 x 方向上增宽了 Δx_p,则像在 x 方向上也相应增宽了 Δx_i,由式(4.5-14)得

$$\Delta x_i = z_i \frac{\Delta x_p}{z_p} = z_i \Delta \theta \qquad (4.7\text{-}1)$$

式中,$\Delta \theta$ 为再现光源的角宽度。又由式(4.5-13)可知,在一定条件下,当物距 z_o 很小时,像距 z_i 也很小;当物距 z_o 趋于零时,像距 z_i 也趋于零,于是 Δx_i 也趋于零。也就是说,这时光源的宽度不会影响再现像的质量。

4.7.2 再现光源光谱宽度的影响

上面说过,任一全息图都可以是许多具有波带片结构的基元全息图的叠加,当用白光照明再现时,再现光的方向因波长而异,再现像点的位置也随波长而变化,其变化量取决于物体到全息图平面的位置。这是因为,用白光再现一张普通的离轴全息图时,由于记录的波带片是离轴部分的,条纹间距很小,有高的色散,从而使像模糊。像全息记录的是波带片的中心部分,而波带片的这一部分条纹间距较大,色散变弱。当物体严格位于全息图平面上时,再现像也位于全息图平面

上,表现为消色差,它不随照明波长而改变。当照明光源方向改变时,像的位置也不变,只是像的颜色有所变化。而物体上远离全息图的那部分,其像也远离全息图,这些像点有色差并使像模糊。不过,当物体到全息图的距离较小时,用白光再现仍能得到质量相当好的像。

下面从式(4.5-13)~式(4.5-15)出发,定量讨论再现光的光谱宽度对再现像的影响。当参考光和再现光均为平行光时,这时 z_r 和 z_p 均为无穷大,而且 x_r, x_p, y_r, y_p 亦可能为无穷大(倾斜平行光)。这样一来,使用式(4.5-13)~式(4.5-15)便发生了困难。为了在这种情况下也能使用这三个公式,将 $x_o/z_o, x_r/z_r, x_p/z_p, x_i/z_i$ 等均用三角函数表示,而将式(4.5-13)~式(4.5-15)改写成三角函数形式。在图 4.7-1 中 I 为像点,其坐标为 (x_i, y_i, z_i),OI 的投影为 OB,$\angle IOB = \theta_i$,OB 与 z 轴的夹角为 φ_i。在傍轴条件下有 $IO \approx z_i$。于是由图 4.7-1 可得

$$\frac{x_i}{OI} = \sin\theta_i \approx \frac{x_i}{z_i}, \qquad \frac{y_i}{z_i} = \tan\varphi_i \approx \sin\varphi_i$$

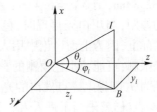

图 4.7-1 像点的三角关系

同样,对物点、参考点源和再现点源均可写出类似的表达式。于是可以将式(4.5-14)和式(4.5-15)写成

$$\sin\theta_i = \mp \frac{\lambda_2}{\lambda_1}\sin\theta_o \pm \frac{\lambda_2}{\lambda_1}\sin\theta_r + \sin\theta_p \qquad (4.7\text{-}2)$$

$$\sin\varphi_i = \mp \frac{\lambda_2}{\lambda_1}\sin\varphi_o \pm \frac{\lambda_2}{\lambda_1}\sin\varphi_r + \sin\varphi_p \qquad (4.7\text{-}3)$$

下面从式(4.7-2)出发讨论当再现光波长 λ_2 变化时,再现像在 x 方向的色散情况。y 方向和 z 方向的讨论类似,只是 z 方向色散必须由式(4.5-13)得出。设再现光波中含有 $\lambda_2 \sim \lambda_2 + \Delta\lambda$ 的所有波长的光波,由于全息图中波带片的色散,使得对应的 θ_i 变化了 $\Delta\theta_i = \Delta\lambda \dfrac{\mathrm{d}\theta_i}{\mathrm{d}\lambda_2}$,可以认为再现像由于色散在 x 方向的展宽线度为

$$\Delta x_i = z_i\Delta\theta_i = z_i\Delta\lambda\frac{\mathrm{d}\theta_i}{\mathrm{d}\lambda_i}$$

由式(4.7-2)可求出 $\mathrm{d}\theta_i/\mathrm{d}\lambda_2$,并将它代入上式,注意到 $\cos\theta_i \approx 1$,于是得

$$\Delta x_i \approx \frac{\Delta\lambda}{\lambda_i}(\sin\theta_o - \sin\theta_r)z_i \qquad (4.7\text{-}4)$$

对于确定的物点,式(4.7-4)的 $(\sin\theta_o - \sin\theta_r)$ 是常量,再现像的展宽与 $\Delta\lambda$ 和 z_i 的乘积成正比。当 z_r 和 z_p 确定后,z_i 又可以根据式(4.5-13)由 z_o 决定。在一定条件下,$|z_o|$ 很小时,$|z_i|$ 也很小,即使 $\Delta\lambda$ 有较大值,Δx_i 仍然足够小。当 $|z_i| \to 0$ 时,可用白光再现。对于 y 方向和 z 方向的色散,可做类似讨论。

4.7.3 色模糊

对于像全息,再现光源的光谱宽度对像清晰程度仍然是有影响的,因为实际上总不能使物上所有点均能满足 $|z_o|$ 为很小。这时一个物点不是对应一个像点,而是对应一个线段。这种由于波长的不同而产生的像的扩展叫作像的色模糊。即使 z_o 足够小,当 $\Delta\lambda$ 相当大时,仍然会形成不可忽视的色模糊。当色模糊量大于观察系统(多数情况是人眼)的最小分辨距时,再现像将变得完全模糊不清了。要想使再现像清楚,一方面要进一步减小 $|z_o|$,另一方面要限制再现光源的光谱带宽。下面以人眼直接观察的情况做一粗略估算,以便对以上分析建立比较直观的认识。

图 4.7-2 是产生色模糊的示意图,其中 H 是全息图,C 是再现光波,其波长范围是 $\lambda_1' \sim \lambda_2'$,物点 O 再现后 x 方向上的展宽为 $I_1 I_2$,I_1 是 λ_1' 的再现像,I_2 是 λ_2' 的再现像。

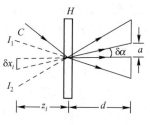

图 4.7-2　色模糊示意图

按式(4.7-4)可以计算出 $I_1 I_2$ 的大小。在估算中令 $\sin\theta_o - \sin\theta_r = 1$,因为 $|\sin\theta_o - \sin\theta_r| < 2$,所以这样假设对估算结果一般不会造成数量上的差错。若 $z_i = 1$ mm,$\Delta\lambda = \lambda_2' - \lambda_1' = 10$ nm,$\lambda_1 = 632.8$ nm,则 $\Delta x_i = 16$ μm。也就是说,物上一点,由于色模糊的原因,在再现像中的 x 方向上是长为 16 μm 的线段。如果其长度小于人眼观察时的最小分辨距,则像仍然可以认为是清楚的。但是当用白光再现时 $\Delta\lambda = 4000$ nm,其 $z_i = 1$ mm,$\lambda_1 = 632.8$ nm,则 $\Delta_i = 6.4$ mm,在明视距上来看它比人眼的最小分辨距 0.07 mm 大得多。如此小的像距,当用白光再现时,色模糊量都比人眼的最小分辨距大,那么像全息还有实用意义吗?实际上,因为上面讨论中用人眼观察时并没有把眼瞳的光阑作用考虑进去,由于人眼瞳孔的孔径限制,可能减小色模糊的影响。图 4.7-2 中,人眼在离 H 的距离为 d 的地方观察,瞳孔的孔径为 a,则像上一点发出的光只有一个小光锥能进入人眼,在 xz 平面内其角距离为 $\delta\alpha$,而 $\delta\alpha = a/d$,这样就限制了进入人眼的波长范围。对于图 4.7-2 所示的情况,有

$$\delta x_i = z_i \delta\alpha = z_i a/d \tag{4.7-5}$$

又由式(4.7-4)得 $\delta\lambda = \dfrac{\lambda_1}{\sin\theta_o - \sin\theta_r} \cdot \dfrac{\delta x_i}{z_i}$,将式(4.7-5)代入得

$$\delta\lambda = \frac{a}{d} \cdot \frac{\lambda_1}{\sin\theta_o - \sin\theta_r} \tag{4.7-6}$$

我们知道,人眼的最小分辨角 $\delta\varphi \approx 1' \approx 0.00029$ rad,白昼瞳孔直径 $a = 2$ mm,若在明视距离 250 mm 处观察全息图,则由式(4.7-5)得

$$d\delta\varphi = \delta x_i = z_i a/d$$

即

$$z_i = \frac{d^2}{a}\delta\varphi = \frac{250^2}{2} \times 0.009 \approx 9.1(\text{mm})$$

也就是最大允许的像距为 9.1 mm。

4.7.4　像全息的制作

在记录像全息图时,如果物体靠近记录介质,则不便于引入参考光,因此,通常采用成像方式产生像光波。一种方式是透镜成像,如图 4.7-3 所示;另一种方式是利用全息图的再现实像作为像光波。后者通常先对物体记录一张菲涅耳全息图,然后用参考光波的共轭光波照明全息图,再现物体的实像。实像的光波与制作像全息时用的参考光波叠加,得到像全息图。因此,这种方法包括二次全息记录和一次再现的过程。图 4.7-4 示出了这一制作过程。

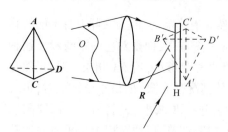

图 4.7-3　像全息图的记录方式之一

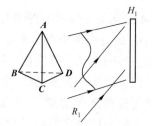

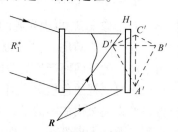

图 4.7-4　像全息图的记录方式之二

例4.7-1 在图4.7-5的像全息记录光路中,如果改用与参考光相同的单色光波照明,试画图说明再现像的位置和特点。

解: 由记录光路可知,参考光位于yz平面内,即参考点源的坐标为$(0, y_r, z_r)$。物也是一个位于yz面的平面物体,故其坐标应为$(0, y_o, z_o)$,再现光路如图4.7-6所示。因再现光波为原参考光源,故有

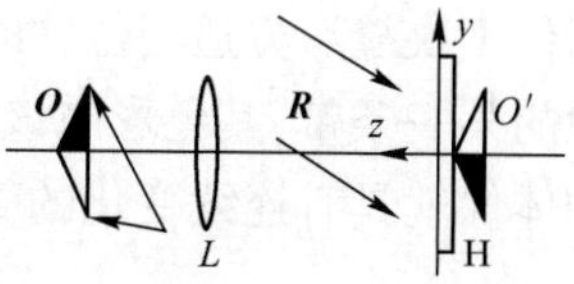

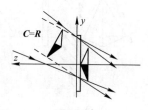

图 4.7-5

$$x_p = x_r = 0, \quad y_p = y_r < 0, \quad z_p = z_r < 0$$

(1) 先研究原始像。用式(4.5-13)~式(4.5-15)中第二组,并注意到式(4.5-16),将已知条件代入,得

$$x_i = x_o = 0, \quad y_i = y_o, \quad z_i = z_o < 0, \quad M = z_i/z_o = 1$$

即再现的原始像是与原物具有同样的位置和大小的实像。

(2) 再研究共轭像。用式(4.5-13)~式(4.5-15)中的第一组,代入已知条件后得

图 4.7-6

$$x_i = 0, \quad \frac{1}{z_i} = \frac{1}{z_r/2} - \frac{1}{z_o}, \quad \frac{y_i}{z_i} = \frac{y_r}{z_r/2} - \frac{y_o}{z_o}$$

由第一式$x_i = 0$可知,共轭像仍位于yz面内。又因$|z_r/2| > |z_o|$,故由第二式知$z_i > 0$,且$|z_o|$很小,故z_i也很小,即共轭像是一个位于全息图左边的且很靠近全息图的虚像。对于第三式,我们分析$y_o = 0$的一个特殊点,于是得$\dfrac{y_i}{z_i} = \dfrac{y_r}{z_r/2} > 0$,即$y_i > 0$,表明虚像位于$z$轴上方。

4.8 彩 虹 全 息

彩虹全息和像全息一样,也可以用白光照明再现。不同的是,像全息的记录要求成像光束的像面与记录干板的距离非常小,而彩虹全息没有这种限制。彩虹全息是利用记录时在光路的适当位置加狭缝像,当观察再现像时将受到狭缝再现像的限制。当用白光照明进行再现时,对不同颜色的光,狭缝和物体的再现像位置都不同,在不同位置将看到不同颜色的像,颜色的排列顺序与波长顺序相同,犹如彩虹一样,因此将这种全息技术称为彩虹全息。彩虹全息分为二步彩虹全息和一步彩虹全息。

4.8.1 二步彩虹全息

1969年,本顿(Benton)受到全息图碎片可以再现完整的物体像的启发,提出了二步彩虹全息。它包括二次全息记录过程:首先对要记录的物体摄制一张菲涅耳离轴全息图H_1,称为主全息图,记录光路如图4.8-1(a)所示;第二步是用参考光的共轭光照明H_1,产生物体的赝实像,在H_1的后面置一水平狭缝,实像与狭缝面之间放置全息干板H,如图4.8-1(b)所示,用会聚的参考光R记录第二张全息图H,这张全息图就叫作彩虹全息图。如果用共轭参考光R^*照射彩虹全息图H,则产生第二次赝像。由于H记录的是原物的赝实像,所以再现的第二次赝像对于原物来说是一个正常的像,与原物的再现像一起出现的是狭缝的再现像,它起一个光阑的作用。彩虹全息的再现光路如图4.8-2所示,如果眼睛位于狭缝的位置,就可以看到物体的

再现虚像。当眼睛位于其他位置时,则由于受到光阑的限制,不能观察到完整的像。如果用白光来照明彩虹全息图,则每一种波长的光都形成一组狭缝像和物体像,其位置可按式(4.5-13)~式(4.5-15)计算。一般地说,狭缝像和物体像的位置随波长连续变化。当观察者的眼睛在狭缝像附近沿垂直于狭缝方向移动时,将看到颜色按波长顺序变化的再现像。若观察者的眼睛位于狭缝后方适当位置时,由于狭缝对视场的限制,通过某一波长所对应狭缝只能看到再现像的某一条带,其色彩与该波长对应。同波长相对应的狭缝在空间是连续的,因此,所看到的物体像就具有连续变化的颜色,像雨后天空中的彩虹一样。

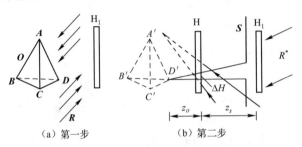

（a）第一步 　　　　　　（b）第二步

图 4.8-1　彩虹全息图的记录

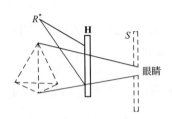

图 4.8-2　彩虹全息的再现

在记录全息图 H 时,物光束受到狭缝 S 的限制,只是一束细光束投射在 H 上,因而对应物点 D' 的信息在全息图的 y 方向上只占了一小部分 ΔH。对于这一部分全息图,也可以叫作线全息图,如图 4.8-1(b)所示。设狭缝宽为 a,狭缝与 H 的距离为 z_s,则线全息的宽度为

$$\Delta H = \frac{z_o a}{z_o + z_s} \tag{4.8-1}$$

由于物点的全息图的大小在垂直方向 y 上受到限制,在水平方向 x 上不受限制,因此,再现像在 y 方向失去了立体感,在 x 方向仍有立体感。由于人眼是排在水平方向上的,所以并不影响立体感。

二步彩虹全息的优点是视场大,但由于在制作彩虹全息图时,需要经过两次采用激光光源的记录过程,斑纹噪声大,故直接应用有困难。1977 年杨振寰等研究成功一步彩虹全息术,简化了记录过程,在实用方面取得了进展。

4.8.2　一步彩虹全息

从二步彩虹的记录和再现过程可知,彩虹全息图的本质是要在观察者与物体再现像之间形成一个狭缝像,使观察者通过狭缝看物体,以实现白光再现。根据这一原理,我们可以用一个透镜使物体和狭缝分别成像,使全息干板位于两个像之间的适当位置。如图 4.8-3(a)所示,狭缝位于透镜的焦点以内,在狭缝同侧得到其放大的正立虚像。若物体在焦点以外,则物体的像在透镜另一侧,这时的光路结构,本质上与二步彩虹全息中第二次记录时相同。再现时

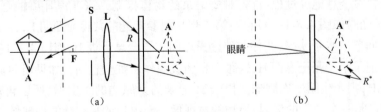

图 4.8-3　一步彩虹全息的记录与再现

用参考光的共轭光照明,形成狭缝的实像和物体的虚像,眼睛位于狭缝像处可以观察到再现的物体虚像。再现光路如图 4.8-3(b)所示。

在一步彩虹全息中,也可以把物体和狭缝放在透镜焦点以外,使它们在透镜另一侧成像,记录时仍将全息干板置于物体像和狭缝像之间,如图 4.8-4 所示。

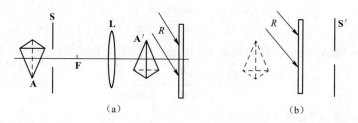

（a） （b）

图 4.8-4 一步彩虹全息的记录(物体和狭缝在透镜焦点之外)

一步彩虹全息由于减少了一次记录过程,噪声较二步彩虹小,但视场受透镜大小的限制。

4.8.3 彩虹全息的色模糊

彩虹全息图可以用白光再现出单色像,这种单色像与激光的再现单色像是不同的,它包含了一个小的波长范围 $\Delta\lambda$。设在某一固定位置所观察到的单色像的波长是从 λ 到 $\lambda + \Delta\lambda$,则 $\Delta\lambda/\lambda$ 称为像的单色性。另外,根据点源全息图理论知道,像点的位置与波长有关,在 $\Delta\lambda$ 的波段内,一个物点不是对应一个像点,而是对应一个线段 ΔI。这种由波长不同而产生的像的扩展,叫作像的色模糊。

1. 像的单色性

前面已经指出,一个物点的全息图是一个线全息图,其宽度为 ΔH,如图 4.8-5 所示。这个线全息图在 y 方向的空间频率很高,在与狭缝平行的 x 方向的空间频率却很低,所以只讨论在 y 方向的单色性。

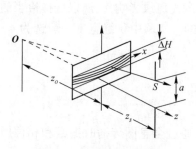

图 4.8-5 点物的线全息图

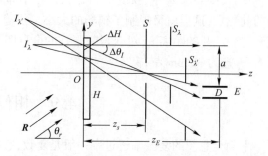

图 4.8-6 像的单色性示意图

如图 4.8-6 所示,用白光照射全息图,经 ΔH 的衍射后,对不同波长的光形成的像点位置不同。假定人眼位于 E 处,与全息图的距离为 z_E,瞳孔直径为 D,这样人眼所能观察到的两个极端波长 λ 和 λ' 所对应的像点位于 I_λ 和 $I_{\lambda'}$ 处。对于 λ 和 λ' 这两个波长形成的狭缝像,位于 S_λ 和 $S_{\lambda'}$ 处。由此可见,波长为 λ 的光是从 ΔH 和 S_λ 开口的下端进入人眼瞳孔下端的;波长为 λ' 的光是从 ΔH 和 $S_{\lambda'}$ 开口的上端进入人眼瞳孔上端的。由图 4.8-6 可知,ΔH 对这两个波长所产生的色散角为 $\Delta\theta_I$,并有

$$\Delta\theta_I = (D + a)/z_E \tag{4.8-2}$$

设 ΔH 在 y 方向的空间频率为 η，则由光栅方程可知

$$\sin\theta_I - \sin\theta_r = \eta\lambda \tag{4.8-3}$$

$$\cos\theta_I \cdot \Delta\theta_I = \eta\Delta\lambda \tag{4.8-4}$$

两式相除得

$$\frac{\Delta\lambda}{\lambda} = \frac{\cos\theta_I\Delta\theta_I}{\sin\theta_I - \sin\theta_r} \tag{4.8-5}$$

因为物点很靠近 z 轴，θ_I 很小，可令 $\cos\theta_I = 1$，$\sin\theta_I = 0$，于是上式简化为

$$\left|\frac{\Delta\lambda}{\lambda}\right| \approx \frac{\Delta\theta_I}{\sin\theta_r} = \frac{D + a}{z_E\sin\theta_r} \tag{4.8-6}$$

其中用到了式(4.8-2)的结果。

在彩虹全息中，当然是 $\Delta\lambda$ 越小越好。这就要求：狭缝窄(a 小)；观察距离远(z_E 大)；参考光束倾斜度大，或者说全息图的空间频率较高等等。

2. 像的色模糊

图 4.8-7 和图 4.8-6 相同，只是画出了两个极端波长的边缘光线。在这种情况下，一个物点在 $\Delta\lambda$ 波长范围内像点变成一段弧线 $I_\lambda I_{\lambda'}$，用眼睛观察时，这段弧线的视宽度为 ΔI。ΔI 称为色模糊。其在 y 和 z 方向的分量 Δy 和 Δz 分别称为 y 和 z 方向的色模糊分量。Δy 和 Δz 可根据点源全息图的物像关系式计算。这里用近似方法来计算色模糊量 ΔI。由图 4.8-7 可知

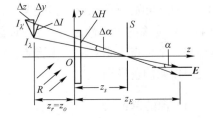

$$\Delta I = (z_s + z_o)\Delta\alpha \approx (z_s + z_o)\frac{\Delta H}{z_s} = \frac{z_o\alpha}{z_s} \tag{4.8-7}$$

图 4.8-7 色模糊量示意图

在上式的简化过程中，利用了式(4.8-1)，并且这里的 z_o，z_s 表示绝对值。由上式可见，当 $z_o = 0$ 时，色模糊等于零，这就是像面全息的情况。当 $z_o \neq 0$ 时，则要求 z_o 小，狭缝窄和 z_s 大。z_o 小即景深小，z_s 大则要求记录时狭缝 S 靠近成像透镜的前焦点，这样就又限制了视场的大小。狭缝窄则记录激光斑纹影响大，所以选择恰当的缝宽和缝到底片的距离 z_s，对获得一张好的全息图是很重要的。实验中狭缝宽度一般选为 4 mm 左右，z_s 选为 30 mm 左右。

4.9 相位全息图

平面全息图的复振幅透过率一般是复数，它描述光波通过全息图传播时振幅和相位所受到的调制，它可表示为

$$t(x,y) = t_0(x,y)\exp\{j\varphi(x,y)\} \tag{4.9-1}$$

式中，$t_0(x,y)$ 为振幅透过率，$\varphi(x,y)$ 表示相位延迟。当相位延迟与 (x,y) 无关，即为常量时，有

$$t(x,y) = t_0(x,y)\exp(j\varphi_0) \tag{4.9-2}$$

这表明照明光波通过全息图时，仅仅是振幅被调制，可称为振幅全息图或吸收全息图。$\exp(j\varphi_0)$ 不影响透射波前的形状，分析时可以略去。例如用超微粒银盐干板拍摄全息图，经显影处理后就得到了振幅全息图。

若全息图的透过率 t_0 与 (x, y) 无关,为常数,即

$$t(x, y) = t_0\exp\{j\varphi(x, y)\} \tag{4.9-3}$$

照明光波通过全息图,受到均匀吸收,仅仅是相位被调制,可称为相位全息图。

相位全息图的制作可分为两种类型。一种是记录物质的厚度改变,折射率不变,称为表面浮雕型。制作这种表面浮雕型最简单的方法,是将银盐干板制成的振幅全息图经过漂白工艺而成。首先把它放在鞣化漂白槽中,除去曝光部分的金属银,并使银粒子周围的明胶因鞣化而膨胀,膨胀的程度取决于银粒子数量,致使曝光强的那部分的明胶较曝光弱的那部分明胶为厚,记录介质的厚度随曝光量变化,这样就得到了浮雕型相位全息图。光致抗蚀剂、光导热塑料等,都可以制作浮雕型相位全息图。另一种类型是物质厚度不变,折射率改变,称为折射率型。它是利用氧化剂(如铁氰化钾、氯化汞、氯化铁、重铬酸铵、溴化铜等)将金属银氧化为透明银盐,其折射率与明胶不同,记录介质内折射率随曝光量变化,这样就得到了折射型相位全息图。例如,用预硬化的重铬酸盐明胶就可以制作这种全息图。

为了考察相位全息图的性质,我们分析物光波和参考光波都是平面波的情况。两束平面波相干涉产生基元光栅,根据式(4.4-1)中得出其强度分布为

$$I(y) = R^2 + O^2 + 2RO\cos[ky(\cos\theta_o - \cos\theta_r)]$$
$$= R^2 + O^2 + 2RO\cos[2\pi\bar{\xi}y] \tag{4.9-4}$$

式中,$\bar{\xi}$ 为光栅的空间频率,其值为

$$\bar{\xi} = \left|\frac{\sin\theta_o}{\lambda} - \frac{\sin\theta_r}{\lambda}\right| = |\xi_o - \xi_r| \tag{4.9-5}$$

而 ξ_o 和 ξ_r 分别是两个平面波的空间频率。

在线性记录条件下,相位变化与曝光光强成正比,因此

$$\varphi(y) \propto R^2 + O^2 + 2RO\cos(2\pi\bar{\xi}y) = \varphi_0 + \varphi_1\cos(2\pi\bar{\xi}y) \tag{4.9-6}$$

式中,$\varphi_0 = R^2 + O^2, \varphi_1 = 2RO$。忽略吸收,并略去常数相位,相位全息图的复振幅透过率可表示为

$$t(y) = \exp[j\varphi_1\cos(2\pi\bar{\xi}y)] \tag{4.9-7}$$

这是一个正弦型相位光栅。利用第一类贝塞尔函数的积分公式,式(4.9-7)可以表示为傅里叶级数形式

$$t(y) = \sum_{n=-\infty}^{\infty} (j)^n J_n(\varphi_1)\exp(j2\pi n\bar{\xi}y) \tag{4.9-8}$$

式中,J_n 为第一类 n 阶贝塞尔函数。

用振幅为 C 的平面波垂直照明全息图,透射光场分布为

$$U(y) = Ct(y) = C\sum_{n=-\infty}^{\infty} (j)^n J_n(\varphi_1)\exp(j2\pi n\bar{\xi}y) \tag{4.9-9}$$

显然,相位全息图不像正弦振幅光栅那样只有零级和正、负一级衍射,而是包含了许多级衍射。每一级衍射的平面波的空间频率为 $n\bar{\xi}$,相对振幅决定于 $J_n(\varphi_1)$。当 $n = 0$ 时,表示直接透射光;当 $n = \pm 1$ 时,对应我们所需要成像的光波,即

$$U_0 = CJ_0(\varphi_1)$$

$$U_{+1} = jCJ_1(\varphi_1)\exp(j2\pi\bar{\xi}y)$$

$$U_{-1} = C(j)^{-1}J_{-1}(\varphi_1)\exp(-j2\pi\bar{\xi}y) = jCJ_1(\varphi_1)\exp(-j2\pi\bar{\xi}y)$$

上式中利用了关系 $J_{-1}(\varphi_1) = -J_1(\varphi_1)$。当用原参考光波照明相位全息图时,正、负一级衍射光波将分别再现原始物光波及其共轭光波。

4.10　模压全息图

模压全息术是 20 世纪 70 年代提出的用模压方法复制全息图的一项新技术。模压全息与凸版印刷术类似,所以又称为全息印刷术。全息印刷术的发明,解决了全息图的复制问题,可以大规模生产,使全息图迅速商品化,使全息术走进社会,走进千家万户。模压全息图的制作,从技术上可以分为三个阶段,即白光再现浮雕型全息图的制作、电铸金属模板和模压复制。现分述如下。

1. 白光再现浮雕全息图的制作

模压全息图需要在白光下再现观察,所以用作母板的全息图多采用彩虹全息图。为了制作电铸金属模的母板,彩虹全息图还必须记录成相位型浮雕全息图。记录介质有多种,通常采用光致抗蚀剂,相应的光源必须用氦－镉激光器的 441.6 nm 波长或者氩离子激光器的547.9 nm 波长。

2. 电铸金属模板

电铸金属模板,简称电铸。电铸也称电成型,目的是将光致抗蚀剂母板上的精细浮雕全息干涉条纹精确"转移"到金属镍板上,以便在模压机上作为"印压模板",对热塑性薄膜进行大批量复制。

电铸的过程如下。

第一步是铸前清洗。将拍摄的光致抗蚀剂母板固定于硬聚氯乙烯板上,用中性洗涤剂进行表面冲洗。这样做的目的是清除胶膜表面的油污和杂质,以确保像的保真度和镀层的牢固性。

第二步是敏化或活化处理。敏化的目的是使光致抗蚀胶板(亦称光刻胶板)表面离子化,形成均匀分布的离子颗粒(即反应中心)。一般使用氯化铜溶液浮动慢喷射,让其充分反应后再用去离子水冲洗。

第三步是制作化学镀层。制作过程如下:先用化学方法在光刻表面生成一薄层银或镍的导电层(约 $3\sim5\ \mu m$),作为电解镀镍的阴极;然后在浮雕表面上镀上一层颗粒极细的金属,使光致抗蚀剂胶板上的纹槽原封不动地"转移"到金属层上,化学镀层一般用的是镍溶液,其反应方程为

$$Ni^{2+} + 2e \rightarrow Ni$$

这样一来,在胶面上就生成一层 Ni 金属原子;最后用去离子水冲洗,并马上放入铸槽。

第四步是电铸。整个电铸过程在电铸槽中进行,槽中镀液主要成分是氨基硫酸镍和硼酸,呈酸性。置于镀液中的光致抗蚀剂板作为阴极,而装在耐酸尼龙或绦纶布袋中的氨基硫酸镍作为阳极,这是一种强电解质,在镀液中全部离解成镍离子

$$NiNH_3SO_3 \rightarrow Ni^{2+} + SO_3^{2-} + NH_3 \uparrow$$

溶液中带正电的镍离子向阴极(即光致抗蚀剂板)移动,并在阴极接收电子变成镍原子。

电铸成型的金属板与光致抗蚀剂剥离并清洗干净,就得到了所需的镍原板。将镍原板纯化后翻铸成多个镍板,即可供模压使用。

3. 模压

模压也称压印,即在一定压力和温度下,利用专用模压机将镍板上的全息干涉条纹印刷到聚氯乙烯等热塑料薄膜上以制成模压全息图。再将模压全息图表面镀铝(或直接将干涉条纹压印到镀铝塑料膜上),使之成为反射再现全息图,便于人们观察。

模压全息技术是建立在全息技术、计算机辅助成图技术、制版技术、表面物理、电化学、精密机构加工等多学科基础之上的一种精细加工技术。制作模压全息图需要昂贵的设备和高超的技术,难以仿制,所以大量用作防伪标记。

4.11 体积全息

物光波和参考光波发生干涉时,在全息图附近的空间形成三维条纹。在前面的讨论中,我们没有考虑记录材料厚度的影响,而把全息图的记录,完全作为一种二维图像来处理。这种类型的全息图称为平面全息图。但是,当记录材料的厚度是条纹间距的若干倍时,则在记录材料体积内将记录下干涉条纹的空间三维分布,这样就形成了体积全息。

体积全息图对于照明光波的衍射作用如同三维光栅的衍射一样。按物光和参考光入射方向和再现方式的不同,体积全息可分为两种。一种是物光和参考光在记录介质的同一侧入射,得到透射的全息图,再现时由照明光的透射光成像。另一种是物光和参考光从记录介质的两侧入射,得到反射体积全息图,再现时由照明光的反射光成像。

4.11.1 透射体积全息图

为简单起见,取物光波和参考光波均为平面波,传播矢量位于 xz 平面,如图 4.11-1 所示。合光场的复振幅分布为

$$U(x,z) = O_0\exp[j2\pi(x\xi_o + z\eta_o)] + R_0\exp[j2\pi(x\xi_r + z\eta_r)] \qquad (4.11-1)$$

式中,$\xi_o = \sin\theta_o/\lambda$,$\eta_o = \cos\theta_o/\lambda$,$\xi_r = \sin\theta_r/\lambda$,$\eta_r = \cos\theta_r/\lambda$,$\theta_o$ 和 θ_r 分别为物光和参考光在记录介质内的传播矢量与 z 轴的夹角,λ 为在记录介质内光波的波长。

合光场强度的空间分布为

$$
\begin{aligned}
I(x,z) &= R_0^2 + O_0^2 + O_0R_0\exp\{j2\pi[x(\xi_o - \xi_r) + z(\eta_o - \eta_r)]\} + \\
&\quad O_0R_0\exp\{-j2\pi[x(\xi_o - \xi_r) + z(\eta_o - \eta_r)]\} \\
&= R_0^2 + O_0^2 + 2O_0R_0\cos\{2\eta[x(\xi_o - \xi_r) + z(\eta_o - \eta_r)]\}
\end{aligned}
$$
$$(4.11-2)$$

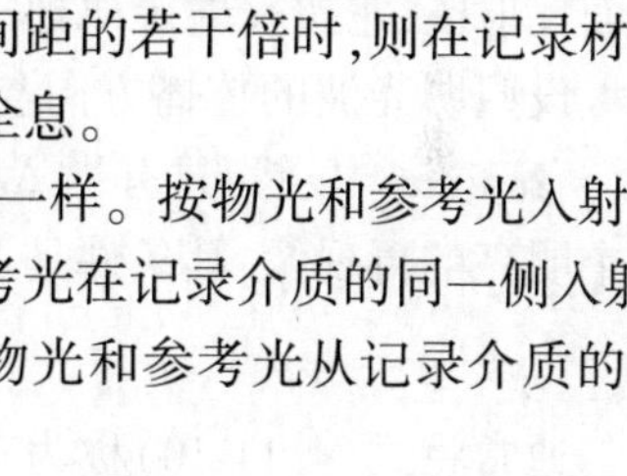

在线性记录条件下,记录介质内振幅透过率的空间分布为

$$t(x,y,z) = t_b + \beta'2R_0O_0\cos\{2\pi[x(\xi_o - \xi_r) + z(\eta_o - \eta_r)]\} \qquad (4.11-3)$$

图 4.11-1 透射体积全息图
的记录

$t(x,y,z)$ 取极大值和极小值的条件分别为

$$x(\xi_o - \xi_r) + z(\eta_o - \eta_r) = m \qquad (4.11-4)$$
$$x(\xi_o - \xi_r) + z(\eta_o - \eta_r) = m + 1/2 \qquad (4.11-5)$$

式中,$m = 0, \pm 1, \pm 2, \cdots$。上述两个公式各自确定一组与 xz 平面垂直的彼此平行等距的平面。

对 $t(x,y,z)$ 取极大值的平面波,显影时乳胶析出的银原子数目也最多。这些平面相对于 z

轴的倾角 φ 满足

$$\tan\varphi = \frac{\mathrm{d}x}{\mathrm{d}z} = -\frac{\eta_o - \eta_r}{\xi_o - \xi_r} = -\frac{\cos\theta_o - \cos\theta_r}{\sin\theta_o - \sin\theta_r} = \tan\left(\frac{\theta_o + \theta_r}{2}\right) \qquad (4.11\text{-}6)$$

由上式可知,在乳胶层内,$t(x,y,z)$ 相等的平面平分物光波和参考波传播方向所构成的夹角,形成一组垂直于 xz 平面的体积光栅。在特殊情况下,$\theta_r = -\theta_o$,即物光与参考光相对于 z 轴对称,这时 $\xi_r = -\xi_o$,$\eta_r = \eta_o$,光栅平面方程变为

$$t(x,y,z)_{\max}:\ 2\xi_o x = m \qquad (4.11\text{-}7)$$
$$t(x,y,z)_{\min}:\ 2\xi_o x = m + 1/2 \qquad (4.11\text{-}8)$$

且光栅平面垂直于 x 轴。光栅间距为

$$d = \frac{1}{2\xi_o} = \frac{\lambda}{2\sin\theta_o} \qquad (4.11\text{-}9)$$

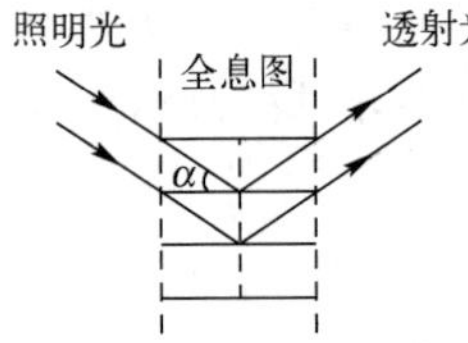

图 4.11-2　再现光路

再现时用平面光波照明全息图,将体积光栅中的每个银层看作一面具有一定反射能力的平面反射镜,它按反射定律把一部分入射的光能量反射回去,如图 4.11-2 所示。

设照明光波的传播方向与银层平面的夹角为 α,相邻银层平面反射光波之间的光程差为 $\Delta L = 2d\sin\alpha$。显然,只有当 ΔL 为再现光波长的整倍数时,反射光波才能相干叠加,从而产生一个明亮的再现像,其条件是

$$2d\sin\alpha = \pm\lambda \qquad (4.11\text{-}10)$$

通常将式(4.11-10)称为布拉格条件。与式(4.11-9)对比可知,只有当

$$\alpha = \pm\theta_o \qquad (4.11\text{-}11)$$

或

$$\alpha = \pm(\pi - \theta_o) \qquad (4.11\text{-}12)$$

时,才能得到明亮的再现像。

以上所述表明:当用与参考光相同的光波照明时,再现波的传播方向与物光波传播方向一致,这时给出物体的虚像。如果用一束与参考光传播方向相反的光波照射全息图,则再现波的传播方向与原始物光波相反,这种共轭物光波将产生原来物体的一个实像。当然,若用原始物光波或者共轭波照明全息图,则可分别再现参考波或共轭参考波。

由于记录时物光波与参考光波位于记录介质同侧,这种体积全息的银层结构近似垂直于乳胶表面,再现时反射光波位于全息图两侧,故形象地将这种全息图称为透射体积全息图。透射体积全息图具有对角度灵敏的特性,即当照明光波的方向偏离布拉格条件时,衍射像很快消失。所以体积全息可用于多重记录。

4.11.2　反射全息图

如果记录体积全息图时,物光和参考光来自记录材料两侧,近似相反方向,如图 4.11-3(a)所示,那么这两束光的相干叠加问题,可以作为驻波问题来处理。这时条纹平面垂直于光波传播方向,相邻两平面的间距为 $\lambda/2$。显影后与干涉条纹对应的是一系列彼此平行相距 $\lambda/2$ 的银层平面,这些银层平面对波长为 λ 的光具有很强的反射能力,相当于干涉滤波器。由于这种全息图对波长具有很高的选择性,因此可以用白光照明再现出单色像。再现时,若照明光与参考光方向相同,则反射光与物光传播方向相同,再现出原物体的一个虚像,如图 4.11-3(b)所示。若照明光与参考光共轭,即从反面照射全息图,则反射光与原始物光传播方向相反,再现

出原物体的一个实像,如图 4.11-3(c)所示。再现像的光波波长与记录时一样,照明白光中其余波长的光不满足布拉格条件,只能透过乳胶或被部分吸收。在实际显影和定影过程中,乳胶会发生收缩,银层平面间距离要减小,因而再现像的色彩会向短波方向移动。

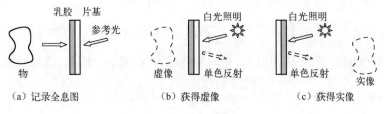

（a）记录全息图　　　　　（b）获得虚像　　　　　（c）获得实像

图 4.11-3　反射全息

例 4.11-1　试求如图 4.11-4 所示对称记录反射全息图干涉条纹间距公式。

解: 由式(4.11-2)

$$I(x,z) = R_0^2 + O_0^2 + 2R_0O_0\cos\{2\pi[x(\xi_o - \xi_r) + z(\eta_o - \eta_r)]\}$$

若用对称式记录光路,即要求 $\theta_r = \pi - \theta_o$,由此得 $\psi_r = \pi - \psi_o$,于是有

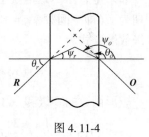

图 4.11-4

$$\xi_o - \xi_r = \frac{\sin\psi_o - \sin\psi_o}{\lambda} = 0$$

$$\eta_o - \eta_r = \frac{\cos\psi_o - \cos\psi_r}{\lambda} = \frac{2\cos\psi_o}{\lambda}$$

条纹极大值出现在 $z(\eta_o - \eta_r) = \frac{2\cos\psi_o}{\lambda} = n$ 的地方,与 x 无关,即条纹垂直于 z 轴。条纹间距为

$$d = \frac{\lambda_0}{2\cos\psi_o} = \frac{\lambda_0/n}{2\sqrt{1 - \sin^2\psi_o}} = \frac{\lambda_0}{2\sqrt{n^2 - n^2\sin^2\psi^2\psi_o}} = \frac{\lambda_0}{2\sqrt{n^2 - \sin^2\theta_o}} = \frac{\lambda_0}{2\sqrt{n^2 - \sin^2\theta_r}}$$

(4.11-13)

式中,λ_0 为真空中的光波波长,n 为乳剂的折射率。若 $\theta_r \approx \theta_o \approx 0$,则 $d = \lambda/2$。

4.12　平面全息图的衍射效率

全息图的衍射效率直接关系到全息再现像的亮度。通常把它定义为全息图的一级衍射成像光通量与照明全息图的总光通量之比。平面全息图和体积全息图衍射效率的表示式是不相同的,这里只讨论平面全息图的情况。对于平面全息图又有振幅调制和相位调制的区别。

4.12.1　振幅全息图的衍射效率

当物光波和参考光波都是平面波时,记录的是正弦型振幅全息图,其振幅透过率一般可表示为

$$t(x) = t_0 + t_1\cos2\pi\xi x = t_0 + \frac{1}{2}t_1[\exp(j2\pi\xi x) + \exp(-j2\pi\xi x)] \qquad (4.12-1)$$

式中,ξ 为全息图上条纹的空间频率;t_0 为平均透射系数;t_1 为调制幅度,它与记录时参考光和物光光束之比以及记录介质的调制传递函数有关。在理想情况下,$t(x)$ 可在 0 到 1 之间变化。

当 $t_0 = 1/2, t_1 = 1/2$ 时，能达到这一最大变化范围。此时

$$t(x) = \frac{1}{2} + \frac{1}{2}\cos 2\pi \xi x = \frac{1}{2} + \frac{1}{4}\exp(\mathrm{j}2\pi \xi x) + \frac{1}{4}\exp(-\mathrm{j}2\pi \xi x) \quad (4.12\text{-}2)$$

假定用振幅为 C_0 的平面波垂直照明全息图，则透射光场为

$$U_1(x) = C_0 t(x) = \frac{1}{2}C_0 + \frac{C_0}{4}\exp(\mathrm{j}2\pi \xi x) + \frac{C_0}{4}\exp(-\mathrm{j}2\pi \xi x) \quad (4.12\text{-}3)$$

对于与再现像有关的正、负一级衍射光，它们的强度为 $(C_0/4)^2$。因此，衍射效率为

$$\eta = \frac{(C_0/4)^2 S_\mathrm{H}}{C_0^2 S_\mathrm{H}} = \frac{1}{16} = 6.25\% \quad (4.12\text{-}4)$$

式中，S_H 表示全息图上照明光的照明面积。事实上，并不存在一种记录介质能使 t 从 0 到 1 之间变化的整个曝光量范围内都是线性的。因而，在线性记录条件下正弦型振幅全息图的衍射效率比 6.25% 还要小。所以 6.25% 是最大衍射效率。

如果全息图不是正弦型的，而透过率 $t(x)$ 的变化作为 x 的矩形函数，透和不透各占一半，周期为 x_0（即空间频率 $\xi = 1/x_0$）。若坐标原点选在不透明部分的中心处，则透过率函数的傅里叶级数展开式为

$$t(x) = \frac{1}{2} + \frac{2}{\pi}\cos(6\pi \xi x) - \frac{2}{\pi}\cos(6\pi \xi x) + \cdots \quad (4.12\text{-}5)$$

矩形函数的零级和 ± 1 级为

$$t(x) = \frac{1}{2} + \frac{2}{\pi}\cos(2\pi \xi x) = \frac{1}{2} + \frac{1}{\pi}\{\exp(\mathrm{j}2\pi \xi x) + \exp(-\mathrm{j}2\pi \xi x)\} \quad (4.12\text{-}6)$$

当用振幅为 C_0 的平面波垂直照明全息图时，透射光场为

$$U_t(x) = C_0 t(x) = \frac{C_0}{2} + \frac{C_0}{\pi}\exp(\mathrm{j}2\pi \xi x) + \frac{C_0}{\pi}\exp(-\mathrm{j}2\pi \xi x) \quad (4.12\text{-}7)$$

其正、负一级衍射效率为

$$\eta = \frac{(C_0/\pi)^2 S_\mathrm{H}}{C_0^2 S_\mathrm{H}} = \frac{1}{\pi^2} = 10.13\% \quad (4.12\text{-}8)$$

由此可见，矩形函数全息图一级像的衍射效率较正弦型全息图的为高。但矩形光栅具有较高级次的衍射波。计算机产生的全息图就可能是矩形光栅型全息图。这样，通过改变透射函数的波型，就可适当提高衍射效率。例如，用非线性显影就可以提高一级像的衍射效率。

4.12.2　相位全息图的衍射效率

如果相位全息图是两束平面波干涉而产生的正弦型相位光栅，其透过率可表示为

$$t(x) = \exp[\mathrm{j}\varphi_1 \cos(2\pi \xi x)] \quad (4.12\text{-}9)$$

式中，φ_1 为调制度，ξ 为相位光栅的空间频率。根据贝塞尔函数的积分公式

$$\exp(\mathrm{j}x\cos\theta) = \sum_{n=-\infty}^{\infty} \mathrm{j}^n \mathrm{J}_n(x)\exp(-\mathrm{j}n\theta) \quad (4.12\text{-}10)$$

式 (4.12-9) 可以写成级数形式

$$\exp[\mathrm{j}\varphi_1 \cos(2\pi \xi x)] = \sum_{n=-\infty}^{\infty} \mathrm{j}^n \mathrm{J}_n(\varphi_1)\exp(-\mathrm{j}2\pi n \xi x) \quad (4.12\text{-}11)$$

用振幅为 C_0 的平面波垂直照明全息图时，透射光场为

$$U_t(x) = C_0 t(x) = C_0 \sum_{n=-\infty}^{\infty} j^n J_n(\varphi_1) \exp(j2\pi n\xi x) \qquad (4.12\text{-}12)$$

第 n 级的衍射效率为

$$\eta_n = \frac{C_0^2 \, |J_n(\varphi_1)^2| \, S_H}{C_0^2 S_H} = |J_n(\varphi_1)|^2 \qquad (4.12\text{-}13)$$

式中,S_H 表示全息图上照明光的照明面积。对于成像光束,通常感兴趣的是正、负一级衍射。注意,当 $\varphi_1 = 1.85$ 时 J_1 有最大值,即 $J_1(1.85) = 0.582$。由此可计算出一级衍射像的最大衍射效率 $\eta_1 = |J_1(1.85)|^2 = 0.582^2 = 33.9\%$,这时零级和其他衍射级的衍射效率均小于正、负一级的。由于相位全息图的衍射效率要比振幅全息图高得多,能够产生更明亮的全息再现像,从而使人们对相位全息图产生了浓厚的兴趣。

对于矩形光栅形式的相位全息图的衍射效率,计算表明其正、负一级的最大衍射效率为

$$\eta_{\backprime} = (2/\pi)^2 = 40.4\% \qquad (4.12\text{-}14)$$

总之,不管振幅全息图还是相位全息图,矩形函数形式的都比正弦型的衍射效率高,用计算机制作的全息图大多是矩形波函数形式的。

表 4.12-1 中列出了正弦调制情况下全息图的最大理论衍射效率。表中同时列出了体积透射型全息图和体积反射型全息图的衍射效率,以供比较。由表 4.12-1 可以看出,体积相位型全息图的衍射效率最高(体积全息的衍射效率涉及更深入的理论,本书分析从略)。

表 4.12-1　各种全息图的最大理论衍射效率

全息图类型	平面透射全息图		体积透射全息图		体积反射全息图	
调制方式	振幅型	相位型	振幅型	相位型	振幅型	相位型
衍射效率	0.0625	0.339	0.037	1.000	0.072	1.000

习题四

4.1　证明:若一平面物体的全息图记录在一个与物体相平行的平面内,则最后所得到的像将在一个与全息图平行的平面内。(为简单起见,可设参考光为一平面波)

4.2　制作一全息图,记录时用的是氩离子激光器波长为 488.0 nm 的光,而成像时则用的是 He-Ne 激光器波长为 632.8 nm 的光。

(1) 设 $z_p = \infty, z_r = \infty, z_o = 10$ cm,问像距 z_i 是多少?

(2) 设 $z_p = \infty, z_r = 2z_o, z_o = 10$ cm,问 z_i 是多少? 放大率 M 是多少?

4.3　证明:若 $\lambda_2 = \lambda_1, z_p = z_r$,则得到一个放大率为 1 的虚像;若 $\lambda_2 = \lambda_1, z_p = -z_r$,则得到一个放大率为 1 的实像。

4.4　几种底片的 MTF 的近似截止频率为:

厂商	型号	线/毫米
Kodak	Tri-x	50
Kodak	高反差片	60
Kodak	SO-243	300
Agfa	Agepam FF	600

设用 6.32.8 nm 波长照明,采用无透镜傅里叶变换记录光路,参考点和物体离底片 10 cm。若物点位于某一大小的圆(在参考点附近)之处,则不能产生对应的像点。试对每种底片估计这个圆的半径大小。

4.5 证明图题 4.5(a)和(b)的光路都可以记录物体的准傅里叶变换全息图。

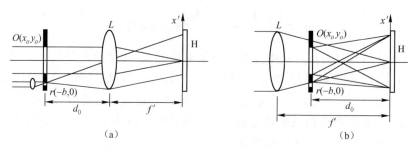

图 题 4.5 准傅里叶变换全息图的两种光路

4.6 散射物体的菲涅耳全息图的一个有趣性质是,全息图上局部区域的划痕和脏迹并不影响像的再现,甚至取出全息图的一个碎片,仍能完整地再现原始物体的像。这一性质称为全息图的冗余性。

(1) 应用全息照相的基本原理,对这一性质加以说明。

(2) 碎片的尺寸对再现像的质量有哪些影响?

4.7 见图题 4.7(a),点源置于透镜前焦点,全息图可以记录透镜的像差。试证明:用共轭参考光照明[见图题 4.7(b)]可以补偿透镜像差,在原点源处产生一个理想的衍射斑。

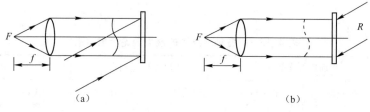

图 题 4.7

4.8 彩虹全息照相中使用狭缝的作用是什么? 为什么彩虹全息图的色模糊主要发生在与狭缝垂直的方向上?

4.9 说明傅里叶变换全息图的记录和再现过程中,可以采用平行光入射和点源照明两种方式,并且这两种方式是独立的。

4.10 曾有人提出用波长为 0.1 nm 的辐射来记录一张 X 射线全息图,然后用波长为 600.0 nm 的可见光来再现像。选择如图 4.10(a)所示的无透镜傅里叶变换记录光路,物体的宽度为 0.1 mm,物体和参考点源之间的最小距离选为 0.1 mm,以确保孪生像和"同轴"干涉分离开。X 射线底片放在离物体 2 cm 处。

(1) 投射到底片上的强度图案中的最大频率(周/毫米)是多少?

(2) 假设底片分辨率足以记录所有的入射强度变化,有人提议用图题 4.10(b)所示的通常方法来再现成像,为什么这个实验不会成功?

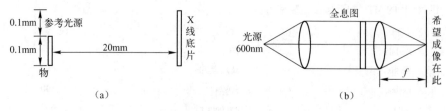

图 题 4.10

第 5 章　计 算 全 息

随着数字计算机与计算技术的迅速发展,人们广泛地使用计算机去模拟、运算、处理各种光学过程,在计算机科学和光学相互促进和结合的发展进程中,1965 年在美国 IBM 公司工作的德国光学专家罗曼(A. W. Lohmann)使用计算机和计算机控制的绘图仪做出了世界上第一个计算全息图(Computer-Generated Hologram, 简称 CGH)。计算全息图不仅可以全面地记录光波的振幅和相位,而且能综合复杂的,或者世间不存在物体的全息图,因而具有独特的优点和极大的灵活性。近年来,计算全息发展极其迅速,已成功地应用在三维显示、全息干涉计量、空间滤波、光学信息存储和激光扫描等诸多方面。随着计算机技术的日趋成熟和普及,计算全息术已越来越受到人们的重视。

从光学发展的历史来看,计算全息首次将计算机引入光学处理领域。很多光学现象都可以用计算机来进行仿真,计算全息图成为数字信息和光学信息之间有效的联系环节,为光学和计算机科学的全面结合拉开了序幕。计算全息除了具有重要的科学意义和广阔的应用前景外,还是一个很好的教学工具。要做好一个计算全息图,必须了解全息学、干涉术、调制技术、傅里叶变换、数字计算方法和计算机程序设计。这些都是光学和应用光学的学生、研究生必须掌握的,也是有关领域的研究人员不可缺少的知识。

本章重点讨论计算全息的理论基础、基本原理及制作方法,介绍一些典型的计算全息图及其主要应用。

5.1　计算全息的理论基础

5.1.1　概述

光学全息图直接用光学干涉法在记录介质上记录物光波和参考光波叠加后形成的干涉图样。假如物体并不存在,而只知道光波的数学描述,也可以利用电子计算机,并通过计算机控制绘图仪或其他记录装置(例如激光扫描器、电子束、离子束扫描器等)将模拟的干涉图样绘制和复制在全息干版或透明胶片上。这种计算机合成的全息图称为计算全息图。计算全息图和光学全息图一样,可以用光学方法再现出物光波。但两者有本质的差别。光学全息唯有实际物体存在时才能制作,然而在很多实际应用中理想的"物体"是很难制作成功的,例如,用于检测光学元件加工质量的标准件,用于光学信息处理的各种特殊的空间滤波器,用于工程设计的复杂模型等。但是,用计算全息术就不难实现了,在计算全息的制作中,只要在计算机中输入实际物体或虚构物体的数学模型就行了。计算全息再现的三维像是现有技术所能得到的唯一的三维虚构像,具有重要的科学意义。

计算全息的发展受到两个不同因素的刺激,一个是全息学的发展处于极盛时期,另一个是电子计算机控制绘图刚开始普及。罗曼在光学研究方面的成就,加上他在 IBM 公司工作,使得他很容易地走上了计算全息研究的这条路。据罗曼说,他搞计算全息的动机开始于 1965 年,那年夏天他在密执安大学暑期班授课时,密执安大学研究所的柯兹马(A. Koz-ma)和他谈起用计算机绘制振幅滤波器的问题;同年罗曼在 IBM 工作时,由于激光器坏了,又要做全息图,在危急时刻,他用计算机代替激光器做出了全息图,这是第一个记录振幅和相位信息的计算全息图。虽然他的方法在准确性方面存在一些缺点,但因原理简单,到目前为止初学的人还常常采用他的方法。1967 年巴里斯(Paris)把快速傅里叶变换算法应用到快速变换计算全息图中,并且与罗曼一起完成了几个用光学方法很难实现的空间滤波,显示了计算全息的优越性。1969 年赖塞姆(Lesem)等人又提出了相息图,1974 年李威汉(Wai-Hon Lee)提出了计算全息干涉图的制作技术。

计算全息的主要应用范围是:①二维和三维物体像的显示;②在光学信息处理中用计算全息制作各种空间滤波器;③产生特定波面用于全息干涉计量;④激光扫描器;⑤数据存储。

计算全息图的制作和再现过程主要分为以下几个步骤:①抽样。得到物体或波面在离散样点上的值。②计算。计算物光波在全息平面上的光场分布。③编码。把全息平面上的光波的复振幅分布编码成全息图的透过率变化。④成图。在计算机控制下,将全息图的透过率变化在成图设备上成图。如果成图设备分辨率不够,再经光学缩版得到实用的全息图。⑤再现。这一步骤在本质上与光学全息图的再现没有区别。一张傅里叶变换计算全息图制作的典型流程如图 5.1-1 所示。

图 5.1-1　傅里叶变换计算全息图制作流程

计算全息的优点很多,最主要的是可以记录物理上不存在的实物的虚拟光波,只要知道该物体的数学表达式就可能用计算全息记录下这个物体的光波,并再现该物体的像。这种性质非常适宜于信息处理中空间滤波器的合成,干涉计量中产生特殊的参考波面,以及三维虚构物体的显示等。计算全息制作过程采用数字定量计算,精度高,特别是二元全息图,透过率函数只有二个取值,抗干扰能力强,噪声小,易于复制。要制作一张高空间带宽积的全息图,对计算机的存储容量、计算速度和成图设备的分辨率都有很高的要求。随着大容量、高速计算机的不断出现,激光扫描、电子束、离子束成图技术的发展,计算全息必将显示更大的优越性,扩展到更多的应用领域。

5.1.2　计算全息的抽样与信息容量

当用计算机分析和处理一个光场的二维分布时,仍然是依据抽样理论,即必须用一个离散点集上的值来描述连续分布的函数。在第 1 章中我们已对抽样定理以及抽样和复原的过程进行了详细说明。在对图像抽样时,若抽样过密会导致大的计算量和存储量,并给成图带来困难;若抽样过疏将无法保证足够的精度。因此,能否选择合理的抽样间隔,以便做到既不丢失信息,又不会对计算和成图设备提出过分的要求,同时又能由一个光波场的二维抽样值恢复一个连续的二维光场分布,这些都是计算全息技术的重要问题。

在计算全息中必须考虑两个问题:首先,物函数经过抽样输入计算机进行计算和编码时,抽样间隔应满足抽样定理的条件,以避免出现频谱混叠;其次,计算全息图的再现过程应选择合适的空间滤波器,这样才能恢复所需要的波前。

在计算全息中,空间信号(二维图像)的信息容量也是用空间带宽积来描述的。任何光学系统都具有有限大小的孔径光阑,因此光学系统都只有有限大小的通频带,超过极限频率的衍射波将被孔径光阑挡住,不能参与成像,原则上说光学系统是一个低通滤波器。我们希望光学系统的通带有足够的宽度,以容纳尽可能多的信息,获得较好的成像质量,从信息传递的角度讲,通频带越宽越好。

此外,通过一个光学系统一般来说我们只能看到外部世界的一部分,若物体相当大,则不可能看到它的全貌。例如:通过显微镜只能看到大规模集成电路的一部分;通过望远镜也许我们只能看到军舰的一部分。这是由于目视光学仪器中有一个视场光阑,视场越大,能够观察到的物体空间就越大,进入光学系统的信息量也就越大。

光学图像在光学仪器中的传递受到两方面的限制:一是孔径光阑挡掉了超过截止频率的高频信息;二是视场光阑限制了视场以外的物空间。由此可以得到通过光学信道的信息量公式:

$$信息量 = 频带宽度 \times 空间宽度$$

等式右边称为空间带宽积,用 SW 表示。空间带宽积是空间信号 $f(x,y)$ 在空间域和频谱域中所占的空间量度,其一般表达式为

$$SW = \iint \mathrm{d}x\mathrm{d}y \iint \mathrm{d}\xi \mathrm{d}\eta \tag{5.1-1}$$

空间带宽积是通过光学信道信息量的量度。SW 越大,标志着通过光学系统我们能获得更多的信息。大孔径、大视场的高质量光学系统正是光学工作者追求的目标。式(5.1-1)显示 SW 是长度重积分与长度倒数即空间频率重积分的乘积,因此是一个无量纲的量。

如果图像在空域和频域中所占据的面积都是矩形,其各边长为 $\Delta x, \Delta y, \Delta \xi, \Delta \eta$,则有

$$SW = \Delta x \Delta y \Delta \xi \Delta \eta$$

或
$$SW = \Delta x \Delta y 2B_x 2B_y \tag{5.1-2}$$

空间带宽积具有传递不变的特性。当图像发生空间位移、缩放、受到调制或变换等操作时,为了不丢失信息,应使空间带宽积保持不变。空间带宽积还确定了图像上可分辨的像元数,因此应用空间带宽积的概念,可以很方便地确定制作计算全息图时所需的抽样点总数。例如图像的空间尺寸是 40 mm × 40 mm,最高空间频率 $B_x = 10\ 1/\mathrm{mm}$,$B_y = 10\ 1/\mathrm{mm}$,则该图像的空间带宽积 SW = $40 \times 40 \times 20 \times 20 = 800^2$。对这样的图像制作计算全息图时,其抽样点总数也是 800^2。

在用普通的方法(微型计算机和绘图仪)制作计算全息图时,能够达到的空间带宽积是很有限的,例如在初期,常取 SW = 64 × 64 = 4096,或 SW128 × 128 = 16384。对一般的图像,这个数值比按抽样定理规定的抽样点数少很多,这主要是由于受到计算机存储量、运算速度及绘图仪分辨率的限制,从而不同程度地引入了混叠误差。只有采用高速、大容量计算机和电子束、离子束、激光扫描器等高分辨成图设备,才有可能制作出高质量的计算全息图。

5.1.3 时域信号和空域信号的调制与解调

从光学全息的基本原理我们已经知道,由于记录介质只能记录光场强度分布,对波前(复振幅分布)的记录必须通过与参考光干涉形成干涉花样(强度分布)才有可能。再现过程中,通过照明光照射全息图产生的衍射效应,又将干涉花样(强度分布)还原成所需的波前(复振幅分布)。这种对光场分布信号的处理方法,类似于通信理论中对时域信号的处理。例如,信号的远距离传送,在发送端将连续时间信号 $S(t)$ 变成脉冲序列,在接收端将脉冲序列还原成连续时间信号,前一过程称为调制(编码),后一过程称为解调(解码)。由此可见,通信理论中的调制技术完全可以移植到光学中来,通信中对时间信号波形(电压或电流波形)进行调制,类似于光学中对空间信号波形(光波复振幅或强度的空间分布)进行调制,两者并无本质

上的差别。计算全息中各种编码方法正是借鉴了通信中的相应的编码技术。

图 5.1-2 示出了通信系统中的三种脉冲调制方式。其中后两种调制方式使信号二值化，具有很强的抗干扰和抗噪声的能力。二元计算全息图就是空间信号脉冲宽度调制和脉冲位置调制的结果。图 5.1-3 示出了二元全息图上的抽样单元，每个单元中有一矩形开孔，其透过率为 1，未开孔部分的透过率为 0，用开孔面积表示对应抽样点的物波幅值，用开孔中心偏离单元中心的距离表示抽样点物波的相位。因为光场分布一般用复值函数表示，所以对振幅和相位分别采用了空间脉冲宽度调制和空间脉冲位置调制两种方式。（因为绘图仪常常宽度不能改变，对振幅的调制也可以用空间脉冲的长度来代替宽度调制。）[41]

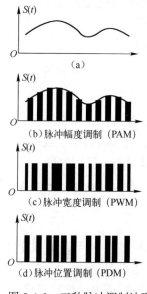

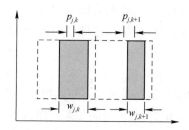

图 5.1-2　三种脉冲调制波形　　　　图 5.1-3　脉冲面积调制和脉冲位置调制

5.1.4　计算全息的分类

1. 第一种分类法

第一种分类方法与普通光学全息类似，可根据物体（指物体的坐标位置）和记录平面（指计算全息平面的坐标位置）的相对位置不同，分为以下 3 种。

（1）计算傅里叶变换全息：被记录的复数波面是物波函数的傅里叶变换。在光学傅里叶变换全息中，由变换透镜实时地完成物波函数的傅里叶变换，在这里是由计算机借助快速傅里叶变换算法来完成的。计算傅里叶变换全息直接再现的是物波的傅里叶谱，必须通过变换透镜进行一次逆变换才能再现物波本身。

（2）计算像全息：被记录的复数波面是物波函数本身，或者是物波的像场分布。制作计算像全息时，只需要将物波函数的复振幅分布编码成全息图的透过率变化。

（3）计算菲涅耳全息：被记录的复数波面是物体发出的菲涅耳衍射波。根据物波函数计算在某一特定距离平面上（全息图平面上）的菲涅耳衍射波的复振幅分布，再将该复振幅分布编码成全息图的透过率变化。

2. 第二种分类法

第二种分类方法根据全息透过率函数的性质,可分为振幅型和相位型两类。在这两类中还可根据透过率变化的特点,进一步分为二元计算全息和灰阶计算全息。振幅型灰阶计算全息图,要求成图设备具有灰阶输出能力,因而对胶片曝光、显影处理要求比较严格。振幅型二元计算全息图的振幅透过率只有 0 或 1 两个值,利用普通的成图设备,例如大多数绘图仪就可以绘制,对照相底片的非线性效应不敏感,具有很强的抗干扰能力,其应用十分广泛。相位型计算全息图不衰减光的能量,衍射效率一般都很高,特别是闪烁计算全息图,最大衍射效率可达 100%。但相位型全息图制作工艺比较复杂。

3. 第三种分类法

第三种分类方法根据全息图制作时所采用的编码技术,也就是待记录的光波复振幅分布到全息图透过率函数的转换方式,大致可分为迂回相位型计算全息图、修正型离轴参考光计算全息图、相息图和计算全息干涉图等。

上述计算全息分类方法是从三个不同角度考虑的,例如制作一张傅里叶变换全息图,既可采用迂回相位编码方法,也可以采用修正型离轴参考光编码方法;而使用迂回相位编码方法,既可以制作计算傅里叶变换全息图,又可以制作计算像全息图。因此三种分类方法既有区别,又通过一个具体的计算全息图的制作过程而相互联系。

5.2 计算全息的编码方法

5.2.1 计算全息的编码

"编码"在通信中的意义,是指把输入信息变换为信道上传送的信号的过程。一般来说,把从信息变到信道信号的整个变换都叫作广义的编码。在计算全息中输入信息是待记录的光波复振幅,而中间的传递介质是全息图,其信息特征是全息图上透过率的变化。因此,将二维光场复振幅分布变换为全息图的二维透过率函数分布的过程,称为计算全息的编码。

由于成图设备的输出大多只能是实值非负函数,因此编码问题归结为将二维离散的复值函数变换为二维离散的实值函数的问题。而且,这种转换能够在再现阶段完成其逆转换,从二维离散的实值函数中恢复出二维复值函数。

编码过程可以用数学公式表示为

$$h_i(x,y) = C_i[f(x,y)]$$

(5.2-1)

式中,$h_i(x,y)$ 是计算全息图的透过函数,它是一个实值非负函数;$f(x,y)$ 是待记录的光波复振幅分布;C_i 可看成编码算符,表示不同的编码技术。如果 $f(x,y)$ 是像场分布或物光波本身,则这种全息图称为计算像全息;如果 $f(x,y)$ 是物光波的傅里叶变换,这种全息图就称为计算傅里叶变换全息图。

将复值函数变换为实值非负函数的编码方法有两种。第一种方法是把一个复值函数表示为两个实值非负函数,例如用振幅和相位两个实参数表示一个复数,分别对振幅和相位编码。第二种方法是依照光学全息的办法,加入离轴参考光波。通过光波和参考光波的干涉产生干涉条纹的强度分布,成为实值非负函数,因此每个样点都是实的非负值,可以直接用实参数来表示。由于没有相位编码问题,第二种方法看起来比第一种方法简便。但是,参考光波的加入增加了空间带宽积,因此全息图上的抽样点数必须增加。

5.2.2 迂回相位编码方法

1. 罗曼型

对光波的振幅进行编码比较容易,它可以通过控制全息图上小单元的透过率或开孔面积来实现。对于光波的相位编码比较困难,虽然原则上可以使光波通过一个具有二维分布的相位板,但这在技术上十分困难。罗曼根据不规则光栅的衍射效应,成功地提出了迂回相位编码方法。

如图 5.2-1 所示,当用平面波垂直照射线光栅时,假定栅距恒定,第一级衍射都是平面波,等相位面是垂直于这个方向的平面。设栅距为 d,第 k 级的衍射角为 θ_k,则由光栅方程可知,在 θ_k 方向上相邻光线的光程差是 $L_k = d\sin\theta_k = k\lambda$。如果光栅的栅距有误差,例如在某一位置处栅距增大了 Δ,则该处沿 θ_k 方向相邻光线的光程差变为 $L'_k = (d + \Delta)\sin\theta_k$。$\theta_k$ 方向的衍射光波在该位置处引入的相应的相位延迟为

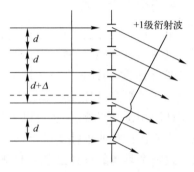

图 5.2-1　不规则光栅的衍射效应

$$\varphi_k = \frac{2\pi}{\lambda}(L'_k - L_k) = \frac{2\pi}{\lambda}\Delta\sin\theta_k = 2\pi k\frac{\Delta}{d} \quad (5.2\text{-}2)$$

φ_k 被罗曼称为迂回相位。迂回相位的值与栅距的偏移量和衍射级次成正比,而与入射光波长无关。迂回相位效应提示我们,通过局部改变光栅栅距的办法,可以在某个衍射方向上得到所需要的相位调制。在迂回相位二元全息图中,罗曼等人利用这一效应对相位进行编码。假定全息图平面共有 $M \times N$ 个抽样单元,抽样间距为 δx 和 δy,则在全息图上待记录的光波复振幅的样点值是

$$f_{mm} = A_{mm}\exp[\mathrm{j}\varphi_{mm}] \tag{5.2-3}$$

式中,$-\dfrac{M}{2} \leqslant m \leqslant \dfrac{M}{2} - 1, -\dfrac{N}{2} \leqslant n \leqslant \dfrac{N}{2} - 1$;$A_{mm}$ 中归一化振幅,并且 $0 \leqslant A_{mm} \leqslant 1$。在全息图每个抽样单元内放置一个矩形通光孔径,通过改变通光孔径的面积来编码复数波面的振幅,改变通光孔径中心与抽样单元中心的位置来编码相位,这种编码方式如图 5.2-2 所示。图中矩形孔径的宽度为 $W\delta x$,W 是一个常数;矩形孔径的高度是 $L_{mm}\delta y$,与归一化振幅成正比;$P_{mm}\delta x$ 是孔径中心与单元中心的距离,并与抽样点的相位成正比。孔径参数与复值函数的关系如下

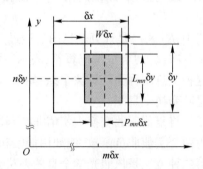

$$L_{mm} = A_{mm}, \qquad P_{mm} = \frac{\varphi_{mm}}{2\pi k} \tag{5.2-4}$$

这种编码方式,在 y 方向采用了脉冲宽度调制,在 x 方向采用了脉冲位置调制。在确定了每个抽样单元开孔尺寸和位置后,就可以用计算机控制绘图设备产生原图,再经

图 5.2-2　罗曼型编码抽样单元图

光学缩版得到计算全息图。由于在迂回相位编码方法中，全息图的透过率只有 0 和 1 两个值，具有制作简单、噪声低、抗干扰能力强、对记录材料的非线性效应不敏感，并可多次复制而不失真，因而应用较为广泛。

这种全息图的再现方法与光学全息图相似，观察范围应限于沿 x 方向的某个特定衍射级次 k，仅在这个衍射方向上，全息图才能再现我们所期望的波前 $f(x,y)$。为了使所期望的波前与其他衍射级次上的波前有效地分离，可以通过频域滤波。对此，我们将在后面的内容中结合几种基本的计算全息图进行说明。

2. 四阶迂回相位编码法

李威汉于 1970 年提出了一种延迟抽样全息图，这种方法从直观上可以理解为四阶迂回相位编码法。它将全息图的一个单元沿 x 方向分为四等分，各部分的相位分别是 $0, \dfrac{\pi}{2}, \pi, \dfrac{3}{2}\pi$，与复数平面上实轴和虚轴所表示的四个方向相对应，如图 5.2-3(a) 所示。全息图上待记录的一个样点的复振幅可以沿图中四个相位方向分解为四个正交分量

$$f(m,n) = f_1(m,n)r^+ + f_2(m,n)j^+ + f_3(m,n)r^- + f_4(m,n)j^- \tag{5.2-5}$$

式中，r^+, r^-, j^+, j^- 是复平面上的四个基矢量，即

$$r^+ = e^{j0}, \quad j^+ = e^{j\frac{\pi}{2}}, \quad r^- = e^{j\pi}, \quad j^- = e^{j\frac{3}{2}\pi}$$

f_1, f_2, f_3, f_4 是实的非负数。对于一个样点，$f_1 \sim f_4$ 这四个分量中只有两个分量为非零值，因此要描述一个样点的复振幅，只需要在两个子单元中用开孔大小或灰度等级来表示就行了，图 5.2-3(b) 是用灰度等级表示的情况。

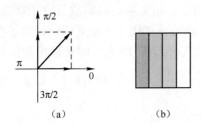

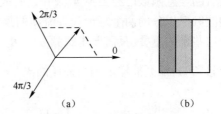

(a)   (b)   (a)   (b)

图 5.2-3   四阶迂回相位编码法   图 5.2-4   三阶迂回相位编码法

3. 三阶迂回相位编码法

由于在复平面上用三个基矢量就可以表征平面上任一复矢量，因此，全息图上的一个单元可以分为三个子单元，分别表示复平面上相位差为 $\dfrac{2}{3}\pi$ 的三个基矢量。这样一来，就可以在三个子单元中用开孔面积或灰度等级来表示振幅分量的大小。这种方法是伯克哈特（Burckhardt）提出的，图 5.2-4 是这种方法的示意图。

5.2.3 修正离轴参考光的编码方法

迂回相位编码法是用抽样单元矩形开孔的两个结构参数，分别编码样点处光波复振幅的振幅和相位。如果模仿光学离轴全息的方法，在计算机中实现光波复振幅分布与一虚拟的离轴参考光叠加，使全息图平面上待记录的复振幅分布转换成强度分布，就避免了相位编码问题。这

时，只需要在全息图单元上用开孔面积或灰度变化来编码这个实的非负函数，即可完成编码。

设待记录的物光波复振幅为 $f(x,y)$，离轴的平面参考光波为 $R(x,y)$，即

$$f(x,y) = A(x,y)\exp\left[\mathrm{j}\varphi(x,y)\right]$$

$$R(x,y) = R(x,y)\exp\left[\mathrm{j}2\pi ax\right]$$

在线性记录的条件下，并忽略一些不重要的常数因子，光学离轴全息的透过率函数为

$$\begin{aligned} h(x,y) &= \left|f(x,y) + R(x,y)\right|^2 \\ &= R^2 + A^2(x,y) + 2RA(x,y)\cos\left[2\pi ax - \varphi(x,y)\right] \end{aligned} \quad (5.2\text{-}6)$$

在透过率函数所包含的三项中，第三项通过对余弦型条纹的振幅和相位调制，记录了物波的全部信息。第一、二项是与这种光学全息方法不可避免地伴生的，除了其中均匀的偏置分量使 $h(x,y)$ 为实的非负函数的目的外，它们只是占用了信息通道，而从物波信息传递的角度来说，完全是多余的。从光学全息形成的过程来看，第一、二项是不可避免地伴生的，但是计算机制作全息图的灵活性，使人们在做计算全息时，可以人为地将它们去掉而重新构造全息函数，即

$$h(x,y) = 0.5\left\{1 + A(x,y)\cos\left[2\pi ax - \varphi(x,y)\right]\right\} \quad (5.2\text{-}7)$$

式中，$A(x,y)$ 是归一化振幅。从频域更容易理解光学离轴全息函数（式（5.2-6））和修正型离轴全息函数（式（5.2-7））的差别。图 5.2-5（a）是物波的空间频谱范围，带宽为 $2B_x$ 和 $2B_y$。图 5.2-5（b）是光学离轴全息图的空间频谱，图中，中心为 $\xi = \pm a$ 的两个矩形代表物波的频率成分；中间的点表示直流项 R^2 的频谱，即 δ 函数；中间的大矩形是 $A^2(x,y)$ 的自相关频率成分。为了避免这些分量在频域中的重叠，要求载频 $a \geqslant 3B_x$。设想直接对式（5.2-6）所表示的全息函数抽样制作计算全息图，则根据抽样定理，其抽样间隔必须为 $\delta x \leqslant \dfrac{1}{8B_x}, \delta y \leqslant \dfrac{1}{4B_y}$。这些计算全息图的空间频谱如图 5.2-5（c）所示，它是光学离轴全息空间频谱的周期性重复。由于修正后的全息函数已经去掉 $A^2(x,y)$ 项，故在频率域中自相关项的频率成分已不存在，只有代表物波频率成分的两个矩形和直流项的频率成分 δ 函数。如图 5.2-5（d）所示，为了在频域中避免这些量的重叠，只需要求载频 $a \geqslant B_x$。因此由式（5.2-6）所表示的全息函数抽样制作计算全息图时，根据抽样定理其抽样间隔 $\delta x \leqslant \dfrac{1}{4B_x}, \delta y \leqslant \dfrac{1}{2B_y}$。于是总的抽样点数就降低为原

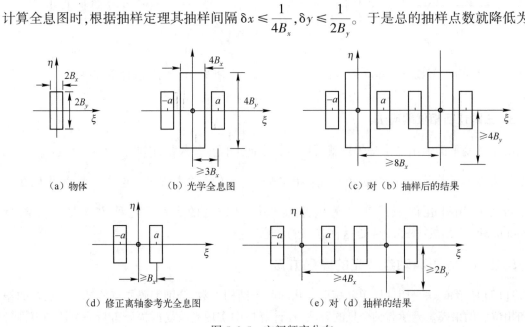

(a) 物体　　　　(b) 光学全息图　　　　(c) 对 (b) 抽样后的结果

(d) 修正离轴参考光全息图　　　　(e) 对 (d) 抽样的结果

图 5.2-5　空间频率分布

来的 1/4,这时计算全息图的频谱如图 5.2-5(e)所示。

应该指出,载频在全息图上的表现形式是余弦型条纹的间距,这与光学全息是相同的。但光学离轴全息函数与我们所构造的全息函数的频域结构不同,因此载频也不同。选取载频的目的是保证全息函数在频域中各结构分量不混叠。对全息函数进行抽样是制作计算全息的要求,抽样间隔必须保证全息函数的整体频谱(包含各个结构分量)不混叠,这两个概念不可混淆。

这种以常量为偏置项的全息图是博奇于 1966 年提出的,称为博奇全息图。由于计算机处理的灵活性,偏置项还可以采取其他形式。加进偏置项的目的是使全息函数变成实值非负函数,每个样点都是实的非负值,因此不存在相位编码问题,比同时对振幅和相位编码的方法简单。但是,由于加进了偏置分量,增加了要记录的全息图的空间带宽积,因而增加了抽样点数。一般来说,物波函数的信息容量越大,抽样点数就越多。对于任何一种编码方法都是不能违背抽样定理的,正如前面所述,要避免对相位的编码,只能以增加抽样点数为代价。

由于每个样点都是实的非负值,因此在制作全息图时,只需要在每个单元中用开孔大小或灰度等级来表示这个实的非负值就行了。

5.3 计算傅里叶变换全息

在这种全息图中,被记录的复数波面是物波函数的傅里叶变换。由于这种全息图再现的是物波函数的傅里叶谱,所以要得到物波函数本身,必须通过变换透镜再进行一次逆变换,这与光学傅里叶变换全息图的基本原理是一致的。对复数波面进行编码可以采用上节介绍的两种方法。一种是迂回相位编码方法,直接对抽样点上复数波面的振幅和相位进行编码。另一种是修正离轴参考光编码方法,将全息函数构造成实的非负函数,从而只对振幅进行编码。

现以迂回相位编码方法为例,说明计算傅里叶变换全息的制作过程。

5.3.1 抽样

抽样包括对物波函数和对全息图抽样。设物波函数为 $f(x,y)$,其傅里叶频谱为 $F(\xi,\mu)$,其中 x,y 和 ξ,η 分别是连续的空间变量和空间频域变量。假定物波函数在空域和频域都是有限的,空域宽度为 $\Delta x,\Delta y$,频域带宽为 $\Delta\xi,\Delta\eta$,或者 $2B_x,2B_y$。于是有

$$f(x,y) = a(x,y)\exp[\,\mathrm{j}\varphi(x,y)\,]$$
$$F(\xi,\eta) = A(\xi,\eta)\exp[\,\mathrm{j}\varphi(\xi,\eta)\,]$$

并且
$$\begin{cases} f(x,y) = 0, & \text{当} |x| > \dfrac{\Delta x}{2}, |y| > \dfrac{\Delta y}{2} \text{时} \\[2mm] F(\xi,\eta) = 0, & \text{当} |\xi| > \dfrac{\Delta\xi}{2}, |\eta| > \dfrac{\Delta\eta}{2} \text{时} \end{cases} \tag{5.3-1}$$

根据抽样定理,对于物波函数,在 x 方向的抽样间隔 $\delta x \leq 1/\Delta\xi$,在 y 方向的抽样间隔 $\delta y \leq 1/\Delta\eta$。当取等号的条件时,有 $\delta x = 1/\Delta\xi, \delta y = 1/\Delta\eta$,于是可以计算空域的抽样单元数 JK。

$$\mathrm{JK} = \frac{\Delta x}{\delta x}\frac{\Delta y}{\delta y} = \Delta x\Delta y\Delta\xi\,\Delta\eta \tag{5.3-2}$$

在谱平面上的抽样情况与物面类似,在 ξ 方向的抽样间隔 $\delta\xi = 1/\Delta x$,在 η 方向的抽样间隔 $\delta\eta = 1/\Delta y$,频域的抽样单元数为 MN,则

$$MN = \frac{\Delta\xi}{\delta\xi} \frac{\Delta\eta}{\delta\eta} = \Delta\xi\,\Delta\eta\,\Delta x\,\Delta y \qquad\qquad (5.3\text{-}3)$$

由此可见,物面抽样单元数和全息图平面上抽样单元数相等,即物空间具有和谱空间同样的空间带宽积。确定了抽样点总数后,物波函数和物谱函数可以表示为如下离散形式

$$\begin{cases} f(j,k) = a(j,k)\exp[j\varphi(j,k)], & -\dfrac{K}{2} \leq k \leq \dfrac{K}{2}-1, -\dfrac{J}{2} \leq j \leq \dfrac{J}{2}-1 \\[2mm] F(m,n) = A(m,n)\exp[j\varphi(m,n)], & -\dfrac{M}{2} \leq m \leq \dfrac{M}{2}-1, -\dfrac{N}{2} \leq n \leq \dfrac{N}{2}-1 \end{cases} \qquad (5.3\text{-}4)$$

式中 j,k,m,n 均为整数。

5.3.2 计算离散傅里叶变换

这一过程是采用计算机,并基于快速傅里叶变换算法(FFT)完成的。对于连续函数的傅里叶变换可表示为

$$F\{\xi,\eta\} = \iint_{-\infty}^{\infty} f(x,y)\exp[-j2\pi(x\xi + y\eta)]\mathrm{d}x\mathrm{d}y \qquad\qquad (5.3\text{-}5)$$

而计算机完成傅里叶变换必须采用离散傅里叶变换的形式。二维序列 $f(j,k)$ 的离散傅里叶变换定义为

$$F(m,n) = \sum_{j=-J/2}^{J/2-1} \sum_{k=-K/2}^{K/2-1} f(j,k)\exp\left[-j2\pi\left(\frac{mj}{J} + \frac{nk}{K}\right)\right] \qquad (5.3\text{-}6)$$

直接用式(5.3-6)做二维离散傅里叶变换,涉及极大的计算量。1965 年库列–图基(Cooley-Tukey)提出了矩阵分解的新算法,也就是快速傅里叶变换算法,大大缩短了计算时间,才使二维图形的离散傅里叶变换在实际上成为可能。快速傅里叶变换的程序可以在各种计算机语言版本的程序库中查到,使用时直接调用相应的库函数就可以了。

$F(m,n)$ 通常是复数,记为

$$F(m,n) = R(m,n) + jI(m,n)$$
$$F(m,n) = A(m,n) \cdot \exp[j\varphi(m,n)]$$

式中 $\qquad A(m,n) = \sqrt{R^2(m,n) + I^2(m,n)}, \qquad \varphi(m,n) = \arctan\left[\dfrac{I(m,n)}{R(m,n)}\right] \qquad (5.3\text{-}7)$

由于光学模板的振幅透过率最大为 1,所以在编码前还应对 $A(m,n)$ 的值进行规一化,使其最大值为 1。

5.3.3 编码

编码的目的是将离散的复值函数 $F(m,n)$ 转换成实的非负值函数(全息图透过率函数)。以前面介绍的迂回相位编码方法为例,编码过程就是确定全息图每个抽样单元内矩形通光孔径的几何参数,通过改变通光孔径的面积来编码复值函数 $F(m,n)$ 的振幅,改变孔径中心与单元中心的位置来编码 $F(m,n)$ 的相位。这些几何参数的确定方法已在 5.2 节中做过详细讨论。

5.3.4 绘制全息图

计算机完成振幅和相位编码的计算后,按计算得到的全息图的几何参数来控制成图设备

以输出原图。由于有些成图设备的分辨率有限(例如常规的绘图仪),所以原图是按放大的尺寸绘制的,还需经过光学缩版到合适的尺寸,才可以得到实际可用的计算全息片。图 5.3-1(a)是迂回相位编码的计算傅里叶变换全息图的原图。

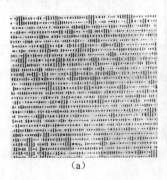

(a)　　　　　　　　　　(b)

图 5.3-1　迂回相位编码计算傅里叶变换全息图及其再现像

5.3.5　再现

计算全息的再现方法与光学全息相似,仅在某个特定的衍射级次上才能再现我们所期望的波前。图 5.3-2 是计算傅里叶变换全息图的再现光路,当用平行光垂直照明全息图时,在透射光场中沿某一特定衍射方向的分量波将再现物光波的傅里叶变换,而直接透过分量具有平面波前,并且另一侧的衍射分量将再现物谱的共轭光波。于是经透镜 L 进行逆傅里叶变换后,输出平面中心是一个亮点,两边是正、负一级像和高级次的像,如图 5.3-1(b)所示。

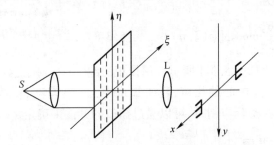

图 5.3-2　计算傅里叶变换全息图的再现光路

尽管范德拉格特提出的全息滤波器的记录方法,在很大程度上克服了制作复滤波器的困难,但是当脉冲响应比较复杂,或者只有脉冲响应的数学表述时,光学全息的方法就显得无能为力了。由于计算傅里叶变换全息图提供了极大的灵活性,使得可以制作各种滤波器,从而能广泛用于各种光学信息处理工作。

5.3.6　几点讨论

1. 模式溢出校正

在对相位编码时,当 $\varphi(m,n) > \pi/2$ 时,第 m 单元的矩孔将跨入邻近的 $(m+1)$ 单元,因而有可能与相邻单元矩孔发生重叠,这时重叠部分的振幅本应叠加,但对于这种二元模板就不可能做到,致使全息图再现时失真。解决的办法是将溢出部分移到本单元的另一侧,如图 5.3-3 所示。

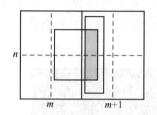 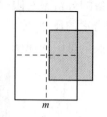 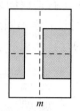

图 5.3-3　模式溢出校正

　　模式溢出校正依据的原理是光栅衍射理论。由于计算全息图可以看作类光栅结构,各抽样单元中相应位置具有同样相位值,而 $\varphi(m,n)$ 的计算是取主值范围,即对模数 2π 取余数,所以把溢出至邻近单元的矩形孔移到本单元另一侧,对相位编码没有任何影响。

2. 相位误差的校正

　　在罗曼早期提出的迂回相位编码方法中,孔径处的相位是用单元中心处的相位来近似的,这隐含了整个抽样单元内相位值的变化是相等的。如果在抽样单元内,相位 $\varphi(\xi,\eta)$ 的变化很缓慢,则这个近似是大致成立的。但实际上单元内的相位总会有变化,因此早期的编码方法引入了相位误差。校正的办法是用孔径位移处的实际相位来确定孔径的位置,也就是说,矩形孔中心的偏移量要正比于矩孔中心处的实际相位值。孔径的位置函数为

$$\xi = m\delta\xi + \frac{\delta\xi}{2\pi}\mathrm{mod}_{2\pi}\left[\varphi(\xi,\eta)\right] \qquad (5.3\text{-}8)$$

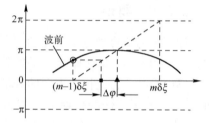

- 抽样点的位置
- 抽样点的相位
- 由罗曼法确定的孔径位置
- 校正后的孔径位置

$\Delta\varphi$ 校正前后的相位差(以位置差表示)

图 5.3-4　波前和孔径位置的变化

校正前后的孔径位置变化如图 5.3-4 所示。用校正法编码相位时,不仅要知道单元中心的相位,还要知道单元内部连续的相位分布。在实际应用时,可以通过插值的办法来确定。

3. 降低振幅的动态范围

　　由离散傅里叶变换算出傅里叶频谱 $F(m,n)$ 时,其振幅 $A(m,n)$ 往往具有很大的动态范围,这意味着编码孔径的几何参数 l_{mm} 具有很大的变化范围,这给绘制计算全息图带来了困难。为了降低动态范围,可以在做离散傅里叶变换前,对物函数的样点值乘以一个随机相位,用它来平滑傅里叶变换谱。这个随机相位因子对于再现像的观察是不重要的,因为在大多数应用中我们感兴趣的只是再现像的强度,而随机相位因子并不影响强度的变化。实质上,这种做法与光学全息中在物体前旋转毛玻璃产生漫射光线的效应相同。

5.4　计算像面全息

　　计算像面全息与计算傅里叶变换全息的不同之处仅在于被记录的复数波面是物波函数本身,或者是物波的像场分布,因此只需要对物波函数进行抽样和编码。这表明,计算像面全息比傅里叶变换全息更为简单。计算像面全息也可以采用多种编码方法,下面以四阶迂回相位

编码方法为例,说明计算全息的制作和再现过程。

1. 抽样

设物波(或其像)的复振幅分布为

$$f(x,y) = a(x,y)\exp[j\varphi(x,y)] \tag{5.4-1}$$

进一步假定物波函数在空域和频域都是有限的。因为物波面和全息图面重合,根据抽样定理的要求,可以确定在全息图上的抽样间距。抽样后的物波函数可以表示为下列离散形式

$$f(j,k) = a(j,k)\exp[j\varphi(j,k)], \quad -\frac{J}{2} \leqslant j \leqslant \frac{J}{2}-1, -\frac{K}{2} \leqslant k \leqslant -\frac{K}{2}-1 \tag{5.4-2}$$

2. 编码

对每一个样点的复数值,分解为复平面上实轴和虚轴正负方向上的四个分量,即

$$f(j,k) = f_1(j,k) - f_3(j,k) + jf_2(j,k) - jf_4(j,k) \tag{5.4-3}$$

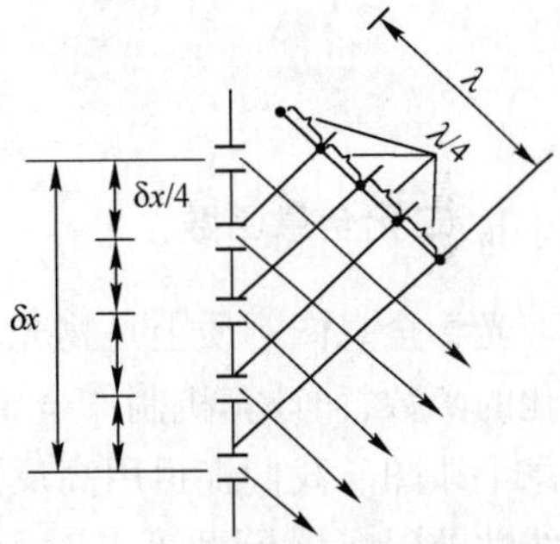

其中
$$f_1(j,k) = \begin{cases} |f(j,k)|\cos[\varphi(j,k)], & \cos\varphi(j,k) \geqslant 0 \\ 0, & \cos\varphi(j,k) < 0 \end{cases}$$

$$f_2(j,k) = \begin{cases} |f(j,k)|\sin[\varphi(j,k)], & \sin\varphi(j,k) \geqslant 0 \\ 0, & \sin\varphi(j,k) < 0 \end{cases}$$

$$f_3(j,k) = \begin{cases} -|f(j,k)|\cos[\varphi(j,k)], & \cos\varphi(j,k) < 0 \\ 0, & \cos\varphi(j,k) \geqslant 0 \end{cases}$$

$$f_4(j,k) = \begin{cases} -|f(j,k)|\sin[\varphi(j,k)], & \sin\varphi(j,k) < 0 \\ 0, & \sin\varphi(j,k) \geqslant 0 \end{cases}$$

图 5.4-1　四阶迂回相位编码
全息图子单元

在上述四个分量中,对于一个确定复数的分解,最多只有两个分量非零。将每个抽样单元分成四个等距子单元,如图 5.4-1 所示。当一束平行光垂直照射全息图观察一级衍射波形时,可以看到从子样点 F_2, F_3, F_4 发出的光线与 F_1 发出的光线之间的光程差分别为 $\lambda/4, \lambda/2, 3\lambda/4$,相应的相位差为 $\pi/2, \pi, 3\pi/2$。四个分量波组合起来就形成

$$F_1\exp(j0) + F_2\exp(j\pi/2) + F_3\exp(j\pi) + F_4\exp(j3\pi/2) = F_1 - F_3 + jF_2 - jF_4$$

即合成了样点处的复数波前。

3. 全息图的绘制和再现

每个抽样单元所分解的四个分量,实际上最多只有两个分量为非零值。若做成灰阶计算全息图,则需要用成图设备控制每个子单元的灰度,以扫描出一张灰阶全息图。若做成具有二元透过率的全息图,则需要用绘图设备控制子单元的开孔面积。如果成图设备的空间分辨率不够高,所绘制的原图还需缩版到合适尺寸,才能得到实际可用的计算全息图。

像面全息的再现光路如图 5.4-2 所示,用平行光垂直照射全息图,在透镜 L_1 的后焦面上产生全息图的频谱。若在该平面上放置空间滤波器,让所需的衍射级次通过,则在像面上得到所需的复数物波波面 $f(x,y)$。如果制作全息图时对物波的抽样不满足抽样定理,则再现时谱面上将产生频谱混叠,因而不能准确地恢复原始物波。

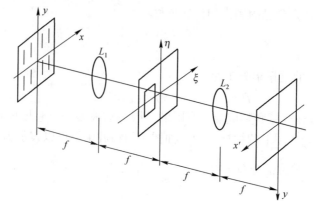

图 5.4-2　像面全息的再现光路

5.5　计算全息干涉图

1. 二元全息函数

光学全息图本质上是物光和参考光干涉的记录,但是一般的光学干涉图的透过率是连续变化的函数,而计算机制作全息图的方法更适合于制作具有二元透过率的干涉条纹图,即计算全息干涉图。我们知道用高反差胶片记录干涉条纹时可以得到二元干涉图,与此相类似,一个非线性硬限幅器模型可以对干涉条纹函数做类似高反差胶片的非线性处理,从而得到二元干涉条纹函数。非线性硬限幅器的工作原理如图 5.5-1 所示,图中所表示的是一种最简单的情况,即输入函数是 $\cos(2\pi x/T)$,偏置函数是 $\cos(\pi q)$,而输出的二元函数是宽度为 qT 的矩形脉冲,它可以展开成傅里叶级数

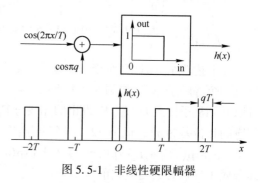

图 5.5-1　非线性硬限幅器

$$h(x) = \sum_{m=-\infty}^{\infty} \frac{\sin(m\pi q)}{m\pi} \exp\left[jm\frac{2\pi x}{T}\right] \quad (5.5\text{-}1)$$

如果限幅器的输入为 $\cos[(2\pi x/T) - \varphi(x,y)]$,偏置函数为 $\cos[\pi q(x,y)]$,则可以得到二元函数的普遍形式

$$h(x,y) = \sum_{m=-\infty}^{\infty} \frac{\sin[\pi m q(x,y)]}{m\pi} \exp\{jm[(2\pi x/T) - \varphi(x,y)]\} \quad (5.5\text{-}2)$$

式中, $q(x,y) = \arcsin[A(x,y)]/\pi$, $A(x,y)$ 和 $\varphi(x,y)$ 分别为物光波的振幅和相位函数,其输入输出波形如图 5.5-2 所示,这时输出脉冲宽度受到 $q(x,y)$,即 $A(x,y)$ 的调制。输出脉冲的位置受到 $\varphi(x,y)$ 的调制。

当用单位振幅的平面波垂直照射全息图时,透过光波就是式(5.5-2)所述的二元全息函数。我们只对 $m=1$(或 -1)感兴趣。若在上式取中 $m=-1$,便可得到

$$f(x,y) = \frac{\sin[\pi q(x,y)]}{\pi} \exp\{-j[(2\pi x/T) - \varphi(x,y)]\}$$

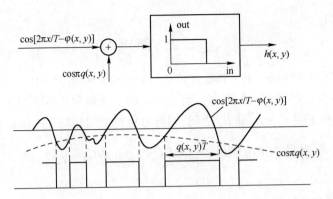

图 5.5-2　全息干涉某一截面上硬限幅产生的脉冲宽度工作原理和脉冲位置调制

$$= \frac{A(x,y)}{\pi} \exp[\,j\varphi(x,y)\,] \exp[\,-j2\pi x/T\,] \tag{5.5-3}$$

式(5.5-3)表明,透射光波的 -1 级衍射项完全再现了物光波 $A(x,y)\exp[\,j\varphi(x,y)\,]$,包括其振幅和相位。而线性相位项 $\exp[\,-j2\pi x/T\,]$ 作为载波给出了再现物光波传播的方向。如果限幅器的输入为 $\cos[\,2\pi x/T\,) + \varphi(x,y)\,]$,则透射光波的 $+1$ 级衍射项将再现原来的物光波。

2. 二元全息干涉图的制作

二元全息函数的取值为 0 或 1。为了利用计算机控制绘图仪制作全息干涉图,只需要确定二元全息函数 $h(x,y)$ 由 0→1 或由 1→0 的边界点的坐标位置即可,则满足方程

$$\cos[\,2\pi x/T) - \varphi(x,y)\,] - \cos\pi q(x,y) = 0 \tag{5.5-4}$$

的点就构成了二元全息干涉图的画线边界,也即是

$$(2\pi x/T) - \varphi(x,y) = 2\pi n \mp \pi q(x,y), \quad n = 0, \pm 1, \pm 2 \tag{5.5-5}$$

其中"$-$"表示全息函数 $h(x,y)$ 由 0→1 的前沿点,"$+$"表示由 1→0 的后沿点。$h(x,y)$ 的值为 1 的条纹,其坐标应满足方程

$$\cos[\,2\pi x/T - \varphi(x,y)\,] \geqslant \cos[\,\pi q(x,y)\,]$$

即

$$-\frac{q(x,y)}{2} \leqslant \frac{x}{T} - \frac{\varphi(x,y)}{2\pi} + n \leqslant \frac{1}{2}q(x,y) \tag{5.5-6}$$

式(5.5-5)或式(5.5-6)就是我们要推导的基本方程式,它确定了计算全息干涉图上条纹的位置和形状。求解基本方程并确定画线边界后,就可以用计算机控制绘图设备画出干涉图了。

当要再现的物波函数只有相位变化,即 $A(x,y)$ 等于常数时,基本方程可以简化为如下形式

$$2\pi x/T - \varphi(x,y) = 2\pi, \quad n = 0, \pm 1, \pm 2, \cdots \tag{5.5-7}$$

式(5.5-7)表明,可以用细线条绘制全息图,因此,计算全息干涉图特别适合于再现纯相位的物波。

3. 载波频率的选择

只有选择合理的载频 $1/T$,才能在再现时把一级衍射波和其他高级次衍射波分离。从式(5.5-2)的二元全息函数出发,在 x 方向,不同衍射级次的局部空间频率为

$$\nu_x = m\left[\frac{1}{T} - \frac{1}{2\pi}\frac{\delta\varphi(x,y)}{\delta x}\right] \tag{5.5-8}$$

类似地,在 y 方向有

$$\nu_x = m - \frac{m}{2\pi} \cdot \frac{\delta\varphi(x,y)}{\delta y} \qquad (5.5\text{-}9)$$

由式(5.5-8)和式(5.5-9)可见,沿 x 和 y 方向空间频率带宽随衍射级次 m 而线性增长,高级次衍射项比低级次衍射项占据更大的带宽。而 y 方向的空间频率并不影响载频的选择。假定在 x 方向的局部空间频率限于 $-B_x$ 和 B_x 之间,则要避免在空间频域第一级衍射波和第二级以上的衍射波不相互重叠,载频 $1/T$ 应满足: $\frac{1}{T} + B_x < \frac{2}{T} - 2B_x$,即

$$1/T > 3B_x \qquad (5.5\text{-}10)$$

在实际中,常取 $1/T > 4B_x$。

4. 计算举例

以计算全息干涉图产生球面波为例,说明其制作方法。球面波的相位变化(傍轴近似)可以表示为

$$\varphi(x,y) = \frac{k}{2f}(x^2 + y^2) \qquad (5.5\text{-}11)$$

式中,$k = 2\pi/\lambda$,f 是球面波的曲率半径。其在 x 和 y 方向上的局部空间频率分别为

$$\nu_x = \frac{1}{2\pi}\frac{\partial\varphi(x,y)}{\partial x} = \frac{x}{\lambda f}, \quad \nu_y = \frac{1}{2\pi}\frac{\partial\varphi(x,y)}{\partial y} = \frac{y}{\lambda f} \qquad (5.5\text{-}12)$$

上式表明,局部空间频率是随 x 和 y 线性变化的,而且与球面波曲率半径成反比,其最大的空间频率位于波面边沿。设球面波直径为 D,则 $\nu_{max} = \frac{D}{2} \cdot \frac{1}{\lambda f}$,所以带宽 $2B_x = \frac{D}{\lambda f}$。按前面的分析,选择载波频率 $\frac{1}{T} = 4B_x$,即 $\frac{1}{T} = \frac{D}{\lambda} \cdot \frac{2}{f}$。由此可以确定二元干涉条纹的周期和平均条纹数为

$$T = \frac{\lambda f}{2D} \qquad (5.5\text{-}13)$$

$$N = \frac{D}{T} = \frac{2D^2}{\lambda f} \qquad (5.5\text{-}14)$$

假定 $f = 1000\ mm$,$D = 20\ mm$,$\lambda = 0.6328 \times 10^{-3}\ mm$,可以得到二元干涉图上平均的条纹周期 $T \approx 0.016\ mm$,条纹总数 $N \approx 1264$。将 T 和 $\varphi(x,y)$ 代入基本方程(式(5.5-7))就可以用计算机算出每一条纹的空间位置。并控制绘图仪画出计算全息干涉图。由于干涉条纹很细,通常需要按一定比例放大绘图,然后用光学缩版办法得到可用的全息图。

球面波在光学中可以简单地用透镜或波带板获得,而另一些复杂的波面,如螺旋形波面、非球面等,用光学技术却难以得到。由于计算机仿真干涉图的灵活性很大,使得计算全息干涉图很适合产生用单纯光学方法难以实现的特殊相位型变化的波前。

5.6　相　息　图

相息图是另一种形式的计算全息图,它与一般计算全息图的区别有两点:其一是它只记录物光波的相位,而把物光波的振幅当作常数;其二是记录波面相位信息的方法不同,一般的计

算全息将光波信息转化为全息图的透过率变化或干涉图形而记录在胶片上,而相息图却是将光波的相位信息以浮雕形式记录在胶片上。这里必须指出,由于未对振幅信息进行编码处理,所以相息图就不能保存物体的全部信息,因而它与全息图是有区别的。但是,当波场在全息图平面上的振幅分布近于常量(比如菲涅耳变换场,漫射照明场)时,仅做相位编码记录也就可以了。

制作相息图时,物光波的复振幅可写成

$$f(x,y) = \exp[\,j\varphi(x,y)\,] \tag{5.6-1}$$

这是一个纯相位函数,制作相息图的方法应确保这种纯相位信息以浮雕形式记录在全息图上。因此,相息图可以看成是一块由计算机制作的复杂透镜。对同轴再现的相息图来说,其表面形状很像光学菲涅耳透镜;而对离轴像的再现来讲,相息图则像一块精密制作的闪耀光栅。

早期制作相息图的方法依赖于对胶片的显影和漂白处理。通过对相位函数抽样,以多级灰阶将相位函数进行编码,并用一种精密阴极射线示波器将相位的变化以光强的形式记录在感光胶片上,然后将曝光后的胶片进行显影和漂白处理,就可以得到相息图了。由于相息图是依靠改变胶片的光学厚度来调制物波相位的,所以,在曝光量控制、显影和漂白过程均有严格要求,才能使处理后的胶片对入射光波的相位调制与要求的物波相位匹配。需要强调的是,由于复指数函数的周期性,因而对相位函数编码时,只需考虑 $0 \sim 2\pi$ 之间的相位变化。图 5.6-1 右端是一个球面波相息图的示意图,其作用与左端的平凸透镜相同。

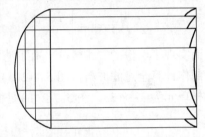

图 5.6-1 球面波的相息图

一些相位型记录材料,如光导热塑材料、重铬酸明胶等,也可用来制作相息图。另外,用计算机控制的电子束、离子束刻蚀技术,可以产生高质量的相息图。

相息图的最大优点是衍射效率特别高,它在原理上可以看成是由计算机控制制作的复杂透镜,照明相息图后仅产生单一的波面,没有共轭像或多余的衍射级次。特别值得指出的是,直到目前为止,相息图还只能由计算机控制产生,而不能直接用光学方法来实现。

5.7　计算全息的应用

由于计算全息比一般的光学全息有很多独特的优点,例如,它能综合出世间不存在的物体的全息图,可以灵活地控制波面的振幅和相位,并且二元计算全息图可以直接复制,因此它在许多方面获得了广泛的应用。

1. 空间滤波器

大多数的光学信息处理工作,都依赖于在频率平面对波面进行所期望的变换,而计算全息提供了一种灵活地制作各种空间滤波器的方法,计算全息微分滤波器就是其中的一例。设输入图像为 $f(x,y)$,其频谱为 $F(\xi,\eta)$,因为

$$\frac{\delta f(x,y)}{\delta x} \underset{\mathscr{F}^{-1}}{\overset{\mathscr{F}}{\rightleftharpoons}} j2\pi\xi F(\xi,\eta) \tag{5.7-1}$$

如果希望经过滤波后在像面上得到微分的结果,则所需要的滤波器函数为

$$H(\xi,\eta) = \mathrm{j}2\pi\xi \qquad (5.7\text{-}2)$$

显然,滤波器的透过率与频率平面坐标 ξ 成正比,并且在 $\pm\xi$ 平面的相相位差 π,而 $\mathrm{j}2\pi$ 是与坐标无关的一个常量,满足这种条件的计算全息滤波器如图 5.7-1 所示。这种滤波器只能在一维方向对图像实现微分运算。

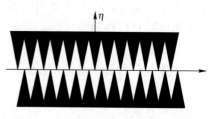

图 5.7-1　计算全息一维微分的滤波器

当要实现图像在二维方向的微分时,相应的计算全息滤波器可以采用如下的滤波函数

$$H(\xi,\eta) = 2\pi(\mathrm{j}\xi - \eta) \qquad (5.7\text{-}3)$$

可以证明 $\displaystyle\iint_{-\infty}^{\infty}2\pi(\mathrm{j}\xi-\eta)F(\xi,\eta)\exp[\mathrm{j}2\pi(\xi x+\eta y)]\mathrm{d}\xi\mathrm{d}\eta = \dfrac{\partial f(x,y)}{\partial x}+\mathrm{j}\dfrac{\partial f(x,y)}{\partial y}$ (5.7-4)

而经滤波后,在输出面上得到的强度分布为

$$I(x,y) = \left|\frac{\partial f(x,y)}{\partial x}+\mathrm{j}\frac{\partial f(x,y)}{\partial f}\right|^2 = \left[\frac{\partial f(x,y)}{\partial x}\right]^2+\left[\frac{\partial f(x,y)}{\partial y}\right]^2 \qquad (5.7\text{-}5)$$

从而实现了图像的二维微分。有了滤波函数 $H(\xi,\eta) = 2\pi(\mathrm{j}\xi-\eta)$ 后,可能选择一种编码方法制作计算全息滤波器。图 5.7-2(a) 是用罗曼的迂回相位编码方法制作的二维微分滤波器,抽样单元为 32×33。图 5.7-2(b) 是微分处理后的结果。

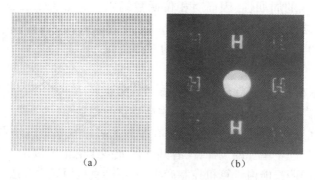

(a)　　　　　　　　　(b)

图 5.7-2　微分滤波器计算全息图及其处理结果复制

2. 干涉计量

由于计算全息可以产生特定的波面,因此在干涉计量中具有广泛应用的前景。图 5.7-3 是一个用计算全息图检测非球面的实例。图 5.7-4(a) 是一个典型的用于非球面检测的计算全息图,图 5.7-4(b) 是该计算全息图的频谱分布。计算全息图(CGH)插在光路中的适当位置上,通过在计算全息图的频谱面上放置适当的空间滤波器,计算全息图所产生的波面可以补偿被测非球面镜 M_1 与参考平面镜 M_2 之间的波像差。从 M_1 和 M_2 上反射的光相互干涉形成干涉条纹,而被测非球面镜的面形偏差将引起图中 P 平面上输出的干涉条纹弯曲,其弯曲量代表了被测非球面镜的面形误差。计算全息还可以产生锥形波面或螺旋形波面作为参考波。在这种情况下,当被测波面为平面时,干涉图形是等间距圆环或径向辐射状条纹,从而直观地显现出被测波面的相位变化,易于观察和定量研究。

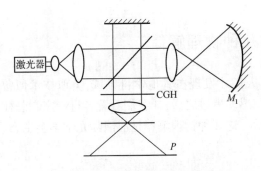

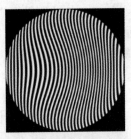

（a）计算全息图

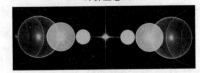

（b）频谱图

图 5.7-3　计算全息检测非球面

图 5.7-4　一个典型的用于非球面检测的
计算全息图及其频谱分布

3. 再现三维像

由于计算全息可以对实际不存在的物体制成全息图，并再现这种虚构物体的三维像，因此受到极大的重视。例如，可以用这种方法显示数学形式形体的三维形像，研究所设计的建筑物的造型等。从原理上讲，只要物体的数学模型存在，就可以制作计算全息图来显示。但实际上要制作具有一定视角范围的三维物体的计算全息图，要求计算全息图有很高的空间带宽积，这对计算和成图设备的分辨率提出了很高的要求。目前，应用计算全息图只能显示一些简单物体的三维图像。随着技术的发展，显示各种复杂形体的三维图像的目标最终将实现。

4. 计算全息扫描器

使用计算全息图可以控制衍射光的出射方向，因此设计特殊的计算全息图，并使之相对于入射激光束运动，就可以使出射激光束按所需的轨迹进行扫描。计算全息扫描器可以做成筒状或盘状，以便于高速旋转实现快速扫描。图 5.7-5 是用计算全息制作的圆筒型光栅扫描器示意图。

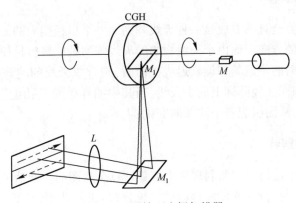

图 5.7-5　圆筒型光栅扫描器

以上所举例子只是计算全息应用的一部分。随着计算技术(计算速度和存储容量)和成图技术(例如激光扫描器、电子束、离子束图形发生器)的进一步发展,有可能制作出更高空间带宽积的计算全息图,使计算全息在三维显示、光学信息处理、干涉计量、数据存储、光计算等领域获得更多更好的应用。

5.8 计算全息的几种物理解释

当计算全息技术逐渐被人们理解、熟悉之后,人们才发现在其他学科领域,类似技术似曾相识,只是并非所有的人都能获得发现新技术的灵感。事过之后,让我们看看各行专家是怎样解释计算全息的,这也许能给我们一些有益的启示。这几种物理解释是前国际光学学会主席、德国学者罗曼教授介绍的。

1. 光谱学家的解释

光栅是一种重要的色散元件,具有很高的分辨率。与棱镜光谱仪不同,由于光栅制造误差,它会出现鬼线。1872年克温科发现了光谱图上的鬼线,后来称为罗兰鬼线;还有一些其他类别的鬼线,如赖曼鬼线。某些鬼线容易被误认为是真谱线,这在光谱学发展历史上曾闹过一些笑话。这些现象曾使光谱学家疑惑不解,后来瑞利建立了鬼线理论才解释了这些现象,鬼线是不完善光栅所产生的。

在计算全息中,要解决的问题正好与上述相反,这种不完善光栅引起的鬼线叫作像点。因此光谱学家认为,计算全息只不过是产生预期鬼线的光栅。

2. 物理学家的解释

从物理学家的角度看,计算全息实现一种复数波面变换。一张计算全息图就是一个复数波面变换器,可以使一个平面波前变换成其振幅和相位都受到调制的复数波前。采用常规光学元件可以实现简单的波面变换,例如一个透镜可以将平面波变换为球面波,其原理是基于光线在不同介质表面上的折射。在计算全息中,采用迂回相位编码,通过在类光栅结构上的衍射,实现了波面的变换。计算全息技术为复杂的波面变换提供了一种手段。

3. 天线工程师的解释

天线工程师将计算全息图看成是一种天线阵列。一个口径很大的天线往往不容易随意改变接收或发射波阵面的方向。而由小天线构成的天线阵列则比较容易控制波阵面的方向。当其中的一些小天线发射的子波的相位延迟或提前时,则合成天线的波阵面发生变化。计算全息图上的抽样单元,如同天线阵列上的小天线,当其中抽样单元开孔位置发生变化时,也会使子波的相位发生改变,从而引起整个波面的变化。

4. 通信工程师的解释

通信工程师是应用通信中的调制理论来解释计算全息图的。通信中对时间信号波形进行调制,计算全息中对空间信号(光波复振幅的二维分布)进行调制,从数学上看,两者并无本质的差别。计算全息在很多方面正是借鉴了通信中的理论和方法。罗曼的迂回相位编码方法就是直接采用了脉冲宽度调制和脉冲位置调制。空间脉冲调制概念,不仅在计算全息图的分析和综合中很重要,而且对图像传输、存储、显示、处理及图像的印刷技术等也很重要。在光学数据处理领域,应用空间脉冲宽度调制和空间脉冲位置调制,把空间模拟信号转换成二元信号,将会使得光学、数字计算机和电子学系统更易于实现联机混合处理。

习题五

5.1　一个二维物函数 $f(x, y)$,在空域尺寸为 10 mm × 10 mm,最高空间频率为 5 l/mm,为了制作一张傅里叶变换全息图:

(1) 确定物面抽样点总数。

(2) 若采用罗曼型迂回相位编码方法,计算全息图上抽样单元总数是多少?

(3) 若采用修正离轴参考光编码方法,计算全息图上抽样单元总数是多少?

(4) 两种编码方法在全息图上抽样单元总数有何不同? 原因是什么?

5.2　对比光学离轴全息函数和修正型离轴全息函数,说明如何选择载频和制作计算全息图的抽样频率。

5.3　一种类似博奇型计算全息图的方法,称为黄氏(Huang)法,这种方法在偏置项中加入物函数本身,所构成的全息函数为

$$h(x, y) = \frac{1}{2} A(x, y) \{1 + \cos[2\pi a x - \varphi(x, y)]\}$$

(1) 画出该全息函数的空间频率结构,说明如何选择载频。

(2) 画出黄氏计算全息图的空间频率结构,说明如何选择抽样频率。

5.4　罗曼迂回相位编码方法有三种衍射孔径形式,如图题 5.4 所示。利用复平面上矢量合成的方法解释,在这三种孔径形式中,是如何对振幅和相位进行编码的。

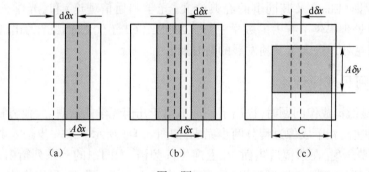

图　题 5.4

第6章　光学信息处理

6.1　空间滤波

空间滤波的目的是通过有意识地改变像的频谱,使像产生所希望的变化。光学信息处理是一个更为宽广的领域,它是 20 世纪 60 年代随着激光器的问世而发展起来的一个新的研究方向,是现代信息处理技术中的一个重要组成部分,在现代光学中占有很重要的地位。所谓光学信息,是指光的强度(或振幅)、相位、颜色(波长)和偏振态等随时间和空间的分布。光学信息处理是基于光学频谱分析,利用傅里叶综合技术,通过空域或频域调制,借助空间滤波技术对光学信息进行处理的过程。

空间滤波和光学信息处理可以追溯到 1873 年阿贝(Abbe)提出二次成像理论。阿贝于 1893 年,波特(Porter)于 1906 年为验证这一理论所做的实验,科学地说明了成像质量与系统传递函数的空间频谱之间的关系。1953 年策尼克(Zernike)提出的相衬显微镜是空间滤波技术早期最成功的应用。1946 年杜费(Duffieux)把光学成像系统看作线性滤波器,成功地用傅里叶方法分析成像过程,发表了《傅里叶变换及其在光学中的应用》这一著名论著。20 世纪 50 年代,艾里亚斯(Elias)及其同事的经典论文《光学和通信理论》和《光学处理的傅里叶方法》为光学信息处理提供了有力的数学工具。20 世纪 60 年代由于激光的出现和全息术的重大发展,光学信息处理进入了蓬勃发展的新时期。

6.1.1　阿贝成像理论

阿贝研究显微镜成像问题时,提出了一种不同于几何光学的新观点,他将物看成是不同空间频率信息的集合,相干成像过程分两步完成,如图 6.1-1 所示。第一步是入射光场经物平面 P_1 发生夫琅禾费衍射,在透镜后焦面 P_2 上产生其频谱,如图中的一系列衍射斑;第二步是将其频谱即衍射斑作为新的次波源发出球面次波,在像面上相干叠加,形成物体的像。将显微镜成像过程看成是上述两步成像的过程,是波动光学的观点,后来人们称其为阿贝成像理论。阿贝成像理论不仅用傅里叶变换阐述了显微镜成像的机理,更重要的是首次引入频谱的概念,启发人们用改造频谱的手段来改造信息。

阿贝-波特实验是对阿贝成像原理最好的验证和演示。这项实验的一般做法如图 6.1-2 所示,用平行相干光束照明一张细丝网格,在成像透镜的后焦面上出现周期性网格的傅里叶频谱,由于这些傅里叶频谱分量的再组合,从而在像平面上再现网格的像。若把各种遮挡物(如光圈、狭缝、小光屏)放在频谱面上,就能以不同方式改变像的频谱,从而在像平面上得到由改变后的频谱分量重新组合得到的对应的像。图 6.1-2(a)是实验装置图,

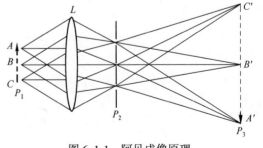

图 6.1-1　阿贝成像原理

图 6.1-2(b)是使用一条水平狭缝时透过的频谱,对应的像如图 6.1-2(c)所示,它只包括网格的垂直结构。如果将狭缝旋转90°,则透过的频谱和对应的像如图 6.1-2(d)和(e)所示。若在焦面上放一个可变光圈,开始时光圈缩小,使得只通过轴上的傅里叶分量,然后逐渐加大光圈,就可以看到网格的像怎样由傅里叶分量一步步综合出来。如果去掉光圈换上一个小光屏挡住零级频谱,则可以看到网格像的对比度反转。这些实验以其简单的装置十分明确地演示了阿贝成像原理,对空间滤波的作用给出了直观的说明,为光学信息处理的概念奠定了基础。

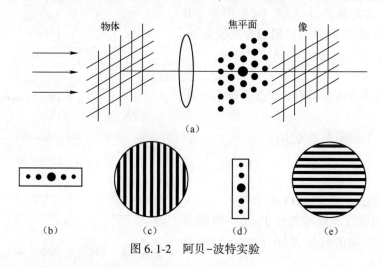

图 6.1-2 阿贝-波特实验

6.1.2 空间滤波的傅里叶分析

现在我们以一维光栅为例,用傅里叶分析的手段讨论空间滤波过程,以便更透彻地了解改变系统透射频谱对像结构的影响。为简明起见,采用最典型的相干滤波系统,通常称为 4f 系统,如图 6.1-3 所示。图中,L_1 是准直透镜;L_2 和 L_3 为傅里叶变换透镜,焦距均为 f;P_1,P_2 和 P_3 分别是物面、频谱面和像面,并且 P_3 平面采用反演坐标系。设在物面上放置的光栅常数为 d,缝宽为 a,光栅沿 x_1 方向的宽度为 L,则它的透过率为

$$t(x_1) = \left[\text{rect}\left(\frac{x_1}{a}\right) * \frac{1}{d}\text{comb}\left(\frac{x_1}{d}\right) \right] \text{rect}\left(\frac{x_1}{L}\right) \tag{6.1-1}$$

在 P_2 平面上的光场分布应正比于

$$T(\xi) = \frac{aL}{d} \sum_{m=-\infty}^{\infty} \text{sinc}\left(\frac{am}{d}\right) \text{sinc}\left[L\left(\xi - \frac{m}{d}\right) \right]$$

$$= \frac{aL}{d} \left\{ \text{sinc}(L\xi) + \text{sinc}\left(\frac{a}{d}\right) \text{sinc}\left[L\left(\xi - \frac{1}{d}\right) \right] + \text{sinc}\left(\frac{a}{d}\right) \text{sinc}\left[L\left(\xi + \frac{1}{d}\right) \right] + \cdots \right\} \tag{6.1-2}$$

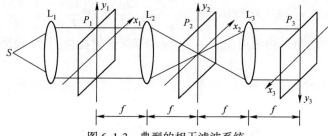

图 6.1-3 典型的相干滤波系统

式中，$\xi = x_2/(\lambda f)$，x_2 是频谱面上的位置坐标，ξ 是同一平面上用空间频率表示的坐标。为了避免各级频谱重叠，假定 $L \gg d$。下面我们将讨论在频谱面上放置不同的滤波器时，在输出面上像场的变化情况。

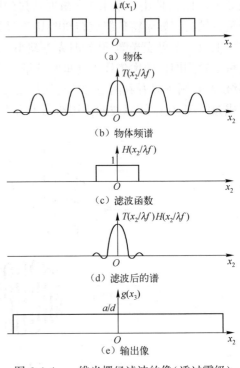

图 6.1-4　一维光栅经滤波的像（透过零级）

（1）滤波器是一个适当宽度的狭缝，只允许零级谱通过，也就是说只让式（6.1-2）中第一项 $(aL/d)\,\mathrm{sinc}(L\xi)$ 通过，则狭缝后的透射光场为

$$T(\xi)H(\xi) = \frac{aL}{d}\mathrm{sinc}(L\xi) \qquad (6.1\text{-}3)$$

式中，$H(\xi)$ 是狭缝的透过函数。于是在输出平面上的场分布为

$$
\begin{aligned}
g(x_3) &= \mathscr{F}^{-1}\{T(\xi)H(\xi)\} \\
&= \frac{a}{d}\mathrm{rect}\left(\frac{x_3}{L}\right) \qquad (6.1\text{-}4)
\end{aligned}
$$

空间滤波的全部过程如图 6.1-4 所示。

（2）狭缝加宽能允许零级和正、负一级频谱通过，这时透射的频谱包括式（6.1-2）中的前三项，即

$$T(\xi)H(\xi) = \frac{aL}{d}\left\{\mathrm{sinc}(L\xi) + \mathrm{sinc}\left(\frac{a}{d}\right)\mathrm{sinc}\left[L\left(\xi - \frac{1}{d}\right)\right] + \mathrm{sinc}\left(\frac{a}{d}\right)\mathrm{sinc}\left[L\left(\xi + \frac{1}{d}\right)\right]\right\} \qquad (6.1\text{-}5)$$

于是输出平面上的场分布为

$$
\begin{aligned}
g(x_3) &= \mathscr{F}^{-1}\{T(\xi)H(\xi)\} \\
&= \frac{a}{d}\mathrm{rect}\left(\frac{x_3}{L}\right) + \mathrm{sinc}\left(\frac{a}{d}\right)\mathrm{rect}\left(\frac{x_3}{L}\right)\exp\left(\mathrm{j}2\pi\frac{x_3}{d}\right) + \mathrm{sinc}\left(\frac{a}{d}\right)\mathrm{rect}\left(\frac{x_3}{L}\right)\exp\left(-\mathrm{j}2\pi\frac{x_3}{d}\right) \\
&= \frac{a}{d}\mathrm{rect}\left(\frac{x_3}{L}\right)\left[1 + 2\mathrm{sinc}\left(\frac{a}{d}\right)\cos\left(\frac{2\pi x_3}{d}\right)\right] \qquad (6.1\text{-}6)
\end{aligned}
$$

空间滤波的全过程如图 6.1-5 所示。在这种情况下，像与物的周期相同，但由于高频信息的丢失，像的结构变成余弦振幅光栅。

（3）滤波面放置双缝，只允许正、负二级谱通过，这时系统透射的频谱为

$$T(\xi)H(\xi) = \frac{aL}{d}\mathrm{sinc}\left(\frac{2a}{d}\right)\left\{\mathrm{sinc}\left[L\left(\xi - \frac{2}{d}\right)\right] + \mathrm{sinc}\left[L\left(\xi + \frac{2}{d}\right)\right]\right\} \qquad (6.1\text{-}7)$$

输出平面上的场分布为

$$g(x_3) = \mathscr{F}^{-1}\{T(\xi)H(\xi)\} = \frac{2a}{d}\mathrm{sinc}\left(\frac{2a}{d}\right)\mathrm{rect}\left(\frac{x_3}{L}\right)\cos\left(\frac{4\pi x_3}{d}\right) \qquad (6.1\text{-}8)$$

在这种情况下，像的周期是物的周期的一半，像的零级谱被挡住，其结构是余弦振幅光栅，如图 6.1-6 所示。

（4）在频谱面上放置不透光的小圆屏，挡住零级谱，而让其余频率成分通过，这时透射频谱可表示为

$$T(\xi)H(\xi) = T(\xi) - \frac{aL}{d}\mathrm{sinc}(L\xi) \qquad (6.1\text{-}9)$$

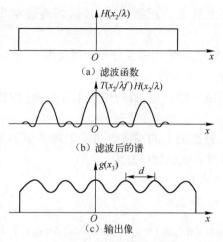

（a）滤波函数

（b）滤波后的谱

（c）输出像

图 6.1-5　一维光栅经滤波的像
（透过零级和正负一级频谱）

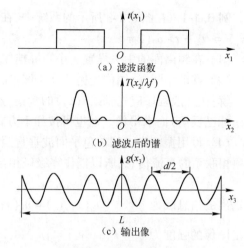

（a）滤波函数

（b）滤波后的谱

（c）输出像

图 6.1-6　一维光栅经滤波的像
（透过正负二级频谱）

像面上的光场分布正比于

$$g(x_3) = \mathscr{F}^{-1}\{T(\xi)\} - \mathscr{F}^{-1}\left\{\frac{aL}{d}\mathrm{sinc}L(\xi)\right\} = t(x_3) - \frac{a}{d}\mathrm{rect}\left(\frac{x_3}{L}\right)$$

$$= \left[\mathrm{rect}\left(\frac{x_3}{a}\right)\frac{1}{d}\mathrm{comb}\left(\frac{x_3}{d}\right)\right]\mathrm{rect}\left(\frac{x_3}{L}\right) - \frac{a}{d}\mathrm{rect}\left(\frac{x_3}{L}\right) \tag{6.1-10}$$

当 $a = d/2$，即缝宽等于缝的间隙时，直流分量为 $1/2$，像场的复振幅分布仍为光栅结构，并且周期与物相同，但强度分布是均匀的，即实际上看不见条纹，如图 6.1-7 所示。当 $a > d/2$，即缝宽大于缝的间隙时，直流分量大于 $1/2$。去掉零级谱以后像场分布如图 6.1-8 所示，对应物体上亮的部分变暗，暗的部分变亮，实现了对比度反转。

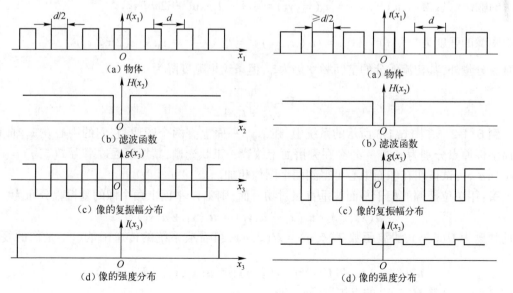

（a）物体

（b）滤波函数

（c）像的复振幅分布

（d）像的强度分布

图 6.1-7　去掉零频后一维光栅的像 $(a = d/2)$

（a）物体

（b）滤波函数

（c）像的复振幅分布

（d）像的强度分布

图 6.1-8　去掉零频后一维光栅的像 $(a > d/2)$

上述讨论说明了利用空间滤波技术，可以改变成像系统中像场的光分布。

例 6.1-1 在图 6.1-3 所示的系统中，在 x_1y_1 平面上放置一正弦光栅，其振幅透过率为 $t(x_1) = t_0 + t_1\cos(2\pi\xi_0 x_1)$。

（1）在频谱面的中央设置一小圆屏挡住光栅的零级谱，求像的强度分布及可见度；

（2）移动小圆屏，挡住光栅的 + 1 级谱，像面的强度分布和可见度又如何？

解： 按一般程序应先求出 $t(x_1)$ 的频谱，然后求出滤波后的频谱，再做逆傅里叶变换（因像面坐标已反演）而求得像。但也可按如下方式考虑。

（1）设用振幅为 1 的单色平面波垂直照明物平面，频谱面上的零级斑对应于物平面上与 t_0 项相联系的直流信息，所以挡住零级斑相当于完全通过系统的物信息为

$$u_0(x_1, y_2) = t_1\cos(2\pi\xi_0 x_1)$$

故输出的信息成为 $\qquad u_i(x_3, y_3) = u_0(x_3, y_3) = t_1\cos(2\pi\xi_0 x_3)$

输出图像的强度为 $\qquad I_i(x_3, y_3) = |u_i(x_3, y_3)|^2 = t_1^2\cos^2(2\pi\xi_0 x_3) = \dfrac{1}{2}t_1^2[1 + \cos(4\pi\xi_0 x_1)]$

除直流成分外，其交流成分的空间频率 $\xi = 2\xi_0$，而条纹可见度为

$$V = \frac{I_{\max} - I_{\min}}{I_{\max} + I_{\min}} = \frac{t_1^2/2}{t_1^2/2} = 1$$

（2）如果挡住 + 1 级谱，输出强度又如何变化呢？为此先展开输入图像的物信息

$$t(x_1) = t_0 + \frac{1}{2}t_1\exp(j2\pi\xi_0 x_1) + \frac{1}{2}t_1\exp(-j2\pi\xi_0 x_1)$$

谱平面上的 + 1 级谱与物信息中含有的 $\dfrac{1}{2}t_1\exp(j2\pi\xi_0 x_1)$ 相对应，故挡住 + 1 级谱相当于完全通过的物信息为

$$u_0(x_1, y_1) = t_0 + \frac{1}{2}t_1\exp(-j2\pi\xi_0 x_1)$$

此时的输出信息为 $\qquad u_i(x_3, y_3) = u_0(x_3, y_3) = t_0 + \dfrac{1}{2}t_1\exp(-j2\pi\xi_0 x_3)$

输出图像的强度为 $\qquad I_i(x_3, y_3) = |u_i(x_3, y_3)|^2 = t_0^2 + \dfrac{1}{4}t_1^2 + t_0 t_1\cos(2\pi\xi_0 x_3)$

除直流分量外，其交流成分的空间频率仍为 ξ_0，但条纹可见度降为

$$V = \frac{t_0 t_1}{t_0^2 + t_1^2/4}$$

例 6.1-2 在图 6.1-3 所示的系统中，在 x_1y_1 平面上有两个图像，它们的中心在 x_1 轴上，距离坐标原点分别为 a 和 $-a$，今在频谱面上放置一正弦光栅，其振幅透过率为 $T(\xi, \eta) = 1 + \cos(2\pi a\xi)$，试证明在像面中心可得到两个图像相加。

解： 用单位振幅的相干平面波垂直照射物平面，则 x_1y_1 平面上两个像的复振幅分布为

$$u(x_1, y_1) = u_1(x_1 - a, y_1) + u_2(x_1 + a, y_1)$$

物的频谱为 $U(\xi, \eta)$，滤波函数 $T(\xi, \eta) = H(\xi, \eta)$，可看成系统的传递函数。于是像的复振幅为

$$u_i(x_3, y_3) = \mathscr{F}\{U(\xi, \eta)H(\xi, \eta)\} = u(x_3, y_3) * h(x_3, y_3)$$

式中，$h(x_3, y_3)$ 是 $H(\xi, \eta)$ 的点扩散函数，即

$$h(x_3, y_3) = \mathscr{F}\{1 + \cos(2\pi a\xi)\} = \delta(x_3, y_3) + \frac{1}{2}\delta(x_3 - a, y_3) + \frac{1}{2}\delta(x_3 + a, y_3)$$

于是像的复振幅为

$$u_i(x_3,y_3) = \left[u_1(x_3 - a,y_3) + u_2(x_3 + a,y_3) \right] * \left[\delta(x_3,y_3) + \frac{1}{2}\delta(x_3 - a,y_3) + \frac{1}{2}\delta(x_3 + a,y_3) \right]$$

$$= \frac{1}{2}\left[u_1(x_3,y_3) + u_2(x_3,y_3) \right] + u_1(x_3 - a,y_3) + u_2(x_3 + a,y_3) +$$

$$\frac{1}{2}\left[u_1(x_3 - 2a,y_3) + u_2(x_3 + 2a,y_3) \right]$$

式中,后三项的中心分别位于$(a,0)$及$(-a,0)$,$(2a,0)$,$(-2a,0)$处,可见,在像面中心得到图像u_1和u_2的相加。

例6.1-3 在$4f$成像系统中,为了在像面上得到输入图像的微分图像,试问在频谱面上应该使用怎样的滤波器?

解:设输入图像的复振幅分布为$u_0(x_1)$,其频谱为$U_0(\xi)$,因此有

$$u_0(x_1) = \int_{-\infty}^{\infty} U_0(\xi)\exp(j2\pi\xi x_1)\,d\xi$$

又设输出像的复振幅为$u_i(x_3)$,在没有空间滤波器的情况下,像面上复振幅分布应为

$$u_i(x_3) = u_0(x_3)$$

若要使

$$u_i(x_3) = \frac{d}{dx_3}u_0(x_3) = \frac{d}{dx_3}\int_{-\infty}^{\infty} U_0(\xi)\exp(j2\pi\xi x_3)\,d\xi$$

$$= \int_{-\infty}^{\infty} j2\pi\xi\, U_0(\xi)\exp(j2\pi\xi x_3)\,d\xi$$

透过变换平面的频谱应为

$$U'_0(\xi) = T(\xi)U_0(\xi) = j2\pi\xi\, U_0(\xi)$$

所以滤波器的透射函数为

$$T(\xi) = j2\pi\xi$$

ξ可取正、负两值。为实现负值,可将两块模片叠合,一块是振幅模片,其透过率为

$$T_1(\xi) = \left| 2\pi\xi \right|$$

另一块是相位模片,做成在ξ的正的范围和负的范围中,其相位差为π的相位掩模,其透过率函数为

$$T_2(\xi) = \begin{cases} j, & \xi > 0 \\ -j, & \xi < 0 \end{cases}$$

其组合情况如图6.1-9所示。

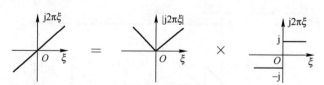

图6.1-9 微分运算的滤波器

6.1.3 空间滤波系统

空间滤波系统需要完成从空域到频域,又从频域还原到空域的两次傅里叶变换,以及在频域的乘法运算。傅里叶变换的性质蕴含于光波的衍射中,借助透镜的作用可方便地利用傅里叶变换性质。因此,系统应包括实现傅里叶变换的物理实体,即光学透镜,以及具有与空域和频域相对应的输入、输出和频谱平面。频域上的乘法运算是通过在频谱面上放置所需要的滤

波器来完成的。

典型的滤波系统是三透镜系统,即图 6.1-3 所示的系统。两次傅里叶变换的任务各由一个透镜承担,两透镜之间的距离是两透镜的焦距之和,系统的垂轴放大率等于两个透镜焦距之比。为简单起见,常取两者焦距相等,于是从输入平面到输出平面之间,各元件相距 f,这种系统简称为 $4f$ 系统。若输入透明片置于 P_1 平面上,其复振幅透过率为 $f(x_1, y_1)$,用单位振幅的相干平面波垂直照射,则在 P_2 平面上得到物体的频谱 $F\left(\dfrac{x_2}{\lambda f}, \dfrac{y_2}{\lambda f}\right)$;若在这个平面上放置滤波器,令其振幅透过率 $t(x_2, y_2)$ 正比于 $H\left(\dfrac{x_2}{\lambda f}, \dfrac{y_2}{\lambda f}\right)$,则滤波器后方的光场分布等于两个函数相乘,即 $F\left(\dfrac{x_2}{\lambda f}, \dfrac{y_2}{\lambda f}\right) H\left(\dfrac{x_2}{\lambda f}, \dfrac{y_2}{\lambda f}\right)$。这样,就在 L_3 的后焦面即输出平面上得到两个函数乘积的傅里叶变换。在反演坐标系下,输出平面光场的复振幅分布为

$$g(x_3, y_3) = \mathscr{F}^{-1}\left\{ F\left(\frac{x_2}{\lambda f}, \frac{y_2}{\lambda f}\right) \cdot H\left(\frac{x_2}{\lambda f}, \frac{y_2}{\lambda f}\right) \right\} = f(x_3, y_3) * h(x_3, y_3) \tag{6.1-11}$$

式中,$f(x_3, y_3)$ 是物体 $f(x_1, y_1)$ 的几何像;h 是 H 的逆傅里叶变换,称为滤波器的脉冲响应。从频域来看,系统改变了输入信息的空间频谱结构,这就是空间滤波或频域综合的含义;从空域来看,系统实现了输入信息与滤波器脉冲响应的卷积,完成了所期望的一种变换。

图 6.1-10 是另外三种典型的系统。图 6.1-10(a) 是一种双透镜系统,L_1 是准直透镜,透镜 L_2 同时起傅里叶变换和成像作用,频谱面在 L_2 的后焦面上,输出平面 P_3 位于 P_1 的共轭像

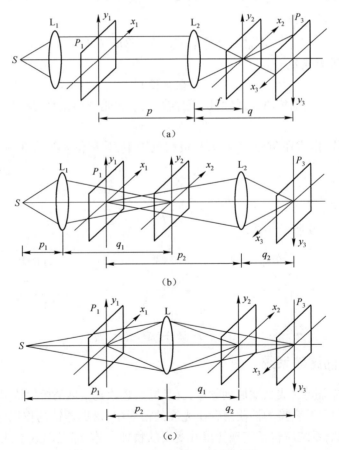

(a)

(b)

(c)

图 6.1-10　其他三种典型的滤波系统

面处。图 6.1-10（b）是另一种双透镜系统，L_1 既是照明镜又是傅里叶变换透镜，照明光源 S 与频谱面是物像共轭面，L_2 则起第二次傅里叶变换和成像作用。图 6.1-10（c）是单透镜系统，L 具有成像和变换双重功能，照明光源与频谱面共轭，物面和像面形成另一对共轭面。

在图 6.1-10（b）和（c）两种系统中，前后移动物面 P_1 的位置，可以改变输入频谱的大小，这种灵活性方便了滤波操作。

这三种系统结构简单，但是这三种系统在 P_2 面上给出的物体频谱都不是物函数准确的傅里叶变换关系，而附带有球面相位因子，在某些运用中将对滤波操作带来影响。对于典型的 $4f$ 系统，由于变换透镜前后焦面上存在准确的傅里叶变换，分析起来十分方便，故后面介绍的多数例子都采用 $4f$ 系统。

6.1.4 空间滤波器

在光学信息处理系统中，空间滤波器是位于空间频率平面上的一种模片，它改变了输入信息的空间频谱，从而实现对输入信息的某种变换。空间滤波器的透过率函数一般是复函数：

$$H(\xi,\eta) = A(\xi,\eta)\exp[\,\mathrm{j}\varphi(\xi,\eta)\,] \tag{6.1-12}$$

根据透过率函数的性质，空间滤波器可以分为以下几种：

1. 二元振幅滤波器

这种滤波器的复振幅透过率是 0 或 1。由二元滤波所作用的频率区间又可细分为：

① 低通滤波器，它只允许位于频谱面中心及其附近的低频分量通过，可用来滤掉高频噪音。

② 高通滤波器，它阻挡低频分量而允许高频通过，可以实现图像的衬度反转或边缘增强。

③ 带通滤波器，它只允许特定区间的空间频谱通过，可以去除随机噪音。

④ 方向滤波器，它阻挡（或允许）特定方向上的频谱分量通过，可以突出某些方向性特征。

上述四种二元振幅滤波器的形状如图 6.1-11 所示。

图 6.1-11　四种二元振幅滤波器

2. 振幅滤波器

这种滤波器仅改变各频率成分的相对振幅分布，而不改变其相位分布。通常是使感光胶片上的透过率变化正比于 $A(\xi,\eta)$，从而使透过光场的振幅得到改变。为了做到这一点，必须按一定的函数分布来控制底片的曝光量分布。

3. 相位滤波器

它只改变空间频谱的相位，不改变它的振幅分布，由于不衰减入射光场的能量，具有很高的光学效率。这种滤波器通常用真空镀膜的方法得到，但由于工艺方法的限制，要得到复杂的相位变化是很困难的。

4. 复数滤波器

这种滤波器对各种频率成分的振幅和相位都同时起调制作用,滤波函数是复函数。它的应用很广泛,但难于制造。1963年范德拉格特用全息方法综合出复数空间滤波器,1965年罗曼和布劳恩用计算全息技术制作成复数滤波器,从而克服了制作空间滤波器的重大障碍。

6.1.5 空间滤波应用举例

1. 策尼克相衬显微镜

在一般情况下,用显微镜只能观察物体亮暗的变化,不能辩别物体相位的变化。最初,相位物体(如细菌标本)的观察必须采用染色法,但染色的同时会杀死细菌,改变标本的原始结构,从而不能在显微镜下如实研究标本的生命过程。1935年策尼克提出的相衬显微镜,利用相位滤波器将物体的相位变化转换成可以观察到的光的强弱变化。这种转换通常又称为幅相变换。

为了阐述相衬显微镜的原理,采用图6.1-10(a)所示的滤波系统,将透明相位物体置于P_1平面,其复振幅透过率为

$$t(x_1,y_1) = \exp[j\varphi(x_1,y_1)] \tag{6.1-13}$$

假定相移$\varphi \ll 1$弧度,则可忽略φ^2及更高阶的项,于是复振幅透过率可以近似写成

$$t(x_1,y_1) \approx 1 + j\varphi(x_1,y_1) \tag{6.1-14}$$

物光波实际上可看作两部分:强的直接透射光和由于相位起伏造成的弱衍射光。一个普通的显微镜对上述物体所成的像,其强度可以写成

$$I \approx |1 + j\varphi|^2 \approx 1$$

策尼克认识到,衍射光之所以观察不到,是由于它与很强的本底之间相差90°,只有改变这两部分之间的相位正交关系,才能使两部分光叠加时产生干涉,从而产生可观察的像强度变化。直接透射光在谱面上将会聚成轴上的一个焦点,而衍射光由于包含较高的空间频率而在谱面上较为分散。由于这两部分信息在空间频域通道上的分离,因此可以简单地在谱面放置相位滤波器,使零频的相相位对于其他频率的相位改变$\pm\pi/2$。滤波函数为

$$H(\xi,\eta) = \begin{cases} \pm j, & \xi = \eta = 0 \\ 1, & \text{其他} \end{cases}$$

滤波后的频谱为

$$F(\xi,\eta)H(\xi,\eta) = \pm j\delta(\xi,\eta) + j\varphi(\xi,\eta) \tag{6.1-15}$$

像面复振幅分布为

$$g(x_3,y_3) = \pm j + j\varphi(x_3,y_3) \tag{6.1-16}$$

像强度分布为

$$I(x_3,y_3) = |j[\pm 1 + \varphi(x_3,y_3)]|^2 \approx 1 \pm 2\varphi(x_3,y_3) \tag{6.1-17}$$

于是像的强度和相移成线性关系。在式(6.1-17)中,取正号时,相位值大的部位光强也强,叫作正相衬;取负号时,相位值大的部位光强弱,叫作负相衬。

由于直接透射光相对于衍射光太强,因此像的对比度很低。如果使零级衍射光产生相移的同时,受到部分衰减,可以提高像衬度,更有利于观察。这种方法还可用于观察金相表面、抛光表面,以及透明材料不均匀性检测等。相衬显微镜是空间滤波技术早期最成功的应用。

2. 补偿滤波器

提高光学系统的成像质量始终是光学工作者所追求的目标。20世纪50年代初期,麦尔查(Marécha)认为,照片中的缺陷,是由于成像系统的光学传递函数中存在相应缺陷引起的,

因而如果能在频谱平面上放置适当的滤波器,使得滤波器的传递函数补偿原来系统传递函数的缺陷,则两者的乘积将产生一个较为满意的频率响应,于是照片的质量将得到部分改善。假定成像缺陷是由于成像系统严重离焦引起的,则在几何光学近似下,离焦系统的脉冲响应是一个均匀的圆形光斑,即点扩散函数为

$$h_1(r) = \frac{1}{\pi a^2}\mathrm{circ}\left(\frac{r}{a}\right) \tag{6.1-18}$$

式中,a 为圆形光斑半径,$\dfrac{1}{\pi a^2}$ 是归一化因子。为求相应的传递函数,可将式(6.1-18)做傅里叶–贝塞尔变换,即

$$H(\rho) = \mathscr{B}\left\{\frac{\pi}{a^2}\mathrm{circ}\left(\frac{r}{a}\right)\right\} = \frac{1}{\pi a^2}2\pi\int_0^a r\mathrm{J}_0(2\pi r\rho)\,\mathrm{d}r$$

式中,$\rho = \sqrt{\xi^2 + \eta^2}$ 是极坐标下的空间频率变量。令 $r' = 2\pi a\rho$,则上式可写成

$$H(\rho) = \frac{1}{\pi a^2}\cdot\frac{1}{2\pi a^2}\int_0^{2\pi a\rho} r'\mathrm{J}_0(r')\,\mathrm{d}r'$$

利用积分公式

$$\int_0^z \xi\mathrm{J}_0(\xi)\,\mathrm{d}\xi = x\mathrm{J}_1(x)$$

可得

$$H(\rho) = \frac{1}{\pi a^2}\cdot\frac{1}{2\pi a^2}2\pi a\rho\mathrm{J}_1(2\pi a\rho) = \frac{2\mathrm{J}_1(2\pi a\rho)}{2\pi a\rho}$$

即

$$H(\rho) = \frac{2\mathrm{J}_1(2\pi a\rho)}{2\pi a\rho} \tag{6.1-19}$$

由式(6.1-19)所表示的传递函数的高频损失严重,而且在某一中间频率区域,传递函数的符号发生反转。20 世纪 50 年代初期,巴黎大学研究所麦尔查等人采用图 6.1-12(a)所示的组合滤波器,放在 4f 系统的频谱面上补偿这个带缺陷的传递函数。其中吸收板用来衰减很强的低频峰值,以便提高像的对比,突出细节。相移板使 H 的第一个负瓣相移 π,以纠正对比反转。图 6.1-12(b)表示原来的以及补偿后的传递函数,输出图像的像质因而获得改善。

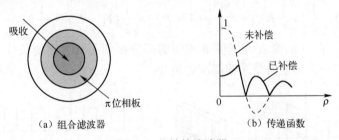

（a）组合滤波器　　　　　　　（b）传递函数

图 6.1-12　补偿滤波器

麦尔查和他的同事还研究了衰减物频谱的低频分量从而突出像中微小细节的方法,以及用简单的滤波器消除半色调图片上的周期性结构,他们的成就对人们研究光学信息处理的兴趣,是一种强有力的推动。

6.2　图 像 相 减

图像相减可用于检测两张近似图像之间的差异,使我们能研究事物的变化,例如不同时间

拍摄的两张病理照片相减可以发现病情变化;用于军事上则有利于发现基地上新增添的军事设施。图像相减的方法很多[42],这里介绍光栅编码和光栅衍射两种方法。

6.2.1 空域编码频域解码相减方法

1. 编码

将间距为 x_0,透光部分与不透光部分相等的罗奇光栅贴放在照相底片上,对像进行编码,如图 6.2-1(a) 所示。

在第一次曝光时,我们记录下乘以光栅透射因子 $t(x)$ 的像 A。

由周期函数的傅里叶级数展开公式

$$f(x) = \frac{a_0}{2} + \sum_{n=1}^{\infty} \left[a_n \cos\left(\frac{2n\pi x}{x_0}\right) + b_n \sin\left(\frac{2n\pi x}{x_0}\right) \right]$$

式中

$$a_0 = \frac{2}{x_0} \int_0^{x_0} f(x) \, \mathrm{d}t$$

$$a_n = \frac{2}{x_0} \int_0^{x_0} f(x) \cos\left(\frac{2n\pi x}{x_0}\right) \mathrm{d}x$$

$$b_n = \frac{2}{x_0} \int_0^{x_0} f(x) \sin\left(\frac{2n\pi x}{x_0}\right) \mathrm{d}x$$

可得

$$t(x) = \frac{1}{2}\left\{ 1 + \frac{4}{\pi}\left[\sin\left(\frac{2\pi x}{x_0}\right) + \frac{1}{3}\sin\left(3\frac{2\pi x}{x_0}\right) + \cdots \right] \right\} = \frac{1}{2}[1 + R] \tag{6.2-1}$$

第二次曝光时,将光栅平行移动半个周期,这时光栅透射因子为

$$t'(x) = \frac{1}{2}\left\{ 1 - \frac{4}{\pi}\left[\sin\left(\frac{2\pi x}{x_0}\right) + \frac{1}{3}\sin\left(3\frac{2\pi x}{x_0}\right) + \cdots \right] \right\} = \frac{1}{2}[1 - R] \tag{6.2-2}$$

于是得到乘以光栅透射因子 $t'(x)$ 的第二个像 B。两次曝光时的光栅位置互补,如图 6.2-1(b) 所示。设图像 A 和图像 B 的光强分别为 I_A 和 I_B,于是照相底片上的曝光量

$$H \propto I_A\left[\frac{1}{2}(1 + R) \right] + I_B\left[\frac{1}{2}(1 + R) \right] = \frac{1}{2}(I_A + I_B) + \frac{1}{2}(I_A - I_B)R$$

上式的物理意义明显,在图像 A 和图像 B 相同的部分得到一张普通的负片,在图像 A 和图像 B 不同的部分得到一张其差值受光栅调制的负片。

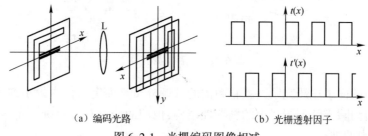

(a) 编码光路　　　　　　　　　　(b) 光栅透射因子

图 6.2-1　光栅编码图像相减

2. 解码

解码光路采用常规的 $4f$ 系统,将调制片置于输入平面上,假定图像的频率低于光栅频率,使用高通滤波器,阻止相应于 $I_A + I_B$ 的谱的低频部分,而容许相应于 $(I_A - I_B)R$ 的谱的高频成

分通过。在输出平面上只得到 $(I_A - I_B)R$ 项,实现了图像相减。它显示出两个图像不同的区域,这些区域在暗背景上出现光亮。

采用这种空域编码的方法,使图像和图像差的信息分别受到光栅零频和较高频率的调制,在空间频域上实现了和、差信息的信道分离。因此通过频域滤波,可以单独提取图像 A 和 B 的差异。空域编码和频域解码是光学信息处理中的一种基本技术,它不仅用于图像相减,还可用于其他的图像运算。

6.2.2　正弦光栅滤波器相减方法

图 6.2-2 是用于图像相减的 $4f$ 系统。将正弦光栅置于频谱平面位置,并忽略光栅的有限尺寸,则滤波函数可以写为

$$H(\xi, \eta) = \frac{1}{2} + \frac{1}{2}\cos(2\pi\xi_0 x_2 + \varphi_0)$$

$$= \frac{1}{2} + \frac{1}{4}\exp[\,\mathrm{j}(2\pi\xi_0 x_2 + \varphi_0)\,] + \frac{1}{4}\exp[\,-\mathrm{j}(2\pi\xi_0 x_2 + \varphi_0)\,] \quad (6.2\text{-}3)$$

式中, $\xi = x_2/\lambda f, \eta = y_2/\lambda f; f$ 是透镜焦距; ξ_0 是光栅频率; φ_0 表示初相位,它决定了光栅相对于坐标原点的位置。图像 A 和 B 在 $4f$ 系统物面上,沿 x_1 方向相对原点对称放置,其中心点与原点的距离为 $b = \lambda f\xi_0$,输入场分布可表示为

$$f(x_1, y_1) = f_A(x_1 - b, y_1) + f_B(x_1 + b, y_1) \quad (6.2\text{-}4)$$

则入射到光栅上的光场复振幅是上式的傅里叶变换,即

$$F(\xi, \eta) = F_A(\xi, \eta)\exp(-\mathrm{j}2\pi b\xi) + F_B(\xi, \eta)\exp(\mathrm{j}2\pi b\xi)$$

$$= F_A(\xi, \eta)\exp(-\mathrm{j}2\pi\xi_0 x_2) + F_B(\xi, \eta)\exp(\mathrm{j}2\pi\xi_0 x_2) \quad (6.2\text{-}5)$$

经光栅滤波后的频谱为

$$F(\xi, \eta)H(\xi, \eta) = \frac{1}{4}[F_A(\xi, \eta)\exp(\mathrm{j}\varphi_0) + F_B(\xi, \eta)\exp(-\mathrm{j}\varphi_0)] +$$

$$\frac{1}{2}[F_A(\xi, \eta)\exp(-\mathrm{j}2\pi\xi_0 x_2) + F_B(\xi, \eta)\exp(\mathrm{j}2\pi\xi_0 x_2)] +$$

$$\frac{1}{4}\{F_A(\xi, \eta)\exp[-\mathrm{j}(4\pi\xi_0 x_2 + \varphi_0)] + F_B(\xi, \eta)\exp[\mathrm{j}(4\pi\xi_0 x_2 + \varphi_0)]\} \quad (6.2\text{-}6)$$

P_3 平面上输出场的分布是上式的逆傅里叶变换

$$g(x_3, y_3) = \frac{1}{4}[f_A(x_3, y_3) - f_B(x_3, y_3)] + \frac{1}{2}[f_A(x_3 - b, y_3) + f_B(x_3 + b, y_3)] +$$

$$\frac{1}{4}[f_A(x_3 - 2b, y_3)\exp(-\mathrm{j}\varphi_0) + f_B(x_3 + 2b, y_3)\exp(\mathrm{j}\varphi_0)] \quad (6.2\text{-}7)$$

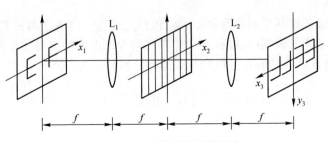

图 6.2-2　光栅滤波图像相减

当光栅的初相位 $\varphi_0 = \pi/2$，即光栅偏离光轴 1/4 周期时，因子 $\exp(-j2\varphi_0) = -1$。上式中的第一项表明，在 P_3 平面中心部位实现了图像相减。

光栅滤波器的作用还可以通过系统的脉冲响应来理解。当 $\varphi_0 = \pi/2$ 时，滤波系统的脉冲响应为

$$\boldsymbol{h}(x_3,y_3) = \mathscr{F}\{H(f_x,f_y)\} = \frac{1}{2}\delta(x_3,y_3) + \frac{1}{4}j\delta(x_3+b,y_3) - \frac{1}{4}j\delta(x_3-b,y_3) \qquad (6.2\text{-}8)$$

当图像 A 和 B 按前述在物平面对称放置时，输出平面上的复振幅是输入图像的几何像与系统脉冲响应的卷积

$$\boldsymbol{g}(x_3,y_3) = \boldsymbol{f}(x_3,y_3) * \boldsymbol{h}(x_3,y_3)$$

图 6.2-3 示出了输入、输出与光栅滤波系统脉冲响应的关系。图中用 Re 和 Im 复平面来表示输入与输出脉冲响应的复振幅分布，以便对式（6.2-8）中后两项的方向相反有更深入的理解。

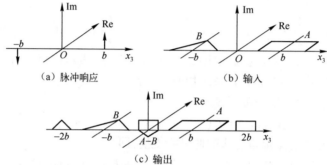

图 6.2-3　光栅滤波系统的输入、输出及脉冲响应

通过以上分析，我们可以了解到光栅滤波器在图像相减过程中的作用。从频域看，它使通过频谱面的信息沿三个不同的方向传播，使沿 +1 级衍射的图像 A 的信息与沿 -1 级衍射的图像 B 的信息在输出平面相干叠加。由于沿 ±1 级传播的衍射光相位差 π，因此在输出平面上实现了图像相减。从空域看，光栅滤波系统提供了一对大小相等、相相位反，但空间位置不同的两个脉冲响应，即式（6.2-8）中的后两项。当图像 A 相对于其中一个的卷积像与图像 B 相对于另一个卷积像重合时，在输出平面上实现了图像相减。A 与 B 在输入平面上放置的位置，正是为了保证两个卷积像的相干叠加。空域分析法和频域分析法是等价的。

6.3　图像识别

6.3.1　匹配空间滤波器

相干光学处理还能做两个函数的卷积运算和相关运算。由于这两种方法极为相似，以及相关运算能直接用于图像识别（特征识别），本节主要介绍匹配滤波器和相关图像识别。

函数 $\boldsymbol{s}(x,y)$ 和 $\boldsymbol{f}(x,y)$ 的卷积运算和相关运算分别定义为

$$\boldsymbol{s}(x,y) * \boldsymbol{f}(x,y) = \iint\limits_{-\infty}^{\infty} \boldsymbol{s}(\alpha,\beta)\boldsymbol{f}(x-\alpha,y-\beta)\mathrm{d}\alpha\mathrm{d}\beta$$

$$\boldsymbol{s}(x,y) \star \boldsymbol{f}(x,y) = \iint\limits_{-\infty}^{\infty} \boldsymbol{s}^*(\alpha,\beta)\boldsymbol{f}(x+\alpha,y+\beta)\mathrm{d}\alpha\mathrm{d}\beta$$

如果把相关运算用卷积表示,则有

$$s(x,y) \star f(x,y) = s^*(-x, -y) * f(x,y)$$

空域中两个函数的卷积运算在频域中对应于相乘运算。若要对 $s(x,y)$ 和 $f(x,y)$ 进行卷积运算,可先用全息方法制作 $s(x,y)$ 的频谱函数 $S(\xi,\eta)$,然后把 $f(x,y)$ 作为 4f 系统的输入函数,把 $S(\xi,\eta)$ 作为滤波函数 $H(\xi,\eta)$,在频谱面上的复振幅分布为 $H(\xi,\eta)F(\xi,\eta) = S(\xi,\eta)F(\xi,\eta)$,输出面上的分布则为 $s(x,y) * f(x,y)$。对于相关运算,可根据相关运算和卷积运算的关系,只需制作具有如下透过率的滤波器

$$H(\xi,\eta) = \mathscr{F}[s^*(-x, -y) * f(x,y)] = \{\mathscr{F}[s(x,y)]\}^* = S^*(\xi,\eta)$$

将 $f(x,y)$ 放在 4f 系统的输入面上,$H(\xi,\eta) = S^*(\xi,\eta)$ 放在频谱面上,则输出面上得到的分布为

$$s^*(-x, -y) * f(x,y) = s(x,y) \star f(x,y)$$

一般 $H(\xi,\eta) = S^*(\xi,\eta)$,称为 $s(x,y)$ 的匹配滤波器。

如果一个空间滤波器的复振幅透过率 $H(\xi,\eta)$ 与输入信号 $s(x,y)$ 的频谱 $S(\xi,\eta)$ 共轭,即

$$H(\xi,\eta) = S^*(\xi,\eta)$$

则这种滤波器称为匹配空间滤波器,亦称匹配滤波器。当信号 s 在输入平面上出现时,则由匹配滤波器所透过的光场分布的特性,可以深入理解匹配滤波的本质。图 6.3-1 是匹配滤波的光学解释。假定信号频谱可以表示为

$$S(\xi,\eta) = |S(\xi,\eta)| \exp[j\varphi(\xi,\eta)]$$

则根据定义,匹配滤波器函数可以表示成

$$H(\xi,\eta) = |S(\xi,\eta)| \exp[-j\varphi(\xi,\eta)]$$

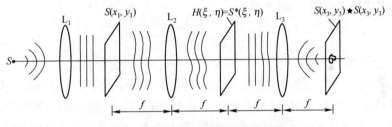

图 6.3-1　匹配滤波操作的光学解释

信号频谱经过匹配滤波器后变为 $|S(\xi,\eta)|^2$,这个量完全是实数,这意味着滤波器完全抵消了入射波前 S 的全部弯曲。于是透射场是一个振幅加权但相位均匀的平面波前。这一平面波前继续向前传播,在输出平面上产生信号的自相关光斑。显然,所谓"匹配",实质上是在频域对输入信号频谱的相位补偿,形成平面相位分布。匹配空间滤波器在光学特征识别中起重要作用,即可以根据输出平面是否出现自相关峰值以及它的位置,判断输入信号中是否存在待识别信号及其在输入平面上的位置。

匹配滤波器是复数滤波器,可以用光学全息或计算全息的方法制作。

6.3.2　用全息法制作复数滤波器

复数滤波器的记录光路如图 6.3-2 所示,它实际上就是制作一张傅里叶变换全息图。透镜 L_1 使点光源 S 发出的光准直,一部分光照射模片 P_1,其复振幅透过率等于所需要的脉冲响应 h;透镜 L_2 对振幅分布 h 进行傅里叶变换,在胶片上产生一个分布 $H(\xi,\eta)$。另一部分准直光从模片 P_1 之上通过,经过棱镜 P 以角度 θ 入射到胶片上。在线性记录条件下,胶片的复

振幅透过率正比于曝光光强,即

$$t(\xi,\eta) \propto |H(\xi,\eta) + A\exp(-j2\pi b\eta)|^2$$

$$= A^2 + |H(\xi,\eta)|^2 + AH^*(\xi,\eta)\exp(-j2\pi b\eta) + AH(\xi,\eta)\exp(j2\pi b\eta) \quad (6.3\text{-}1)$$

式中,$\xi = x_2/\lambda f, \eta = y_2/\lambda f, b = f\sin\theta$。上式中的第三、第四项表明,这种全息图中包含了所需的滤波函数 H 和 H^*。综合出频率平面模片之后,就可以将其插入 $4f$ 系统的频率平面。如果输入平面上的物函数是 $f(x_1,y_1)$,那么 P_3 平面上的复振幅分布为

$$g(x_3,y_3) = \mathscr{F}^{-1}\{F(\xi,\eta)t(\xi,\eta)\}$$

$$\propto \mathscr{F}^{-1}\{A^2F(\xi,\eta) + F(\xi,\eta)|H|^2 + AF(\xi,\eta) + H^*(\xi,\eta)\exp(-j2\pi b\eta) +$$

$$AF(\xi,\eta) + H(\xi,\eta)\exp(j2\pi b\eta)\}$$

$$= A^2f(x_3,y_3) + f(x_3,y_3) * h(x_3,y_3)\star h(x_3,y_3) +$$

$$Af(x_3,y_3)\star h(x_3,y_3)\delta(x_3,y_3-b) +$$

$$Af(x_3,y_3) * h(x_3,y_3) * \delta(x_3,y_3-b) \quad (6.3\text{-}2)$$

上式中的第三和第四项在 P_3 平面上给出了 f 和 h 的互相关和卷积,其中心坐标为 $(0,\pm b)$。第一项和第二项在通常的滤波运算中没有什么特别的用途,其中心坐标在 (x_3,y_3) 平面的原点上。显然,如果参考光倾角足够大,那么卷积项和互相关项将与中心项充分分离,从而避免相互影响。为了定量说明对参考光倾角的要求,考虑图 6.3-3 所示的各个输出项的宽度。假定 f 和 h 沿 y_3 方向的最大宽度为 W_f 和 W_h,式 6.3-2 中前两项沿 y_3 方向宽度为 W_f 和 $W_f + 2W_h$,相关项和卷积项的宽度都是 $W_f + W_h$。由图 6.3-2 可以清楚地看出,若 $a > \left(\dfrac{3}{2}W_h + W_f\right)/\lambda f$,即参考光倾角(取小角度近似,$\sin\theta \approx \theta$)

$$\theta > \left(\frac{3}{2}\cdot\frac{W_h}{f} + \frac{W_f}{f}\right)$$

则各项将会完全分离。

尽管滤波器模片是单个的吸收模片,但在其透过的光场中包含了可分离的复值滤波函数,从而解决了制作匹配空间滤波器的困难。另一方面,想要得到一个指定的脉冲响应时,不必去求所需的传递函数,而是通过综合频率平面模片的系统,用光学方法直接综合出所需的 H 或 H^*。

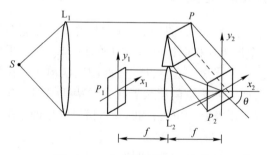

图 6.3-2 全息滤波器记录光路

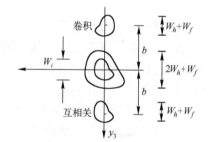

图 6.3-3 采用全息滤波器的系统
输出的各项的位置

6.3.3 图像识别

图像识别是指检测和判断图像中是否包含某一特定信息的图像。例如,从许多指纹中鉴别有无某人的指纹;从许多文字中找出所需的文字;在病理照片中识别出癌变细胞;等等。采用匹配滤波器进行相关检测,是图像识别的一种重要手段。

假定基准图像为 $s(x_1,y_1)$，制作匹配空间滤波器时要求滤波函数 $H(\xi,\eta)\propto S^*(\xi,\eta)$，将此匹配空间滤波器置于 $4f$ 系统的谱面，在输入平面放置待识别的图像 $f(\xi,\eta)$，如果待识别图像中包含基准图像和加性噪声，则

$$f(x_1,y_1)=s(x_1,y_1)+n(x_1,y_1)$$

其频谱为

$$H(\xi,\eta)=S(\xi,\eta)+N(\xi,\eta) \tag{6.3-3}$$

再经过滤波和逆傅里叶变换，则在输出平面上的复振幅分布为

$$g(x_3,y_3)=f(x_3,y_3)\star s(x_3,y_3)=s(x_3,y_3)\star s(x_3,y_3)+n(x_3,y_3)\star s(x_3,y_3) \tag{6.3-4}$$

式中，第一项是较强的自相关输出，在输出平面上产生一个亮点，亮点的位置与待识别图中包含的基准图像的位置对应；第二项是噪声与信号的互相关，能量比较弥散。因此，可根据输出平面是否出现自相关亮点，判断输入图像中是否包含待识别的信号。

用全息制成的匹配滤波器，如式(6.3-1)表示的那样，除了包含所需的滤波函数 H^* 外，还有其余三项，它们在输出平面上所对应的输出，在相关识别问题中没有什么特别的用途，又与我们感兴趣的相关输出在空间上是分离的，我们就不去讨论了。

现在考虑一个更一般的图像识别问题：一个处理系统的输入 g 可以是 N 个可能的字符 $S_1,S_2,\cdots S_N$ 之一，要由相干光学识别机来确定到底出现哪个具体字符。图 6.3-4 是识别机的方框图，输入同时(或依次地)被加到传递函数分别为 $S_1^*,S_2^*,\cdots S_N^*$ 的 N 个匹配滤波器上，考虑到各个字符的能量一般不相等，故每个滤波器的输出要用各自所匹配的字符的总能量的平方根值来规范化。最后对各个输出的模的平方 $|V_1|^2,|V_2|^2,\cdots,|V_N|^2$ 进行比较，如果输入平面上是第 k 个特定字符 $g(x,y)=s_k(x,y)$，可以证明，特定的输出 $|V_k|^2$ 将是 N 个响应中最大的。因此，这种相干光学识别机可以辨认一组可能的字符中究竟是哪一个字符实际输入到系统中。

为了实现图 6.3-4 所示的匹配滤波器组，可以采用两种方法。一种方法是综合出 N 个分离的全息滤波器，而将输入依次加到滤波器上。另一种方法是把整个滤波器组综合在一个单独频率平面模片上，即用不同的载波频率将每个滤波器记录在同一张透明片上。由于胶片动态范围的限制，N 不能太大。图 6.3-5(a)是记录多路滤波器的一种方法，字母 Q、W 和 P 相对于参考光成不同角度，因此 Q、W 和 P 与输入字符的互相关出现在离原点不同的距离上，如图 6.3-5(b)所示。

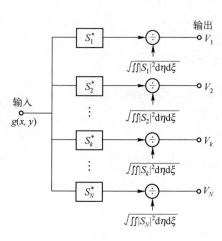

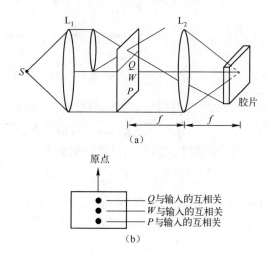

图 6.3-4　字符识别系统的方框图　　图 6.3-5　用单个频率平面模片综合出一组匹配滤波器组

从识别的目的来看,匹配滤波并不是唯一的,甚至也不是最好的方法,实际上在某些情况下,我们能够修改全部滤波器,使得特征之间的甄别更加完善。最近已研究了多种相关识别方法,例如采用纯相位滤波器综合鉴别函数滤波器等。图 6.3-6 是采用纯相位组合滤波器的识别结果,图 6.3-6(a)是制作纯相位组合滤波器的四种机械零件;图 6.3-6(b)是以其中一种作为输入时,在相关输出平面上的响应(计算机模拟结果)。

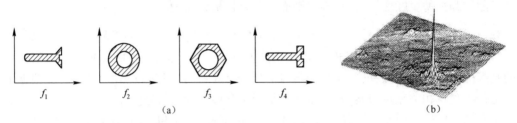

图 6.3-6　采用纯相位组合滤波器的识别结果

6.3.4　联合变换相关识别

联合变换相关识别由 C. S. Weauer 和 J. W. Goodman 于 1966 年提出。20 世纪 80 年代后期,由于实时光电转换器件的发展,给这种方法带来了新的活力,近年来有关的研究日趋活跃,联合变换相关器(JTC)已成为模式识别的重要手段。

联合变换相关识别与匹配空间滤波相关识别在原理和方法上存在一些差异。在这种方法中,参考图像和待识别图像同时置于输入平面上,对称地分放在光轴两侧,在傅里叶平面上可以记录下其干涉功率谱。如果对谱图像进行傅里叶变换,则在输出平面上可以得到自相关和互相关输出。图 6.3-7 是联合变换相关的原理图。

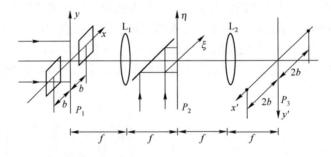

图 6.3-7　联合变换相关的原理图

设输入面 P_1 上并排放着目标图像 $f(x,y)$ 和参考图像 $h(x,y)$,则输入函数可记为

$$g(x,y) = f(x + b,y) + h(x - b,y) \tag{6.3-5}$$

经傅里叶变换透镜 L_1 变换后,其联合频谱为

$$G(\xi,\eta) = F(\xi,\eta)\exp[j2\pi b\xi] + H(\xi,\eta)\exp[-j2\pi b\xi] \tag{6.3-6}$$

式中,$G(\xi,\eta)$、$F(\xi,\eta)$、$H(\xi,\eta)$ 分别为 $g(x,y)$、$f(x,y)$ 和 $h(x,y)$ 的傅里叶变换。在 P_2 平面上的记录介质,例如全息干板,仅对光强有响应,则

$$|G(\xi,\eta)|^2 = |F(\xi,\eta)|^2 + |H(\xi,\eta)|^2 + F^*(\xi,\eta)H(\xi,\eta)\exp(-j4\pi b\xi) +$$
$$F(\xi,\eta)H^*(\xi,\eta)\exp(j4\pi b\xi) \tag{6.3-7}$$

在线性记录的条件下,并忽略透过率函数中的均匀偏置和比例常数,用单位振幅的平面波读出,则经 L_2 的逆傅里叶变换后,在输出平面 P_3 得到

$$g'(x',y') = f(x',y') \star f(x',y') + h(x',y') \star h(x',y') + f(x',y') \star h(x',y') * \delta(x' - 2b,y') +$$
$$h(x',y') \star f(x',y') * \delta(x' + 2b,y') \qquad (6.3\text{-}8)$$

式中,符号 $\star$ 表示相关运算, $*$ 表示卷积运算。前两项为 $f(x',y')$ 和 $h(x',y')$ 的自相关,位于输出平面中心;后两项表示 $f(x',y')$ 和 $h(x',y')$ 的互相关,其中心位于 $x' = \pm 2b, y' = 0$ 处。如果考虑透过率函数中的均匀偏置,则输出项中还应增加一个位于中心的 $\delta(x',y')$ 项。

近年来发展了多种实时光电混合的联合变换相关器,图 6.3-8 是一种采用两个液晶光阀 (LCLV) 的光电混合式实时联合变换相关器。右边发出的一束 He-Ne 激光经针孔滤波和扩束后,由偏振分束镜 BS_2 将其分为两束,作为空间光调制器 $LCLV_1$ 和 $LCLV_2$ 的读出光。参考图像(左下角的物体)由 CCD 摄像机采集后预先存在主计算机内存,目标图像由 CCD 摄像机实时采集,在计算机控制下两个图像显示在监视器左、右两侧,成像透镜 L_1 将其写入 $LCLV_1$。一束读出光将 $LCLY_2$ 上的图像读出,经傅里叶变换透镜(FTL_1)变换后在输出平面得到目标图像与参考图像的相关输出。

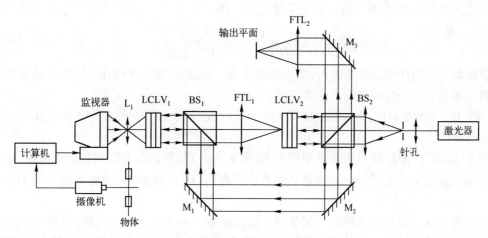

图 6.3-8　光电混合式实时联合变换相关器

类似的联合变换相关器还用于指纹和汉字手写体的实时识别。一种实用铁电液晶(FLC)空间光调制器作为输入和联合谱记录的实时光学联合相关器,可对粒子的位移和速度进行测量。另外还研究了采用二元空间光调制器的联合变换相关器,以及消色差白光联合变换相关器。

6.4　图像复原

图像恢复是图像处理中一个常见的问题,也是在光学信息处理范围内得到广泛研究的一个问题。所谓的图像恢复是指恢复一个被已知的线性空间不变点扩散函数模糊的图像。相干光学信息处理的一项有趣的应用是模糊图像的复原。在成像过程中,由于成像系统的像差、目标和底片的相对运动、大气扰动等因素会造成模糊的像,模糊的原因可以归结为系统传递函数的缺陷。如果在相干光学滤波系统中,从频谱平面对系统传递函数做适当补偿,将在输出平面上得到清晰像,这一处理过程称为消模糊。

6.4.1　逆滤波器

设物的光场分布为$f(x,y)$,造成模糊像的点扩散函数为$h_1(x,y)$,则像的光场分布可以表示为

$$g(x,y) = f(x,y) * h_1(x,y)$$

消模糊实际上是解卷积的过程。在空域解卷积十分困难,但相干光处理所提供的频域滤波能力却使这一过程变得十分简单。将模糊图像置于4f系统的输入平面上的谱分布为

$$G(\xi,\eta) = F(\xi,\eta)H_c(\xi,\eta) \tag{6.4-1}$$

式中,$F(\xi,\eta)$是物的频谱;$G(\xi,\eta)$是像的频谱;$H_c(\xi,\eta)$是带有系统缺陷的相干传递函数,即$h_1(x,y)$的傅里叶变换,在理想情况下,$H_c(\xi,\eta) = 1$。由此可见,若在4f系统的频谱面是用一个透射系统为$H(\xi,\eta) = 1/H_c(\xi,\eta)$的逆滤波器进行滤波的,就可在输出面上得到消模糊的像,即

$$G(\xi,\eta)\frac{1}{H_c(\xi,\eta)} = F(\xi,\eta)H_c(\xi,\eta)\frac{1}{H_c(\xi,\eta)} = F(\xi,\eta) \times 1 \tag{6.4-2}$$

这时传递函数为1,输出像与输入的理想像完全一样。

因为

$$H(\xi,\eta) = \frac{1}{H_c(\xi,\eta)} = \frac{H_c^*(\xi,\eta)}{|H_c^*(\xi,\eta)|^2} \tag{6.4-3}$$

所以逆滤波器的制作可分两步进行:第一步制作H_c^*滤波器,第二步制作$1/|H_c|^2$滤波器。使用时将二者叠合在一起便得到了逆滤波器。

制作H_c^*可用全息法,即范德拉格特光路由$h_1(x,y)$制作H_c^*,显然要预先知道$h_1(x,y)$,这是问题的关键。

制作$1/|H_c|^2$滤波器可用普通照相方法,在$h_1(x,y)$的频谱面上拍照它的频谱像,小心处理使照相干板的$\gamma = 2$。这样,滤波器的光密度分布与$|H_c|^2$成比例,透过率则与$1/|H_c|^2$成比例。

将这两个滤波器对正紧贴在一起就到了逆滤波器。由于胶片动态范围的限制,使得只能得到近似的逆滤波函数。此外,逆滤波过程与成像过程一样,也受到系统空间带宽积的限制,因此期望用逆滤波的办法实现超越衍射极限的复原是不现实的。

例 6.4-1　摄影时由于不小心,在横向抖动了$2a$,形成两个像的重影,设计一个改良此照片的逆滤波器。

解:在此情况下造成成像缺陷的点扩散函数为

$$h_1(x,y) = \delta(x+a) + \delta(x-a)$$

它的傅里叶变换(即有成像缺陷的系统)的传递函数为

$$H_c(\xi,\eta) = \mathscr{F}\{h_1(x,y)\} = \mathscr{F}\{\delta(x+a)\delta(x-a)\}$$
$$= \exp(j2\pi a\xi) + \exp(-j2\pi a\xi) = 2\cos(2\pi a\xi)$$

逆滤波器的透过率函数为

$$H(\xi,\eta) = \frac{1}{H_c(\xi,\eta)} = \frac{1}{2\cos(2\pi a\xi)}$$

6.4.2　维纳滤波器

在检测到的图像中,不可避免地还有噪声出现。逆滤波器极大地增强了那些信噪比最差

的频率成分,结果使得在恢复的图像中通常是噪声占优势。现在采用一种成像过程的新模型,它明确地考虑到加性噪声的存在。若记录图像带有噪声 $n(x,y)$,可以表示为

$$f(x,y) = f_0(x,y) * h(x,y) + n(x,y)$$

假设噪声可以看作遍历性随机过程,物体 f_0 本身有待于从模糊像中复原,也可看作遍历性随机过程。假设两者不相关,并假定已知物体和噪声的功率谱密度分别为 $p_0(\xi,\eta)$ 和 $P_n(\xi,\eta)$。由模糊图像 f 经过处理得到复原图像 f_0'。真实物体和复原图像的均方差定义为

$$\mathrm{MSE} = \varepsilon\left[\left|f_0' - f_0\right|^2\right]$$

式中,ε 表示取平均运算。使均方差最小的最佳滤波器的滤波函数是

$$H_w(\xi,\eta) = \frac{H_c^*(\xi,\eta)}{|H_c(\xi,\eta)|^2 + \dfrac{p_n(\xi,\eta)}{p_0(\xi,\eta)}}$$

这种滤波器称为 Wiener 滤波器,或最小均方差滤波器。式中 $H_c(\xi,\eta)$ 为导致图像模糊的传递函数。

当信噪比很高,即 $(p_n/p_0 \ll 1)$ 时,最佳滤波器就变为逆滤波器

$$H(\xi,\eta) = \frac{H_c^*(\xi,\eta)}{|H_c^*(\xi,\eta)|^2} = \frac{1}{H_c(\xi,\eta)}$$

当信噪比很低,即 $(p_n/p_0 \gg 1)$ 时,则得到强衰减的匹配滤波器

$$H(\xi,\eta) \approx \frac{p_0}{p_n} H_c^*(\xi,\eta)$$

6.5 非相干光学处理

非相干光学处理是指采用非相干光照明的信息处理方法,系统传递和处理的基本物理量是光场的强度分布。早期的光学处理多属于非相干光学处理,由于光场的非相干性质,输入函数和脉冲响应都只能是非负的实函数。对于大量双极性的输入和脉冲响应,处理起来比较困难。激光出现后,相干系统具有一个物理上的频谱平面,可以实现傅里叶变换运算,大大增加了处理的灵活性。又由于全息术的推动,使相干光学处理的研究极为活跃,一度曾使非相干处理技术相形失色。但是多年的实践表明,相干处理系统的突出问题是相干噪声严重,导致对系统元件提出较高要求;而非相干处理系统由于其装置简单,又没有相干噪声,因而再度受到广泛的重视。

6.6 节将介绍一类新的处理方法,它采用非相干光源照明,但采取了一些提高空间相干性和时间相干性的措施,从而在某种程度上既保留了相干处理系统对复振幅进行运算的能力,又增加了处理的灵活性,已受到越来越多的重视。

6.5.1 相干与非相干光学处理

1. 相干与非相干光学处理的比较

我们把一张透明图片作为一个线性系统的输入,当用相干光照明它时,图片上每一点的复振幅均在其输出面上产生相应的复振幅输出。整个输出图像是这些复振幅的线性叠加,即

$$U(x,y) = \sum_i U_i(x,y) \tag{6.5-1}$$

也就是合成复振幅满足复振幅叠加原则。然而人眼、感光胶片或其他接收器可感知的是光强，即合成振幅绝对值的平方

$$
\begin{aligned}
I(x,y) = |U(x,y)|^2 &= \left| \sum_i U_i(x,y)^2 \right| \\
&= \sum_i |U_i(x,y)|^2 + \sum_{i \neq j} U_i(x,y) U_j^*(x,y) \\
&= \sum_i I_i + \sum_{i \neq j} U_i(x,y) U_j^*(x,y)
\end{aligned}
\tag{6.5-2}
$$

对于完全非相干系统，输入图像上各点的光振动是互不相关的，每个点源发出的光是完全独立的，或者说是完全随机的，其振幅和初相位均随时间做随机变化。而观察是对时间的平均效应。这样一来式(6.5-2)中的第二项，在非相干情况下其平均值为零，即有

$$I(x,y) = \sum_i I_i(x_i,y_i) \tag{6.5-3}$$

由此可知，非相干光处理系统是强度的线性系统，满足强度叠加原则。

因此，相干光处理与非相干光处理系统的基本区别在于，前者满足复振幅叠加原则，后者满足强度叠加原则。显然，复振幅可取正负或其他复数值。这样一来，相干光处理系统有可能完成加、减、乘、除、微分和卷积积分等多种运算。特别是能利用透镜的傅里叶变换性质，在特定的频谱面上提供输入信息的空间频谱，在这个频谱面上安放滤波器，可以方便而巧妙地进行频域综合，实现空间滤波。而在非相干光学处理系统中，光强只能取正值。故相干光学处理信息的能力比非相干光学处理系统要丰富得多，这就是为什么一般采用相干光而不是非相干光进行信息处理的主要原因。

然而，相干光学处理也有几个固有缺点。

(1) 相干噪声和散斑噪声问题。在光学系统中(如透镜、反射镜和分束器等)不可避免地存在一些缺陷，如气泡、擦痕以及尘埃、指印或霉斑等。当用相干光照明时，这些缺陷将产生衍射，而这些衍射波之间又会互相干涉，从而形成一系列杂乱条纹与图像重叠在一起，无法分开。这就是所谓相干噪声。

另外，当用激光照明一个漫射体时，物体表面上各点反射的光在空间相遇而发生干涉。由于漫射物体表面的微观起伏与光波长相比是粗糙的，也是无规的，因而这种干涉也是无规的。当用相干光照明漫射物体时，这个物体看上去总是麻麻点点的，这就是散斑噪声。

由于以上两种噪声的存在，因此相干光处理的图像总是斑纹重叠，结果不令人满意，有时甚至会把信号淹没。噪声问题成了相干光信息处理发展的严重障碍。

(2) 输入和输出上存在的问题。由于信息是以光场复振幅分布的形式在系统中传递和处理的，要求把输入图像制成透明片，然后用激光照明。这就排除了直接使用阴极射线管(CRT)和发光二极管(LED)阵列作为输入信号的可能性。实际应用中的信号大多是以这种非相干方式提供的，现在已广为使用的光学与电子学混合处理系统，可以直接使用这类非相干信号。

(3) 激光是单色性极好的光源，因此，相干处理系统原则上只能处理单色图像，对彩色图像的处理几乎无能为力。

2. 非相干光学处理系统的噪声抑制

非相干光学处理系统对噪声的抑制作用，是从通信理论中的多余通道的概念发展而来的。

例如发送某个信号用了 N 个信息通道(如同同时用几路电话通道来传送一个电话),那么第 i 个通道的输出信号为

$$a_i = s + n_i \qquad (6.5\text{-}4)$$

式中,n_i 为第 i 个通道上的噪声,不同通道上的噪声是不同的;s 为信号,它对所有的通道都是相同的。这样,总的输出信号为

$$I = E\left[\left(\sum_{i=1}^{N} a_i\right)^2\right] \qquad (6.5\text{-}5)$$

这里的 $E[\ ]$ 表示对集合求平均。把式(6.5-4)代入式(6.5-5)得

$$I = N^2 s^2 + 2Ns \sum_{i=1}^{N} E[n_i] + \sum_{i,j} E[n_i n_j] \qquad (6.5\text{-}6)$$

由于噪声是完全随机的,其振幅的平均值为零,即 $E\{n_i\} = 0$,而且不同噪声之间互不相关,因此

$$E[n_i n_j] = \begin{cases} 0, & i \neq j \\ \sigma^2, & i = j \end{cases} \qquad (6.5\text{-}7)$$

式中,σ^2 为噪声方差,σ 称为标准偏差,代表平均噪声水平。于是

$$I = N^2 s^2 + N\sigma^2 \qquad (6.5\text{-}8)$$

由以上分析可知,单一通道上的信噪比为 s^2/σ^2。当引入 N 个通道后,信噪比为 $N^2 s^2/N\sigma^2$。因此,多余通道的引用可使输出信噪比提高 N 倍。

关于这一点在光学系统中也容易理解。如图 6.5-1 所示,用三个互不相干的点光源代表单色空间非相干扩展光源。光源放在准直透镜 L_1 前焦面上。显然,不同点光源发出的光经准直透镜后,将通过不同的路径到达像面。由图 6.5-1 中可见,不同路径的光所成的像是相互重叠的,也就是不同

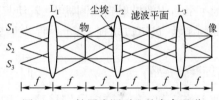

图 6.5-1　扩展光源引入的多余通道

通道上的信号是相同的。这就使得光学元件上的尘埃或其表面缺陷对处理的影响微不足道。例如,在图 6.5-1 中的第三通道中,由于透镜表面的尘埃挡掉了来自物体某一部分的信息,但它还可以从另外两个通道传到输出面。另外,即使系统内各处都有尘埃或缺陷,但由于不同的路径所通过的光学系统的区域是不相同的,也就是说不同通道上的噪声分布是不相同的,而这些通道上各光场之间互不相干,故输出平面上的噪声是不同通道上噪声的强度相加,最终的结果就是对噪声的平均。因此,用空间非相干扩展光源可提高输出图像的信噪比。

同样也可降低光源的时间相干性(即用多色光)达到相同的目的。例如在白光系统中插入某种光栅结构,由于不同的照明波长,光栅的衍射角各不相同,因此不同波长的光从不同的通道通过光学系统,这与空间非相干光照明的情况相类似。因此白光处理系统同样有噪声抑作用。

因此,现在发展的非相干光学处理系统实际上采用的不是完全非相干光,而是部分相干光。其主要思想在于,适当地降低光源的相干性,使该系统不失去相干光学处理的优点,即满足复振幅叠加而不是强度叠加的原则。同时,由于非相干光源的应用,使系统获得了多余通道,从而降低了噪声。因此,这种系统兼有相干光学处理系统与非相干光学处理系统的优点,十分引人注目。

通常用的白光光源,由于灯丝或电弧总有一定大小,是扩展光源,因此它不具备所要求的

空间相干性。如果将白光光源通过一个会聚透镜聚焦,焦点就是光源的像,也有一定大小。为获得足够的空间相干性,可以在焦点处放一个针孔,这相当于把一个扩展光源变成了一个点光源,得到了适当的空间相干性,以满足系统进行振幅变换的需要。针孔大小应根据实际要求而定,一般是几十微米到二百微米范围。

6.5.2 基于几何光学的非相干处理系统

1. 成像

实现两个函数的卷积和相关是光学信息处理中最基本的运算,在相干光学处理系统中,这些运算是通过两次傅里叶变换和频域乘法运算完成的。非相干处理系统由于没有物理上的频谱平面,故不能按照同样的方法处理。但是从空域来看,卷积和相关运算都包括位移、相乘、积分三个基本步骤,采用非相干成像系统也可以完成这些运算。

若把强度透过率为 t_1 的一张透明片在强度透过率为 t_2 的另一张透明片上成像,那么在第二张透明片后面每点的光强都正比于乘积 $t_1 t_2$。所以用光电探测器来测量透过两块透明片的总强度时,给出的光电流为

$$I = \iint\limits_{-\infty}^{\infty} t_1(x,y) t_2(x,y) \,\mathrm{d}x\mathrm{d}y \qquad (6.5\text{-}9)$$

图 6.5-2 是实现这一运算的系统,透镜 L_2 将 t_1 以相等大小成像在 t_2 上,而透镜 L_3 将透过 t_2 的一个缩小像投射到探测器上,若使其中一张透明片匀速运动,并把测量的光电流响应作为时间的函数,就可以实现 t_1 和 t_2 的一维卷积。例如,让透明片 t_2 按反射的几何位置放入,使得

式(6.5-9)变成
$$I = \iint\limits_{-\infty}^{\infty} t_1(x,y) t_2(-x, -y) \,\mathrm{d}x\mathrm{d}y$$

若使 t_2 在 x 和 y 的正方向分别移动 x_0 和 y_0,则 $t_2(-x, -y)$ 变成 $t_2[-(x-x_0), -(y-y_0)] = t_2(x_0-x, y_0-y)$,这时探测器的响应为

$$I(x_0,y_0) = \iint\limits_{-\infty}^{\infty} t_1(x,y) t_2(x_0-x, y_0-y) \,\mathrm{d}x\mathrm{d}y$$

显然光电探测器测得的 $I(x_0,y_0)$ 值是 $t_1 * t_2$ 在 $x=x_0, y=y_0$ 点的卷积值。若使 t_2 沿正 x 方向以速率 v 运动,则光电探测器测得的是随时间变化的 $I(t)$ 值,有

$$I(t) = \iint\limits_{-\infty}^{\infty} t_1(x,y) t_2(vt-x, -y) \,\mathrm{d}x\mathrm{d}y$$

上式表示一维卷积运算随 x_0 的变化关系,也就是说用光电探测器对卷积函数扫描,若把 $t_2(x,y)$ 放在能做二维运动的装置上,便可实现对二维卷积函数的扫描。在 x 方向做每次扫描时,沿 y 的正方向有不同位移 y_m,那么光电探测器的响应为

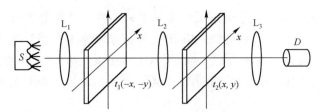

图 6.5-2 实现一个乘积和积分的系统

$$I_m(t) = \iint\limits_{-\infty}^{\infty} t_1(x,y) t_2(vt-x, y_m-y) \mathrm{d}x\mathrm{d}y, \ m = 1,2,3,\cdots \qquad (6.5\text{-}10)$$

即得到完整的二维卷积(虽然在 y 方向是抽样的)。

相关运算与卷积运算的区别在于,两个函数之一没有"折叠"的步骤,所以只要使 t_2 透明片按正向几何位置放入就可实现两者的相关运算。若使 t_2 沿 x 和 y 的负方向移动 x_0 和 y_0,则 $t_2(x,y)$ 变成 $t_2(x+x_0, y+y_0)$,于是光电探测器的响应为

$$I(x_0,y_0) = \iint\limits_{-\infty}^{\infty} t_1(x,y) t_2(x+x_0, y+y_0) \mathrm{d}x\mathrm{d}y$$

这便是 t_1 和 t_2 在 $x=x_0, y=y_0$ 点的相关值。

利用这种系统可以使模糊图像复原,这时 $t_1(x,y)$ 是模糊图像,$t_2(x,y)$ 是用来消模糊的脉冲响应函数。这种系统也可用作目标识别,这时的 $t_2(x,y)$ 将设计成识别特定目标的掩膜板。

2. 无运动元件的卷积和相关运算

为了避免机械扫描的麻烦,可以采用图 6.5-3 所示的系统来实现卷积和相关运算。均匀漫射光源 S 放在透镜 L_1 的前焦面上,透过率为 $f(x,y)$ 的透明片紧贴 L_1 之后放置,在离 $f(x,y)$ 的距离为 d 处,并且透明片 $h(x,y)$ 紧贴透镜 L_2 的前面放置,然后在 L_2 的后焦面上用胶片或二维阵列检测器进行记录。

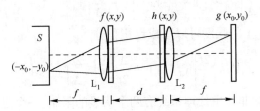

图 6.5-3　实现无运动卷积和相关运算的系统

为了解释这个系统的工作原理,考虑由光源上特定一点 $(-x_0, -y_0)$ 发出的光,经 L_1 后变成平行光;若把第一张透明片投影到第二张透明片上,则通过 L_2 把光束会聚到探测器的 (x_0,y_0) 点;如果假定两个透镜的焦距相同,那么在检测器上的强度分布为

$$g(x_0,y_0) = \iint\limits_{-\infty}^{\infty} f\left(x-\frac{d}{f}x_0, y-\frac{d}{f}y_0\right) h(x,y) \mathrm{d}x\mathrm{d}y \qquad (6.5\text{-}11)$$

这正是所要求的相关。若第一张输入透明片按反射的几何位置放入,则检测器上的强度分布为

$$g(x_0,y_0) = \iint\limits_{-\infty}^{\infty} f\left(\frac{d}{f}x_0-x, \frac{d}{f}y_0-y\right) h(x,y) \mathrm{d}x\mathrm{d}y \qquad (6.5\text{-}12)$$

这正是所要求的卷积。

这种系统的优点是简单易行,缺点是对 $f(x,y)$ 的空间结构越细,得到的相关值误差就越大。因为从 $f(x,y)$ 到 $h(x,y)$ 完全是按几何投影考虑的,完全忽略了结构的衍射,结构越细,衍射越显著,所以用这个系统处理的图像的分辨率将受到限制。

3. 用散焦系统得到脉冲响应的综合

利用散焦系统可以直接综合出一个非负的脉冲响应。图 6.5-4 是实现这种综合的光路。均匀散射光源 S 经 L_1 在输入透明片 $f(x,y)$ 上成像，透镜 L_2 使 $f(x,y)$ 在平面 P' 上 1:1 地成像。具有非负脉冲响应形式的透时片 $h(x,y)$ 直接位于 L_2 的后面，在离像面 Δ 距离的离焦面上，得到系统的输出。

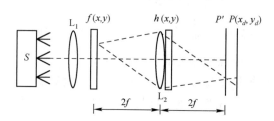

图 6.5-4　散焦系统脉冲响应综合的光路

为了解释该系统的工作原理，$f(x,y)$ 上一个单位强度的点光源在 P 平面上的脉冲响应，在几何光学近似条件下，就是 $h(x,y)$ 在 P 面上形成的缩小投影，投影中心的坐标为 $\{a=-[1+\Delta/(2f)]x, b=-[1+\Delta/(2f)y]\}$。考虑到投影时 $h(x,y)$ 的方向将发生几何反射，于是对点光源的响应为

$$h\left\{-\frac{2f}{\Delta}\left[x_d+\left(1+\frac{2f}{\Delta}\right)x\right], -\frac{2f}{\Delta}\left[y_d+\left(1+\frac{\Delta}{2f}\right)y\right]\right\}$$

这样，输出点 $(-x_d, -y_d)$ 的强度可以写成卷积积分

$$I(-x_d, -y_d)=\iint\limits_{-\infty}^{\infty}f(x,y)h\left\{\frac{2f}{\Delta}\left[x_d-\left(1+\frac{\Delta}{2f}\right)x\right], \frac{2f}{\Delta}\left[y_d-\left(1+\frac{\Delta}{2f}\right)y\right]\right\}\mathrm{d}x\mathrm{d}y \quad (6.5\text{-}13)$$

以几何光学为基础的非相干处理系统有两个明显的限制：一个是由于照明的非相干性质，系统传递和处理的物理量只能是非负的强度分布，给处理双极性信号和综合双极性脉冲响应造成困难；另一个限制是我们在所有分析过程中均忽略了衍射效应，这实际上是限制了系统处理的信息容量。因为信息容量的增大，意味着透明片上的空间结构变得越来越精细，通过透明片的光就越来越多地被衍射，只剩下越来越少的光遵从几何光学定律，所以输出将偏离按几何关系给出的结果。

6.5.3　基于衍射的非相干处理——非相干频域综合

在相干处理系统中，可以由直接改变变换透镜后焦面上的振幅透过率来综合所需的滤波运算。当使用非相干光照明时，频域综合仍然是可能的，因为非相干系统的光瞳函数和光学传递函数之间存在着一个简单的自相关函数关系。

图 6.5-5 示出了典型非相干空间滤波系统。类似于相干成像系统，非相干系统输入与输出强度分布的关系可以表示为

$$i'(x,y)=i(x,y)*h_I(x,y) \quad (6.5\text{-}14)$$

h_I 为系统的强度点扩展函数（PSF），上式的归一化傅里叶变换为

$$I'(\xi,\eta)=I(\xi,\eta)H(\xi,\eta) \quad (6.5\text{-}15)$$

式中，I 和 I' 分别为输入和输出强度分布的归一化频谱，$H(\xi,\eta)$ 为系统的光学传递函数

（OTF）。非相干空间滤波用于改变输入光强频谱中各频率余弦分量的对比和相位关系，只要根据所需的输入输出关系，在频域综合出所需的 OTF，就可实现各种形式的滤波。

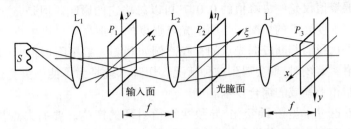

图 6.5-5　非相干空间滤波系统

衍射受限系统的 OTF 等于光瞳函数（即出射光瞳函数，简称光瞳函数）的归一化自相关函数，即

$$H(\xi,\eta) = \frac{P(\lambda d_i\xi,\lambda d_i\eta) \star P(\lambda d_i\xi,\lambda d_i\eta)}{\iint\limits_{-\infty}^{\infty}|P(u,v)|^2 \mathrm{d}u\mathrm{d}v} \qquad (6.5\text{-}16)$$

式中，d_i 为系统的出瞳至像面的距离。对半径为 a 的圆形光瞳，其光学传递函数如图 6.5-6 所示。ρ 为极坐标下的空间频率，曲线在 $\rho = 0$ 处有最大值，随着空间频率上升，H 值单调下降，直至截止频率 $\rho_0 = 2a/\lambda d_i$。若透镜有像差，则根据像差形式及数值，OTF 曲线的形状将发生变化，但通常在 $\rho = 0$ 处取极大值这一点是不变的。因此，由这种光学系统得到的像能够用作截止频率 ρ_0 的低通滤波器。由式（6.5-16）可知，根据系统所需的 OTF 设计光瞳函数，频域综合可在光瞳面着手。

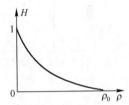

图 6.5-6　圆形光瞳的 OTF

相干系统中有一个物理上的实实在在的频谱面，通常光瞳面与频谱面重合；非相干系统中的关系没有这样直接，光瞳函数与传递函数之间通过自相关相联系。当光瞳面上仅是一个简单孔径时，系统是非相干成像系统，也可看作低通滤波系统。若光瞳面上放置其他形式的滤波器，P 应该等于滤波器的透过率函数。对于滤波器的位置精度要求，不像相干系统那么苛刻。

非相干系统的频域综合存在两个明显缺点。首先，由于 OTF 是自相关函数，频域综合只能实现非负的实值脉冲响应；其次，由所需的传递函数确定光瞳函数的解不是唯一的，如何由 OTF 确定最简单的光瞳函数的步骤现在还不知道。

下面给出非相干频域综合的两个实例。

1. 切趾术

在非相干成像系统中，点物在像面上的响应称为点扩散函数。为说明概念，我们考虑一个单透镜成像系统。若孔径光阑紧贴透镜放置，则孔径光阑也是出瞳。我们知道，凡在照明点源（物点看作照明点源）的像面上接收的衍射场皆为夫琅禾费衍射，故其强度分布就是点扩散函数。若孔径是半径为 a 的圆形，则点扩散函数为

$$h(r) = \left[\frac{2J_1(2\pi ar/\lambda q)}{2\pi ar/\lambda q}\right]^2 \qquad (6.5\text{-}17)$$

式中，r 为像面上距理想像点的距离；q 为光瞳（出瞳）面到像面的距离，但不是一般意义下的像

距;λ 为照明光的波长。这就是艾里斑图样,它的中央是一个亮斑,并围绕以亮暗相间的圆环。艾里斑的中央亮斑占有绝大部分能量,根据瑞利判据,系统的分辨率完全决定于中央亮斑半径。次级亮环的峰值仅是中央峰值的 0.017,可以忽略它的影响。但是,这个分辨率判据仅适合于分辨两个等强度光点的情况。当两个光点强度的差别与艾里斑中央和次极大相当时,次极大的存在将干扰我们判断较弱光点的存在。例如观测天狼星附近很弱的伴星,在其光谱测量中观察弱的附属谱线时,就会遇到这种情况。切趾术就是为了使中央亮斑周围的亮环去掉而采取的一种非相干频域的综合技术。

由于光瞳边界透过率呈阶跃变化,导致次级衍射环的产生。要切去点扩展函数的趾部(次级亮环),应把光瞳的透过率分布改为缓变形式。例如采用高斯型透过率孔径函数(光瞳函数),由于高斯型孔径的夫琅禾费衍射图样仍是高斯型的(即高斯函数的傅里叶变换仍是高斯函数),故点扩散函数仍是高斯型分布,能够满意地消除次级环的影响。从 OTF 的观点看,这是增大低频的调制传递函数(MTF)值,削弱高频传递能力的结果。图 6.5-7 比较了切趾前后的光瞳函数、点扩散函数和调制传递函数(光学传递函数的模)。

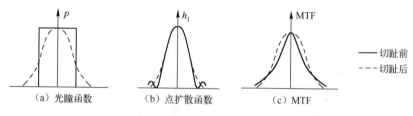

图 6.5-7　切趾术

下面介绍一个具体的结构。图 6.5-8 表示一个望远物镜 L,孔径光阑 P 紧贴物镜放置。被观察的远方物体在其后焦面上产生的像乃是孔径函数的夫琅禾费衍射图样,其强度分布如图 6.5-7(b)中的实线所示。为了既不增加孔径 P,又使中央亮斑之外的次极大被切掉,可在 P 上放入一块玻璃制成的很薄的平行平板 Q,在其上镀以非均匀的吸收膜层,使它的振幅透过率从中心到边缘逐渐减小,呈高斯分布曲线变化,如图 6.5-7(a)的虚线所示。这样,孔

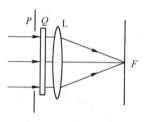

图 6.5-8　切趾术系统

面上光场的分布就由原来的均匀分布变成了高斯分布,所以后焦面上的衍射斑也就是高斯函数的傅里叶变换了,它仍然是高斯分布,如图 6.5-7(b)中的虚线所示。中央亮斑的宽度虽然略有变宽,但它的边缘次极大被切掉了。

2. 沃耳特(Wolter)最小强度检出滤波器

这是一个在光瞳面上建立适当的相位分布,从而改变系统成像性质的例子。矩形光瞳分成两半,其中一半蒸镀了产生 π 相位差的透明薄膜,如图 6.5-9(a)所示。这种情况下,光学系统的点扩散函数为

$$h(x) = \left| \int_{-u_0}^{0} (-1) \times \exp(-j2\pi ux/\lambda f)\,du + \int_{0}^{u_0} (+1) \times \exp(-j2\pi ux/\lambda f)\,du \right|^2$$

$$= 4u_0^2 \left[\frac{\sin^2(\pi u_0 x/\lambda f)}{\pi u_0 x/\lambda f} \right]^2 \tag{6.5-18}$$

图 6.5-9(b)示出了式(6.5-18)的函数图形,由图看出,在 $x = 0$ 处产生极锐的暗线。

图 6.5-9(c)是用式(6.5-18)算出的系统的 OTF 的形状,其特征是 ξ 的中间部分下降,而相位反转的高频区域却保持理想值。如果用这样的光学系统产生接近于点光源或线光源的物体像,则在像的中心将出现很窄的暗线,用它测定物体的位置特别有利。这种方法用于摄谱仪,可以求出光谱线的正确位置;而在测量显微镜中可用来测定狭缝和小孔的位置。

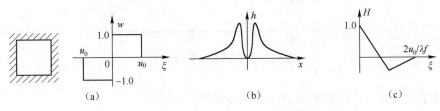

(a)   (b)   (c)

图 6.5-9   沃耳特(Wolter)最小强度检出滤波器

6.6   白光光学信息处理技术

采用相干光源能使光学系统实现许多复杂的信息处理运算,这主要是由于相干光学系统的复振幅处理能力很强。可是,正如盖伯所指出的,相干燥声是光学信息处理的头号敌人。此外,相干光源通常是昂贵的,并且对光学处理的环境要求非常严格。

非相干光学处理采用横向扩散的光源,没有空间相干性,若同时采用白光,则时间相干性很小,因此这种处理方法具有噪声低、结构简单的优点。但非相干处理系统没有物理上的频谱平面,因而频域综合比较困难。由于系统的输入和脉冲响应都只能是非负的实函数,这又大大限制了系统所能完成的运算。于是,人们会提出这样一个问题:在光学处理中能否降低对光源相干性的要求,但又同时保持对复振幅的线性运算性质?

为了回答这个问题,人们研究了一类新的光学处理方法,称为白光光学处理。白光光学处理采用宽谱带白光光源,但采用微小的光源尺寸以提高空间相干性;另一方面在输入平面上引入光栅来提高时间相干性,这样既不存在相干燥声,又在某种程度上保留了相干光学处理系统对复振幅进行运算的能力,运算灵活性好。由于采用宽谱带光源,特别适合于处理彩色图像,近年来受到越来越多的重视。有时将白光光学处理归入非相干光学处理一类,仅仅是从它采用了非相干光源这一角度考虑的,我们应该注意到,它与通常所说的非相干光学处理是明显不同的。

6.6.1   白光光学处理的基本原理

常用的白光光学处理系统如图 6.6-1 所示。其中 S 是白光点光源或者白光光源照明的小孔,L_1 为准直透镜,L_2 和 L_3 是消色差傅里叶变换透镜,P_1,P_2 和 P_3 分别是系统的输入平面、频谱平面和输出平面。这一系统类似于相干光学处理的 4f 系统。但在白光处理中,通常物函数均用光栅抽样(调制)后才放入输入面上,通过对频谱面上色散的物频谱做处理,实现对物函数的处理。令输入透明片的复振幅透过率为 $t(x_1,y_1)$,与输入透明片紧贴的正弦光栅的透过率为

$$t_g(x_1) = 1 + \cos(2\pi\xi_0 x_1) \tag{6.6-1}$$

式中,ξ_0 为光栅频率,并假定物透明片对照明光源中各种波长的光波的振幅透过率相同。则经光栅抽样后的复振幅分布为

$$f(x_1,y_1) = t(x_1,y_1)\left[1 + \cos(2\pi\xi_0 x_1)\right] \tag{6.6-2}$$

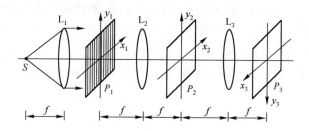

图 6.6-1　白光光学处理系统

对某一确定的波长 λ，在 L_2 后焦面 P_2 的空间频谱为

$$F(\xi,\eta) = T(\xi,\eta) * \left[\delta(\xi,\eta) + \frac{1}{2}\delta(\xi-\xi_0,\eta) + \frac{1}{2}\delta(\xi+\xi_0,\eta) \right]$$

$$= T(\xi,\eta) + \frac{1}{2}T(\xi-\xi_0,\eta) + \frac{1}{2}T(\xi+\xi_0,\eta) \tag{6.6-3}$$

利用 P_2 平面上频率坐标与空间坐标的关系：$\xi = x_2/\lambda f, \eta = y_2/\lambda f$，式 (6.6-3) 可写为

$$F(x_2,y_2;\lambda) = T\left(\frac{x_2}{\lambda f},\frac{y_2}{\lambda f}\right) + \frac{1}{2}T\left(\frac{x_2}{\lambda f}-\xi_0,\frac{y_2}{\lambda f}\right) + \frac{1}{2}T\left(\frac{x_2}{\lambda f}+\xi_0,\frac{y_2}{\lambda f}\right) \tag{6.6-4}$$

从式 (6.6-4) 看到：第一项为零级物谱，而且不同波长的零级物谱的中心位置是相同的；第二项和第三项是 ±1 级信号谱带，每个谱带中心在 $x_2 = \pm\lambda f\xi_0$ 处，色散为彩虹颜色。对于波长间隔为 $\Delta\lambda$ 的两种色光，其一级谱中心在 x_2 轴上的偏移量是 $\Delta x_2 = \Delta\lambda f\xi_0$。假定信号的空间频带宽度为 W_t，则不同波长的物谱能够分离的条件是

$$\Delta\lambda/\bar{\lambda} \gg W_t/\xi_0 \tag{6.6-5}$$

式中，$\bar{\lambda}$ 为两种色光的平均波长。显然，只要光栅频率 ξ_0 远大于输入信号带宽，就可以忽略各波长频谱间的重叠，从而在 +1 级或 −1 级谱面，像相干处理那样，对一系列的波长进行滤波操作。对于某一确定波长 λ_n 来说，若设滤波函数为 $H_n\left(\frac{x_2}{\lambda_n f}-\xi_0,\frac{y_2}{\lambda_n f}\right)$，则经过滤波和 L_3 的逆傅里叶变换后，如同相干处理那样，在输出平面上波长为 λ_n 的像场复振幅为

$$g_n(x_3,y_3;\lambda_n) = \mathscr{F}^{-1}\left\{ T\left(\frac{x_2}{\lambda_n f}-\xi_0,\frac{y_2}{\lambda_n f}\right) H_n\left(\frac{x_2}{\lambda_n f}-\xi_0,\frac{y_2}{\lambda_n f}\right) \right\} \tag{6.6-6}$$

忽略与强度分布无关的量，输出平面上波长为 λ_n 的像强度分布为

$$I(x_3,y_3;\lambda_n) = |t(x_3,y_3) * h_n(x_3,y_3;\lambda_n)|^2$$

式中，h_n 是 H_n 的逆傅里叶变换。实际上滤波器 H_n 总不可能做到只让 λ_n 的光波通过，至少包含 λ_n 的某一波长间隔 $\Delta\lambda_n$ 的光波都能通过。当然，当 $\Delta\lambda_n$ 比 λ_n 小得多时，可以作为准单色处理。考虑到这一点，可以把通过 H_n 滤波后在像平面上的像强度分布写成

$$\Delta I_n = \Delta\lambda_n |t(x_3,y_3) * h_n(x_3,y_3;\lambda_n)|^2 \tag{6.6-7}$$

式中，h_n 是第 n 个滤波器的脉冲响应。当有 N 个离散的滤波器同时作用于频谱面时，由于不同波长的色光是不相干的，因而输出平面上得到的是不同波长输出的非相干叠加，即

$$I(x_3,y_3) = \sum_{n=1}^{N} \Delta\lambda_n |t(x_3,y_3) * h_n(x_3,y_3;\lambda_n)|^2 \tag{6.6-8}$$

从上述分析可以看出，白光处理技术的确能够处理复振幅信号，并且由于输出强度是互不

相干的窄带光强度之和,因而又能抑制令人讨厌的相干噪声。应该指出,这里所采用的分析方法是对确定波长的处理看作相干光处理,而对不同波长处理后像的叠加又看成是完全非相干的,这在理论上是不严格的,更严格的分析涉及部分相干理论。尽管如此,在很多实际应用中,我们只涉及少数几个分离的波长(例如红、绿、蓝三原色),此时若在信号频谱后加滤色片,还可以进一步改善时间相干性。而且在采用矩形光栅时,由于光栅的多级衍射,在各个频谱上都可以进行滤波操作。对于这一类问题的处理,上述的近似分析已经足够了。实际上式(6.6-5)的条件对很多应用是过分严格了。

6.6.2 实时假彩色编码

白光信息处理系统对不同波长的单色光,提供了类似于相干光处理系统的运算能力,采用宽谱带光源使系统可以使用不同的色通道,有利于对图像进行彩色化处理。这里介绍两种图像假彩色编码的方法:等空间频率假彩色编码和等密度假彩色编码。这两种方法都不需要对输入的图像透明片进行预处理,而只需要在白光信息处理系统的频谱面上放置适当的滤波器,就可以在输出平面上直接得到彩色化的图像。由于具有实时处理的特点,因而又称为实时假彩色编码。

1. 等空间频率假彩色编码

将一复振幅透过率 $t(x_1,y_1)$ 的黑白透明片与正交余弦光栅一起放入图 6.6-1 所示的白光处理系统的输入平面 P_1 处,为分析简便起见,假定正交光栅在两个正交方向上是相加性的,其振幅透过率可以记为

$$t_{\mathrm{g}}(x_1,y_1) = \left[1 + \frac{1}{2}\cos(2\pi\xi_0 x_1) + \frac{1}{2}\cos(2\pi\eta_0 y_1)\right] \tag{6.6-9}$$

式中,ξ_0, η_0 分别是光栅在 x_1, y_1 方向上的空间频率。在频谱面 P_2 上,相应于波长 λ 的复振幅分布正比于

$$F(x_1,y_1;\lambda) = T\left(\frac{x_2}{\lambda f}, \frac{y_2}{\lambda f}\right) + \frac{1}{4}\left[T\left(\frac{x_2}{\lambda f} - \xi_0, \frac{y_2}{\lambda f}\right) + T\left(\frac{x_2}{\lambda f} + \xi_0, \frac{y_2}{\lambda f}\right) + \right.$$
$$\left. T\left(\frac{x_2}{\lambda f}, \frac{y_2}{\lambda f} - \eta_0\right) + T\left(\frac{x_2}{\lambda f}, \frac{y_2}{\lambda f} + \eta_0\right)\right] \tag{6.6-10}$$

由上述方程可见,沿 x_2 和 y_2 轴共有四个彩虹色信号的一级衍射谱。由于空间滤波只有在沿着垂直于颜色弥散的方向上才有效,所以我们用图 6.6-2 所示的一维空间滤波器来进行假彩色化。图中:

位于 x_2 轴上蓝色谱带处的是一维低通空间滤波器 $H_1(y_2/\lambda f)$,只让 y_2 方向的低频通过;
位于 y_2 轴上蓝色谱带处的是一维低通空间滤波器 $H_1(x_2/\lambda f)$,只让 x_2 方向上的低频通过;
位于 x_2 轴上红色谱带处的是一维高通空间滤波器 $H_2(y_2/\lambda f)$,只让 x_2 方向上的高频通过;
位于 y_2 轴上红色谱带处的是一维高通空间滤波器 $H_2(y_2/\lambda f)$,只让 y_2 方向的高频通过。
于是,平面 P_2 上经过滤波后的谱函数可写为

$$G\left(\frac{x_2}{\lambda f}, \frac{y_2}{\lambda f};\lambda\right) = T_{\mathrm{b}}\left(\frac{x_2}{\lambda f} - \xi_0, \frac{y_2}{\lambda f}\right)H_1\left(\frac{y_2}{\lambda f}\right) + T_{\mathrm{b}}\left(\frac{x_2}{\lambda f}, \frac{y_2}{\lambda f} + \eta_0\right)H_1\left(\frac{x_2}{\lambda f}\right) +$$
$$T_{\mathrm{r}}\left(\frac{x_2}{\lambda f}, \frac{y_2}{\lambda f} - \eta_0\right)H_2\left(\frac{x_2}{\lambda f}\right) + T_{\mathrm{r}}\left(\frac{x_2}{\lambda f} + \xi_0, \frac{y_2}{\lambda f}\right)H_2\left(\frac{y_2}{\lambda f}\right) \tag{6.6-11}$$

式中，T_b 和 T_r 分别是所选择的蓝色及红色彩色信号谱。在输出面 P_3 上，相应的复振幅分布为

$$g(x_1,y_1;\lambda) = \mathscr{F}\left[T_b\left(\frac{x_2}{\lambda f}-\xi_0,\frac{y_2}{\lambda f}\right)H_1\left(\frac{y_2}{\lambda f}\right) + T_b\left(\frac{x_2}{\lambda f},\frac{y_2}{\lambda f}+\eta_0\right)H_1\left(\frac{x_2}{\lambda f}\right)\right] +$$

$$\mathscr{F}\left[T_r\left(\frac{x_2}{\lambda f},\frac{y_2}{\lambda f}-\eta_0\right)H_2\left(\frac{x_2}{\lambda f}\right) + T_r\left(\frac{x_2}{\lambda f}+\xi_0,\frac{y_2}{\lambda f}\right)H_2\left(\frac{y_2}{\lambda f}\right)\right]$$

$$= \exp(j2\pi\xi_0 x_3)t_b(x_3,y_3)*h_1(y_3) + \exp(-j2\pi\eta_0 y_3)t_b(x_3,y_3)*h_1(x_3) +$$

$$\exp(j2\pi\eta_0 y_3)t_r(x_3,y_3)*h_2(x_3) + \exp(-j2\pi\xi_0 x_3)t_r(x_3,y_3)*h_2(y_3) \qquad (6.6\text{-}12)$$

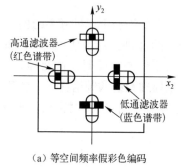 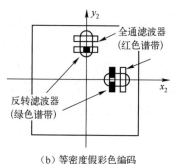

（a）等空间频率假彩色编码 　　　　　　　　　　（b）等密度假彩色编码

图 6.6-2　实时假彩色编码滤波器

如果光栅的空间频率 ξ_0 及 η_0 足够高，则式(6.6-12)可近似地表示为

$$I(x_3,y_3) \approx \Delta\lambda_b(\exp(j2\pi\xi_0 x_3)t_b(x_3,y_3)*h_1(y_3) + \exp(-j2\pi\eta_0 y_3)t_b(x_3,y_3)*h_1(x_3)|^2) +$$

$$\Delta\lambda_r(\exp(j2\pi\eta_0 y_3)t_r(x_3,y_3)*h_2(x_3) + \exp(-j2\pi\xi_0 x_3)t_r(x_3,y_3)*h_2(y_3)|^2)$$

$$(6.6\text{-}13)$$

式中，$\Delta\lambda_b$ 和 $\Delta\lambda_r$ 是信号的蓝色及红色的光谱宽度；h_1 及 h_2 分别是 H_1 和 H_2 的点扩散函数。式(6.6-13)表明，两个非相干像在输出平面 P_3 合成彩色编码像，像的低频结构呈蓝色，高频结构呈红色。相等的空间频率结构呈现同一颜色，故称为等空间频率假彩色编码。

2. 等密度假彩色编码

如果在上例中，在 P_2 平面上两个呈彩虹颜色的一级谱处安放如图 6.6-2(b)所示的滤波器，其中红色滤波器是一个简单的红滤色片，另一个绿色滤波器由一个绿滤色片和绿色频带中心位置的 π 相位滤波器组成。于是，在输出平面上形成红色原像和绿色反转像叠加的结果，使得原图像不同密度的区域呈现不同的颜色。

下面做一些具体分析。谱平面上的红色谱带处放置的一个全通滤波器，而在绿色谱带处由一个绿滤色片并在其中心加一个 π 相位滤波器组成，其数学表达式为

$$H\left(\frac{x_2}{\lambda f}\right) = \begin{cases} -1, & x_2/\lambda f \approx 0 \\ 1, & \text{其他} \end{cases} ; \quad H\left(\frac{x_2}{\lambda f}\right) = \begin{cases} -1, & y_2/\lambda f \approx 0 \\ 1, & \text{其他} \end{cases} \qquad (6.6\text{-}14)$$

于是谱平面上滤波后的频谱分布为

$$G\left(\frac{x_2}{\lambda f},\frac{y_2}{\lambda f};\lambda\right) = T_r\left(\frac{x_2}{\lambda f}-\xi_0,\frac{y_2}{\lambda f}\right) + T_r\left(\frac{x_2}{\lambda f},\frac{y_2}{\lambda f}-\eta_0\right) + T_g\left(\frac{x_2}{\lambda f}-\xi_0,\frac{y_2}{\lambda f}\right)H\left(\frac{y_2}{\lambda f}\right) + T_g\left(\frac{x_2}{\lambda f},\frac{y_2}{\lambda f}-\eta_0\right)H\left(\frac{x_2}{\lambda f}\right)$$

$$(6.6\text{-}15)$$

在白光处理的输出平面 P_3 上的复振幅分布为

$$g(x_3,y_3;\lambda) = \mathscr{F}\left\{T_r\left(\frac{x_2}{\lambda f} - \xi_0, \frac{y_2}{\lambda f}\right) + T_r\left(\frac{x_2}{\lambda f}, \frac{y_2}{\lambda f} - \eta_0\right)\right\} +$$

$$\mathscr{F}\left\{T_g\left(\frac{x_2}{\lambda f} - \xi_0, \frac{y_2}{\lambda f}\right)H\left(\frac{y_2}{\lambda f}\right) + T_g\left(\frac{x_2}{\lambda f}, \frac{y_2}{\lambda f} - \eta_0\right)H\left(\frac{x_2}{\lambda f}\right)\right\} \quad (6.6\text{-}16)$$

如果光栅频率足够高,则式(6.6-16)可近似地写成

$$g(x_3,y_3;\lambda) = [\exp(j2\pi\xi_0 x_3) + \exp(j2\pi\eta_0 y_3)]t_r(x_3,y_3) +$$

$$[\exp(j2\pi\xi_0 x_3) + \exp(j2\pi\eta_0 y_3)]t_g^n(x_3,y_3) \quad (6.6\text{-}17)$$

式中,$t_g^n(x_3,y_3)$ 是绿色的对比度反转像,即

$$t_g^n(x_3,y_3) = t_g(x_3,y_3) - 2\langle t_g(x_3,y_3)\rangle \quad (6.6\text{-}18)$$

这里的 $\langle t_g(x_3,y_3)\rangle$ 表示 $t_g(x_3,y_3)$ 的集平均或系统平均。由于像 t_r 和 t_g^n 分别来自光源中不同颜色的光谱带,它们之间是非相干的,所以输出平面强度分布为

$$I(x_3,y_3) = \int |g(x_3,y_3;\lambda)|^2 d\lambda = \Delta\lambda_r I_r(x_3,y_3) + \Delta\lambda_g I_g^n(x_3,y_3) \quad (6.6\text{-}19)$$

$I_r(x_3,y_3)$ 是红色正像,$I_g^n(x_3,y_3)$ 是绿色负像,$\Delta\lambda_r$ 和 $\Delta\lambda_g$ 分别是红色和绿色的光谱宽度。当这两个像重合在一起时就得到了密度假彩色编码的像。原物中密度最小处呈红色,密度最大处呈绿色,中间部分分别对应粉红、黄、浅绿等颜色,密度相同处出现相同的颜色。

习题六

6.1　利用阿贝成像原理导出相干照明条件下显微镜的最小分辨距离公式,并同非相干照明下的最小分辨距离公式比较。

6.2　在 4f 系统输入平面放置 40 mm^{-1} 的光栅,入射光波长为 632.8 nm。为了使频谱面上至少能够获得 ± 5 级衍射斑,并且相邻衍射斑间距不小于 2 mm,求透镜的焦距和直径。

6.3　观察相应相位型物体的所谓中心暗场方法,是在成像透镜的后焦面上放一个细小的不透明光阑以阻挡非衍射的光。假定通过物体的相位延迟 $\ll 1\mathrm{rad}$,求所观察到的像强度(用物体的相位延迟表示出来)。

6.4　当策尼克相衬显微镜的相移点还有部分吸收,其强度透过率等于 $a(0 < a < 1)$ 时,求观察到的像强度表达式。

6.5　用 CRT(阴级射线管)记录一帧图像透明片,设扫描点之间的间隔为 0.2 mm,图像最高空间频率为 10 mm^{-1}。如欲完全去掉离散扫描点,得到一帧连续灰阶图像,空间滤波器的形状和尺寸应当如何设计? 输出图像的分辨率如何(设傅里叶变换物镜的焦距 $f = 1000$ mm,$\lambda = 632.8$ nm)?

6.6　某一相干处理系统的输入孔径为 30 mm×30 mm 的方形,头一个变换透镜的焦距为 100 mm,波长为 532.8 nm。假定频率平面模片结构的精细程度可与输入频谱相比较,问此模片在焦平面上的定位必须精确到何种程度?

6.7　参考图 6.2-1,在这种图像相减方法的编码过程中,如果所使用的光栅透光部分和不透光部分间距分别为 a 和 b,并且 $a \neq b$,试证明图像和信息与图像差的信息分别受到光栅偶数倍频与光栅奇数倍频的调制。

6.8　用 Vander Lugt 方法来综合一个频率平面滤波器。如图题 6.8(a)所示,一个振幅透过率为 $s(x,y)$ 的"信号"底片紧贴着放在一个会聚透镜的前面,用照相底片记录后焦面上的强度,并使显影后底片的振幅透过率正比于曝光量。这样制得的透明片放在图题 6.8(b)所示的系统中。考查输出平面的适当部位,问输入平面和第一个透镜之间的距离 d 应为多少,才能综合出:

(1) 脉冲响应为 $s(x,y)$ 的滤波器?

(2) 脉冲响应为 $s^*(-x,-y)$ 的"匹配"滤波器?

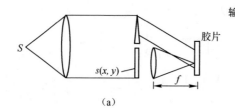

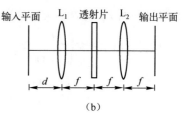

图　题 6.8

6.9　振幅透过率为 $h(x,y)$ 和 $g(x,y)$ 的两张输入透明片放在一个会聚透镜之前,其中心位于 $x=0,y=Y/2$ 和 $x=0,y=-Y/2$ 上,如图题6.9所示。把透镜后焦面上的强度分布记录下来,由此制得一张 $\gamma=2$ 的正透明片。把显影后的透明片放在同一透镜之前,再次进行变换。试证明透镜的后焦面上的光场振幅含有 h 和 g 的互相关;并说明在什么条件下,互相关项可以从其他的输出分量中分离出来。

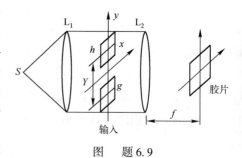

图　题 6.9

6.10　在照相时,若相片的模糊只是由于物体在曝光过程中的匀速直线运动,运动的结果使像点在底片上的位移为 0.5 mm。试写出造成模糊的点扩展函数 $h(x,y)$;如果要对该相片进行消模糊处理,写出逆滤波器的透过率函数。

6.11　图题6.11为一投影式非相干光卷积运算装置,由光源 S 和散射板 D 产生均匀的非相干光照明,$m(x,y)$ 和 $O(x,y)$ 是两张透明片,在平面 P 上可以探测到 $m(x,y)$ 和 $O(x,y)$ 的卷积。

(1) 写出此装置的系统点扩散函数。

(2) 写出 P 平面上光强分布的表达式。

(3) 若 $m(x,y)$ 的空间宽度为 l_1,$O(x,y)$ 的空间宽度为 l_2,求卷积的空间宽度。

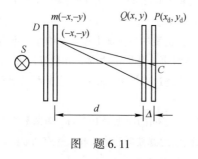

图　题 6.11

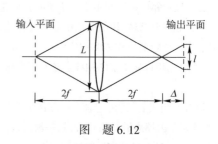

图　题 6.12

6.12　参看图题6.12,要设计一个"散焦"的(非相干)空间滤波系统,使得它的传递函数的第一零点落在 ξ_0 周/厘米的频率上,假定要进行滤波的数据放在一个直径为 L 的圆透镜前面 $2f$ 距离处。问所要求的"误聚焦距离" Δ 为多少(用 f,L 和 ξ_0 表示)? 对于 $\xi_0=10$ 周/厘米,$f=10\ cm$ 和 $L=2\ cm$,Δ 的值是多少?

6.13　讨论相干光学处理、非相干光学处理和白光光学处理的特点和局限性。

第7章 光信息存储

7.1 概 述

本章讨论信息光学的重要应用——光信息存储。

信息从信息源传播到受众,是通过信道传输的。图 7.1-1 所示为信息传输的方框图。图中将"存储"和"显示"作为传播通道的两个终端,实际上它们都可作为下一轮传播的信息源。在信息传输链路中,由于各个环节的速度可能不相同,有时还需要存储器作为信息处理的中间环节。显示则通常是信道传输的信息进入人眼或其他人工智能设备的关键环节。

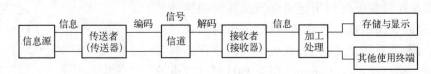

图 7.1-1 信息传播方框图

光信息存储主要用于计算机和其他通信系统联机的海量存储技术。与传统的磁性存储技术相比,光信息存储有很多优点,主要包括存储密度高,并行程度高,抗电磁干扰,存储寿命长,非接触式读/写信息工作方式,以及光信息存储价位低。理论估计,光学存储的面密度为 $1/\lambda^2$,体密度可达 $1/\lambda^3$ 的数量级(其中 λ 是用于存储的光的波长)。按 $\lambda = 500$ nm 计算,存储密度为 1 TB/cm^3 的数量级。若同时在大量可分辨的窄光谱凹陷中进行记录,存储密度还可提高 1 个数量级。由于光束可以携带图像即二维数据页,通过对照明光束波面的二维调制,光学存储器件能广泛地提供并行输入输出和数据传输。外界电磁干扰的频率都远远低于光频,因此光不受外界电磁场的干扰,不同光束之间也很难互相干扰。磁存储的信息一般只能保存 2~3 年。而光存储寿命一般在十年以上。用光读/写,不会磨损和划伤存储体,这不仅延长了存储寿命,而且使存储体可以自由拆卸、移动和更换,因而可以做成真正海量的存储器。由于光学存储密度高,复制材料便宜,工艺简单,其信息存储价位可比磁记录低很多倍。由于这些优点,使得自从激光器发明以来,光信息存储技术就一直受到人们的关注。

从原理上讲,只要材料的某种性质对光敏感,在被信息调制过的光束照射下,能产生理化性质的改变,并且这种改变能在随后的读出过程中使读出光的性质发生变化,就可以作为光学存储的介质。光学存储按存储介质的厚度可分为面存储(二维存储)和体存储(三维存储),按数据存取的方式可分为逐位存储(又称光学打点式存储)和页面并行式存储,按鉴别存储数据的方式可分为位置选择存储和频率选择存储等。目前最普遍、最成熟的光学存储技术是光盘存储,正在发展中的技术还有很多种。

随着信息光学技术的不断成熟和发展,光信息存储逐渐从实验室走向市场。光盘与读写光盘的光盘驱动器已经配备到每一台计算机,市场上已见到越来越多的全息防伪标贴、全息贺卡、全息包装材料等光学全息产品。实用的高密度光存储技术随着材料科学的进步和光电器件的发展,已显示出强大的生命力,将会越来越多地走进人们的日常生活。

本章将介绍光盘存储技术及其发展趋势,超高密度光存储的几种备选技术,重点讨论光全息存储技术的原理、优点和应用。

7.2　二维光存储——光盘存储

激光具有高度的单色性、方向性和相干性,经聚焦后可在记录介质中形成极微小的光照微区(直径为光波长的线度,即 1 μm 以下),使光照部分发生物理、化学变化,从而使光照微区的某种光学性质(反射率、折射率、偏振特性等)与周围介质有较大反衬度,以实现信息的存储。这就是光盘存储的原理。

在信息的"写入"过程中,通常使写入激光束的强度被待存储信息(模拟量或数字量)所调制,使得记录介质上有无物理、化学性质的变化代表信息的有无。在信息的"读出"过程中,用低强度的稳定激光束扫描信息轨道,随着光盘的高速旋转,介质表面的反射光强度(或其他性质)随存储的信息位而变化。用光电探测器检测反射光信号并加以解调,便可取出所需的信息。光盘是在衬盘上沉积了记录介质及其保护膜的盘片,在记录介质表面沿螺旋形轨道,以记录斑的形式写入大量的信息位(参见图 7.2-1),因此光盘是按位存储的二维存储介质。第一代光盘(Compact Disk,CD)记录轨道的密度接近 1000 道/毫米,这种类似光栅的结构使光盘在白光照明下呈现绚丽的彩色。

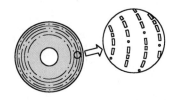

图 7.2-1　光盘记录斑示意图

光盘存储除了具有存储密度高、抗电磁干扰、存储寿命长、非接触式读/写信息,以及信息位价格低廉等优点外,还具有信息载噪比(CNR)高的突出优点。载噪比是载波电平与噪音电平之比,以分贝(dB)表示。光盘载噪比均在 50 dB 以上,且多次读出后不降低。因此,光盘多次读出的音质和图像清晰度是磁带和磁盘所无法比拟的。另外,光盘的信息传输速率也比较高。现有的光盘每一通道数据速率已达 50 Mb/s 以上,通过改进光学系统,和选择适当的激光波长,还可以提高数据速率。

7.2.1　光盘的类型

作为计算机系统外部设备的数字光盘存储技术,按其功能划分主要有四种:

1. 只读存储光盘

只读存储光盘(Read Only Memory,ROM)的记录介质主要是光刻胶,记录方式多数采用经声光调制的聚焦氪离子激光,将信息刻录在介质上制成母盘(见图 7.2-2),然后进行大量模压复制。由于制作工艺和设备的限制,这种光盘只能用来播放已经记录在盘片上的信息,用户不能自行写入。CD只读、CD 音像和 LV 都属此类。配备了 CD-ROM 驱动器的微机,也可读取大量光盘中存储的软件和多媒体信息。

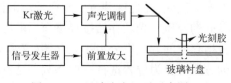

图 7.2-2　只读光盘记录示意图

2. 一次写入光盘

一次写入光盘(Write Once Read Memory,WORM;或称 Direct Read after Write,DRAW)利

用聚焦激光在介质的微区产生不可逆的物理和化学变化写入信息。这类光盘具有写、读两种功能,用户可以自行一次写入,写完即可读;但信息一经写入便不可擦除,也不能反复使用。它特别适合于文档和图像的存储和检索。

为了保证光盘能被用户写入,实现写后即读(DRAW),记录的数据能够实时加以检验,一次写入光盘上的地址码(信道号、扇区号及同步信号等)都以标准格式预先刻录并复制在光盘的衬盘上。光盘的存储介质应当是不须经过中间处理的类型。除了分辨率高、对比度高、抗缺陷性能强等对光盘存储介质的共同要求外,一次写入光盘还要求介质具有较高的记录灵敏度和较好的记录阈值,并且存储介质的的力、热及光学性能应与预格式化衬盘相匹配。

一次写入光盘的写入过程主要是利用激光的热效应,其记录方式有烧蚀型、起泡型、熔融型、合金型、相变型等很多种。目前一次写入光盘已经实现商品化。

3. 可擦重写光盘

可擦重写光盘(Rewrite;或 Erasable-DRAW,EDAW)除用来写、读信息外,还可将已经记录在光盘上的信息擦去,然后再写入新的信息。但写、擦是分开的两个过程,需要两束不同的激光和先后两个动作才能完成。即先用擦激光将某一信道上的信息擦除,然后再用写激光将新的信息写入。这种先擦后写的两步过程限制了数据的存取时间和传输速率,因而尚未应用到计算机系统的主内存即随机存取存储器(Random Access Memory,RAM)。但是,用这类光盘可以代替磁带,用在海量脱机存储和图像数字存储方面。

可擦重写光盘是利用记录介质在两个稳定态之间的可逆变化来实现反复的写与擦的。光盘可擦重写技术的关键是解决新的存储介质材料。经过多年的努力,已在磁光型(热磁反转型)存储材料上得到突破而获得实用化。

磁光型存储介质具有磁各向异性,在垂直于薄膜表面方向有一易磁化轴,产生垂直磁记录磁畴。在写入信息之前,用一定强度的磁场 H_0 对介质进行初始磁化,使各磁畴单元具有相同的磁化方向。

写入时,磁光读/写头的脉冲激光聚焦到介质表面,光照微区温度升至居里温度(T_c)或补偿温度(T_{comp})时,净磁化强度为零(退磁)。此时通过读/写头中的线圈施加一反偏磁场,使微斑反向磁化。而介质中无光照的相邻磁畴,仍保持原来的磁化方向,从而实现磁化方向相反的反差记录。

读出时,利用克尔磁光效应来检测微区磁畴的磁化方向,从而实现信息的读出。克尔磁光效应是克尔(Kerr)在 1877 年发现的。当线偏振光入射到磁性介质时,反射光束的偏振面会发生旋转,这个旋转角称为克尔角。若用线偏振光扫描录有信息的信道,光束经过磁化方向"向上"的微斑的反射,反射光的偏振方向会绕反射线右旋一个角度 θ_k。反之,若扫到磁化方向"向下"的微斑,反射光的偏振方向则左旋一个 θ_k,以 $-\theta_k$ 表示,见图 7.2-3。实际读出时,将检偏器调整到使与 $-\theta_k$ 对应的偏振光为消光位置,来自下磁化微斑的反射光不能通过检偏器到达探测器,而从上磁化微斑反射的光束则可通过 $\sin(2\theta_k)$ 的分量,探测器便有效地读出了已写入的信号。目前磁光盘的克尔角数值不大,一般只有零点几度。要获得较高的信噪比,必须进行大 θ_k 角材料的研究。

擦除时,用原来的写入光束扫描信息道,并施加与初始 H_0 方向相同的偏置磁场,则微区磁畴的磁化方向又会恢复原状,从而擦除了原有的信息。由于磁畴磁化方向翻转的速率有限,故磁光光盘一般需要两次操作来写入信息,第一次是擦除原有轨道上的信息,第二次是写入新信息。

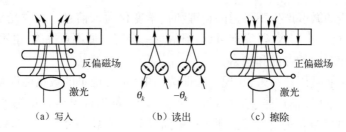

图 7.2-3　磁光光盘的原理

4. 直接重写光盘

前面介绍的可擦重写磁光盘,在记录信息时往往需要两次动作,即先将信道上原有的信息擦除,然后再写入新的信息。这可以用一束激光的两次动作完成,也可用擦除光束和随后的写入光束配合完成。无论采取那种方式,都将限制光盘数据传输速率的提高。光盘存储技术目前的研究热点,一是提高可擦重写光盘的性能,二是研究直接重写光盘。直接重写光盘(Overwrite)可用一束激光、一次动作录入信息,也就是在写入新信息的同时自动擦除原有信息,无须两次动作。显然,这种光盘能够有效地提高数据传输率,有希望应用到计算机系统的随机存取存储器。

实现直接重写的可能途径之一,是利用激光束的粒子作用,在极短的时间内使介质完成快速晶化。这种光致晶化的可逆相变过程可以非常快。当擦除激光脉宽与写入激光脉宽相当时(20～50 ns),相变光盘可进行直接重写,从而大大缩短了数据的存取时间。近年来,国内外的大量研究工作都围绕着降低擦除时间(加快晶化速度)、提高晶态和非晶态的反衬度以及多次擦除中材料稳定性等方面进行。

7.2.2　光盘存储器

光盘存储器是在光盘已经设计定型,各项性能参数都已确定的情况下,特定盘片的驱动器。光盘读取和检索信息的功能,要靠光盘驱动器实现。实用的光盘驱动器虽然小巧紧凑,却是光、机、电相结合的高技术产物。它包括提供高质量读出光束和引导检索出光信号的精密光学系统,产生信息读出信号、再现盘片格式化地址信号、检测光盘聚焦误差信号和跟踪误差信号的电子电路,以及实现光束高精度跟踪的伺服控制系统。

这里简要介绍光盘存储器的光学系统。各类光盘存储器的光学系统大体相似,都采用半导体激光器作为光源(上世纪 80 年代初,最早一代市场上出售的光盘存储器曾用 He-Ne 激光束作为光源),光学头及光学系统或采用一束激光一套光路进行信息的写读(如只读存储器及一次写入存储器);或用两个独立的光源、配置两套光路,一套用来读/写,另一套用来擦除(如可擦重写存储器)。直接重写式相变光盘存储器,在信息写入的同时自动擦除原有信息,因而也只需一束激光、一套光路完成全部读、写、擦功能,可以和一次写入存储器兼容以便制成多功能相变光盘存储器。

光学系统是围绕着以下几方面配置的:从半导体激光器发出的激光一般都有较大的发散角,为了更有效地利用光能量,首先要把半导体激光器中发出的发散光束准直成平行光束。多数半导体激光束的截面为椭圆,需要经过整形变成圆光束,才能最后在光盘上聚焦成圆光斑,满足读/写的要求。要采取措施使沿同一光路传播的入射到光盘的光束和从光盘反射回来的光束不致发生干涉,要防止光盘表面的反射光进入到激光器,否则会在激光输出中增加显著的噪音。由于写/读光束和擦除光束都是用同一个物镜聚焦在光盘上的,因此,要高效地将经过准直以后的写/读光束和擦除光束耦合到同一光路中。

根据光盘存储介质的不同,其光学系统大致可分为单光束光学系统和双光束光学系统两类。单光束光学系统适合于只读光盘和一次写入光盘,具备信息的写/读功能。对于直接重写相变光盘原则上也可使用,只是激光器的功率及脉冲要求不同,激光器的驱动电路也不同。单光束光学系统的光路如图 7.2-4 所示。

双光束光学系统(见图 7.2-5)用于可擦重写光盘。图中,器件 1~8、10~13 构成写/读光路,器件 14~19、5~8、20~21 构成擦除光路。一些关键器件的作用如下:5 为二向色反射镜,为一干涉滤光镜,只反射特定波长的入射光;11 为刀口,将从光盘反射回来的激光分割为两部分,分别进入探测器 12 和 13,得到读出和聚焦、跟踪误差信号;18、19 为一对正负柱面透镜,改变光束为椭圆截面,以利擦除;17 为偏振分束器;1 为写、读激光器(输出光波长为 0.83 μm);14 为擦除激光器(输出光波长为 0.78 μm)。

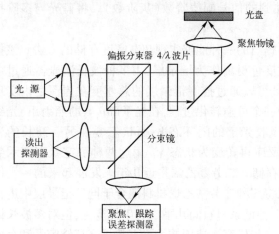

图 7.2-4　单光束光学系统的光路

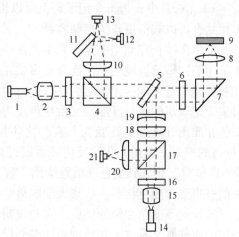

图 7.2-5　双光束光学系统的光路

7.2.3　光盘存储技术的进展[7-1]

上述 CD 系列光存储技术被称为第一代光盘技术,其主要特点是应用 GaAlAs 半导体激光器作为读取和记录光源,其激光束波长在 780~830 nm 之间。

随后出现的 DVD(Digital Versatile Disk)光盘及其读写技术则被称为第二代光盘技术,其主要特点是以 GaAllnP 半导体激光器为光源,激光波长在 630~650 nm 左右。随着对数据容量的需求越来越大,以及短波长激光二极管(GaN 蓝绿色激光器)的研制成功,发展了以蓝光技术为特征的第三代光盘存储技术,包括 BD(Blue-Ray Disk,蓝光盘)方案和 HD-DVD(High Density Digital Versatile Disk)方案。相对于 CD 和 DVD 光盘系列,HD-DVD 和 BD 具有更高的面存储密度和数据传输速率。这三代光盘技术的主要性能指标见表 7.2-1。

表 7.2-1　CD、DVD、HD-DVD 和 BD 的性能指标

参　数	CD	DVD	HD-DVD	BD
容量(GB)	0.65	4.7	15	25
激光波长(nm)	780	650	405	405
数值孔径	0.45	0.6	0.65	0.85
数据记录点大小(μm)	1.74	1.08	0.62	0.48
道间距(μm)	1.6	0.74	0.46	0.32
数据传输速率(Mb/s)	1.44	10	13	36
光学头工作距离(mm)	1.2	0.6	0.6	0.1

在光盘存储中,由于受衍射极限的限制,焦点处记录斑直径与激光波长 λ 成正比,与聚焦系统的数值孔径(NA) 成反比,空间分辨率为 $\lambda/(2NA)$ 量级。在光盘产品的发展历史中,从 CD 光盘到蓝光光盘,沿用了一条通过缩短激光器波长、增大数值孔径来减小记录斑尺寸和提高存储容量的技术路线。但是随着 λ/NA 值的降低,聚焦激光斑的焦深迅速减小,对盘片的抖动和倾斜更敏感,对盘片厚度均匀度要求更高,这些因素对光学系统的容差和伺服系统提出了更严格的要求,需要具有更精密的盘片制造设备和更高的复制工艺。因此,单纯依靠压缩记录光斑尺寸来提高光盘存储容量已经接近了极限。为了在二维光存储和衍射极限的范畴内进一步提高光盘的存储容量,可以采用多阶技术、多波长技术等将蓝光技术进行扩展。

多阶技术是指在一个记录单位的空间上可以记录多于 1 位(2 阶) 的灰阶信息。常规光盘可以认为记录的是聚焦激光束的有无,所以一个记录斑(信息符)只能记录 1 比特信息。而多阶技术记录的是聚焦激光的强度,故在采用相同波长的激光器、相同数值孔径物镜和相同特性的记录介质的前提下,如果采用常规记录方式时的存储总容量为 C,则多阶存储容量为 $C_n = C\log_2 n$,其中 n 为每个记录斑上可以检测到的信号幅值阶数(灰阶数)。将蓝光与多阶技术相结合可以获得更高的存储容量[7-2]。

彩色多波长存储是由清华大学光盘中心提出的一种能够实现超高密度存储的方法。该技术采用不同敏感波段的单层混合或多层光致变色材料作为记录层,用多种波长激光器通过合光和分光装置实现多记录层的并行读写,并且可以通过控制记录层的总厚度在焦深之内实现对多个记录层的统一寻址。光致变色反应是一个可逆转化过程,在光子($h\nu_1$) 的照射下,光致变色介质由开环态 a 转变为具有与之不同吸收光谱的闭环态 b;而状态 b 在另一波长的光($h\nu_2$) 的照射下通过光化学反应或者通过热反应再转变为状态 a。用这两种稳定状态表示数字"0" 和"1",则光致变色介质就能用于数字存储。二芳基乙烯是近几年来发展起来的一类优良的有机光致变色材料。清华大学的科学家将三种二芳基乙烯材料混合于同一记录层中进行了三波长光致变色存储的实验。实验表明,三种记录材料间几乎没有串扰产生,但对多波长记录层的制作工艺及非破坏性读出还需要做进一步研究。这项技术可有效提高存储容量和存取速度,为低成本实现高密度光存储提供了新的思路[7-3]。

为了进一步提高光存储的存储密度和容量,可循的途径有两条:一是进一步压缩记录符的尺寸使之突破衍射极限的限制,二是将存储由二维平面扩展至三维空间。

7.2.4 超分辨率光存储技术[7-4]

众所周知,在衍射受限的光学系统中,光束聚焦光斑的直径 d 与光波长成正比,而与镜头的数值孔径成反比。在光盘存储技术中,受信息调制的激光束通过物镜聚焦于光盘存储介质层上,记录点的尺寸也决定于光学系统的衍射极限。要提高存储的位密度,就要缩短激光波长和加大物镜的数值孔径。从表 7.2-1 可以看出,从 CD 到 DVD,再到 BD 的发展就沿着这个方向,其容量提高了数十倍。但发展到蓝光光盘之后,再沿这条路线来进一步提高光盘容量的话,将在激光器技术、大数值孔径非球面透镜制作技术、高精度盘片制作技术等诸多方面面临着难以解决的技术问题,因此人们寻求超衍射极限光盘存储技术。

超衍射极限技术可以通过远场和近场两个途径实现。

1. 远场

所谓远场是指可以用光传播的衍射理论来描述光场行为的距离范围。对于高密度光存储技术而言,光学头与存储记录介质之间的距离远大于光波长时就称为远场。$d = 1.22\lambda/\text{NA}$ 也正是远场条件下的衍射极限。为了突破这一衍射极限,可以采用光学切趾术(apodization,又称变迹术)。在第 3 章关于光学成像系统的讨论中介绍过,根据阿贝衍射理论,成像系统分辨率对应于其频率响应,并进而由系统的光瞳函数所决定。而根据光学系统的衍射极限的瑞利判据可知,通过压缩艾里斑尺寸可以提高分辨率。例如在相干照明时,如果两个点源的相相位反,可以得到超过瑞利衍射极限的两点分辨率。将同样的概念应用于单个点源的成像,由于在点源形成的艾里斑范围内光场总是相干的,如果在光学系统的孔径上加装光瞳滤波器,改变光瞳函数的复振幅分布来控制光学系统出瞳的传递函数,可以减小像面艾里斑的尺寸,实现超衍射极限的分辨率,这就是光学切趾术。将这种技术应用到现有光盘的光学头中,可以在不改变物镜的数值孔径或波长情况下减小记录光斑,在理想情况下,能使聚焦光斑缩小 80% 左右。

2. 近场

光学头与存储记录介质之间的距离小于波长量级的范围称为近场。近年来发展的基于近场光学的高密度光存储,其成像分辨率可以突破衍射极限。近场光学的高密度光存储主要有以下三种方案。

(1) 固态浸没透镜(Solid Immersion Lens,SIL)技术

一种典型的近场光学超分辨率技术是通过使用高数值孔径的固体浸没透镜来减小记录光斑的直径。SIL 读写头结构如图 7.2-6 所示。激光首先由物镜 L_1 会聚,经超半球形透镜 SIL 聚焦,聚焦在 SIL 底面的光斑通过近场耦合将光能量传输到光盘记录介质上,形成超衍射分辨光斑,实现高密度记录。SIL 可以通过较大的光通量,它与盘片的距离即飞行高度须保持在近场(亚波长)范围内,聚焦光斑直径随 SIL 的介质折射率及飞行高度不同而不同。

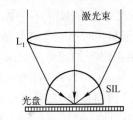

图 7.2-6　SIL 读写头结构

这种方案理论上可达到的光斑直径为 125 nm,相应的存储密度为 40 Gb/in^2。这种方案的系统结构与现行光驱兼容性好,光能量损失小,读写速度相应得到提高,而且可以利用许多现有光驱制造的相关技术和微细制造技术。因此利用 SIL 进行近场光学存储具有较大的发展前景,被认为是最接近实用化的方案。但是 SIL 的方案也存在它的不足,其记录光斑的尺寸仍然依赖高数值孔径的固体浸没透镜,因而最终还是要受到衍射极限的限制,严格来讲还不是真正的超分辨技术,能达到的存储密度也无法与下面的近场纳米孔径探针及近场结构型技术相比。

(2) 孔径探针近场光学存储

近场光学理论研究涉及纳米尺度光波的物理特征与现象,如隐失波的分布、局域场增强、非传播场转换等。可以说近场光学是光学通向纳米科学技术的桥梁。所谓"近场"意味着在纳米距离上进行光信号的操作、存储和探测等。例如近场光学显微术中,传统光学的镜头被纳米孔径光学探针所代替。将纳米孔径探针置于距物体纳米距离内,仅使来自于孔径附近纳米局域空间的光信号被收集。当探针在近场区域对样品进行扫描成像时,物体上的纳米特征能够被分辨成像。同样,近场光学技术也可以用于高密度存储。

采用扫描探针显微术(probe scanning microscopy,PSM)原理的光存储技术方案中,纳米孔径探针仍然是其核心元件。将激光束耦合进光纤探针,通过纳米孔径进行记录和读取,如果记录介质距小孔相当近,通过小孔的光便在光盘上形成尺寸与小孔相当的记录点。20 世纪 90

年代已有报道用扫描近场光学显微镜的光纤探针在磁光介质和相变介质上获得 60 nm 的记录点。这些成果显示了近场光学高密度存储的巨大潜力。但这种技术也存在着一些缺点：① 由于光纤纳米孔径探针的效率一般只有 10^{-4}，光能量损失大，读写信号微弱，信噪比差。②探针与记录介质的纳米间距测控比较难，响应速度较慢，限制了读/写速度。③光纤探针极易损坏和受到污染，这些都限制了孔径探针近场光学存储方案的发展。

（3）超分辨率近场结构型（Super-RENS）方案[7-5]

1998 年日本学者提出了一种超分辨近场结构（Super-RENS）光盘，此种技术可以用一般光驱的读写头，在记录层上写入或读出一个小于光学衍射极限尺寸的记录点，被认为是光学存储技术的一大突破。Super-RENS 具有多层膜系，其典型结构如图 7.2-7 所示。该结构的巧妙在于在记录层的上方还有一层特殊的掩膜层，它是具有三阶非线性双稳态开关特性的薄膜。当聚焦激

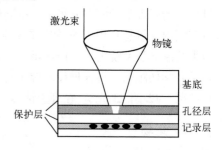

图 7.2-7　Super-RENS 结构示意图

光照射到与记录介质薄膜有纳米级间距的掩膜层时，虽然聚焦光斑的尺寸受衍射极限限制，但高斯光斑中心部分的极高光强与掩膜层介质相互作用的结果，使掩膜层中产生纳米尺度散射小孔，其作用类似于近场光学显微镜的扫描探针在读写时的作用，因此也称为孔径层。例如以 Sb 作为相变材料的孔径层时，可以获得 $\lambda/7$ 的空间分辨率。孔径层的产生使得超分辨衍射极限的光信息存取得以实现。我国科技工作者也在 super-RENS 方面做了大量实验，使用扫描电镜（SEM）对相变介质上超分辨记录的结果与用传统相变光盘（CD2R/W）进行对照，证实了 super-RENS 的超分辨记录效果。

Super-RENS 存储方法的优点是：近场距离固定，因此飞行高度固定且易于控制；近场孔径尺寸可以通过改变到达盘面的激光功率来调整；可以和现有的光盘技术兼容，从而减少开发费用和周期。但是 Super-RENS 存储方法要求孔径层材料有很强的三阶非线性双稳态开关特性，响应速度快，热稳定好，以及低噪声等。仍以 Sb 作为相变材料的孔径层为例，在 250 nm 的记录点上获得的信噪比（CNR）仅为 20 dB。如果要使原始误码率优于 10^{-5}，CNR 通常应当高于 45 dB。目前有很多研究人员在提高 CNR、提高热稳定性、寻找合适的孔径层材料，以及孔径层的工作机制等方面进行研究。

实验研究表明近场光学存储密度能达到 45 Gb/in^2，比现有光盘技术提高了几个数量级。如果能解决记录机理、速度、材料、信噪比、系统等问题，近场光学数据存储有可能成为新一代计算机数据存储的重要方法和手段。

和磁盘一样，上述的各种光盘技术都无法将信息存储在材料的整个体积中，多层光盘虽然能提高存储容量，但允许的层数毕竟有限。同时，磁盘和光盘的机械运动寻址方式和按位存储的本质，限制了数据传输率的进一步提高。计算机处理能力的快速增长，以及为了满足多媒体（文本，声音和图像）娱乐和信号处理对存储容量和传输速率的渴求，导致了对体积光学存储的极大兴趣。为了充分利用存储材料的整个体积以提高存储的体密度和存储容量，有必要将光学存储从平面式的二维光盘存储扩展到体积式的三维光存储。

7.3　三维光存储

体积式的三维光存储的主要形式是体全息光存储。从激光全息术发展的初期，全息图就

被看作一种潜在的光学存储器。在全息存储器中,物光束经过空间调制而携带信息,参考光束以特定方向直接到达记录介质,在两相干光束交叠的介质体积中形成干涉条纹。写入过程中,材料对干涉条纹照明发生响应,在材料中形成类似光栅结构的全息图。读出过程利用该光栅结构的衍射,用适当选择的参考光(例如,写入过程中参考光的复现)照明全息图,精确地复现出写入过程中与此参考光相干涉的数据光束的波面。和已成熟的磁存储和光盘存储技术相比,全息存储的存储容量高,数据传输速率高,存取时间很快,可进行并行寻址,而且具有较高的冗余度,使得记录介质局部的缺陷和损伤不会引起信息的丢失或误码。

全息存储器可以直接输出数据页或图像的光学再现,这使信息检索以后的处理更为灵活。例如,采用适当的光学系统,有可能一次读出存储在整个全息存储器中的全部信息,或者,在读出过程中同时与给定的输入图像进行相关,完全并行地进行面向图像(页面)的检索和识别操作。这种独特的性能可以实现用内容寻址的存储器(CAM),成为全光计算或光电混合计算的关键器件之一,在光学神经网络、光学互连,以及在模式识别和自动控制等领域(可以统称为光计算)中有广阔的应用前景。

7.3.1　体全息的基本原理

4.11 节已介绍了体全息的基本原理,并且指出,体全息图再现对于角度和波长具有极严格的选择性。当照明光角度稍有偏离时,便不能得到衍射像,因而可以以很小的角度或波长间隔存储多重三维图像而不发生像串扰,实现角度复用或波长复用。

两束在 x-z 面内传播的平面光波入射到厚度为 d 的感光介质上,在介质内部干涉形成如图 4.11-1 所示的三维光栅。假设介质内所有光波矢量的模均为 k,参考光和物光束在介质内的光波矢量分别为 k_1 和 k_2,它们与 z 轴的夹角分别为 θ_1 和 θ_2,在介质中形成的干涉条纹面将平分两光束之间的夹角,即 $\theta = (\theta_1 - \theta_2)/2$,而条纹面间的距离为

$$\Lambda = \frac{\lambda}{2\sin\theta} \tag{7.3-1}$$

全息记录的结果,在介质中产生与干涉条纹面相应的折射率和吸收率变化,即体全息图。定义光栅矢量 K,其方向沿条纹面法线方向,它与 z 轴的夹角为 φ,即

$$K = k_1 - k_2 \tag{7.3-2}$$

其大小为
$$K = 2\pi/\Lambda \tag{7.3-3}$$

按照三维光栅的衍射理论,为了使连续散射波同相相位加,使总的衍射波振幅达到极大值,则介质内照明光束的波长 λ、照明光束与峰值条纹面之间的夹角 θ,以及条纹面的间距 Λ 三者之间必须满足式(7.3-1),即布拉格定律。

当用光波 k_r 在满足布拉格条件 $(\theta_r = \theta_1)$ 下再现全息图时,衍射角 $\theta_s = \theta_2$,衍射光波即为原物光波,此时衍射效率最大。当再现光波偏离布拉格角入射 $(\theta_r = \theta_1 + \Delta\theta)$ $(\Delta\theta$ 为偏离角)时,衍射效率将随 $\Delta\theta$ 的增大迅速下降。另一方面,当再现光的波长偏离布拉格入射的正确波长,即 $k_r \neq 2\pi/\lambda$ 时,衍射效率也将明显下降。因此,布拉格定律(式(7.3-1))表明,如果再现光的波长和光栅间距已被确定,则再现光的入射角便唯一确定;或者,如果再现光的入射角和光栅间距已被确定,则再现光的波长便唯一确定。否则,任何违反布拉格条件的角度或波长改变都将导致衍射效率的明显下降。所以体全息具有高的角度和波长选择性。下面从耦合波理论出发,讨论体积全息图衍射特性。

7.3.2 体全息光栅的衍射效率

Kogelnik[7-6]首先将耦合波理论用于分析体光栅的衍射。其主要思想是从麦克斯韦方程出发，根据体全息介质记录的空间调制电学和光学常数，直接求解描述照明光波和衍射光波的耦合微分方程组，得到体光栅在布拉格角附近读出时的衍射效率。这一理论广泛用于各种体光栅衍射特性的分析，给出定量的结果。一维耦合波理论假设光栅被恒定振幅的平面光波形成和再现，介质的介电常数和电导率的空间调制按余弦规律变化，照明光波以布拉格角或在其附近入射，介质内仅出现照明光波和一级衍射光波，忽略其他所有的衍射级。在一个光波长范围内光波振幅的变化很小，可忽略光波振幅的二阶微分。由此出发建立的数理模型可以导出体光栅的衍射效率和角度及波长选择性，本书省去推导过程将主要结果表述如下。

1. 两种特殊情况的衍射效率

（1）无吸收的透射型相位光栅

衍射光波的改变仅由折射率的空间变化而产生。这时光栅的衍射效率为

$$\eta = \frac{\sin^2(\nu^2 + \xi^2)^{1/2}}{1 + (\xi/\nu)^2} \tag{7.3-4}$$

其中参数 ν、ξ 分别称为光栅调制参量和布拉格失配参量，由下两式给出

$$\nu = \frac{\pi \Delta n d}{\lambda (\cos\theta_r \cos\theta_s)^{1/2}} \tag{7.3-5}$$

$$\xi = \frac{\delta d}{2\cos\theta_s} \tag{7.3-6}$$

式中，Δn 为记录得到的余弦体光栅折射率分布的调制度，d 为两光波相互作用区间的长度，θ_r 和 θ_s 分别为照明光波和衍射光波波矢量与 z 轴的夹角，λ 为衍射光波长。当入射波的入射角对布拉格入射角 θ_0 的偏离为 $\Delta\theta$，其波长对布拉格波长 λ_0 的偏移量为 $\Delta\lambda$ 时，相位失配因子 δ 可表示为

$$\delta = \Delta\theta \frac{4\pi}{\lambda} \cos(\varphi - \theta_r)\sin(\varphi - \theta_0) - \Delta\lambda \frac{4\pi}{\lambda^2 n_0}\cos^2(\varphi - \theta_r) \tag{7.3-7}$$

由此可得，读出光满足布拉格条件入射时，衍射效率为

$$\eta_0 = \sin^2\nu \tag{7.3-8}$$

结合式(7.3-5)可见，在以布拉格角入射时，衍射效率将随介质的厚度 d 及其折射率的空间调制幅度 Δn 的增加而增加，当调制参量 $\nu = \pi/2$ 时，$\eta_0 = 100\%$。

根据式(7.3-4)，可以给出无吸收透射相位全息图归一化的衍射效率 η/η_0（η_0 为满足布拉格条件时的衍射效率）随布拉格失配参量 ξ 的变化曲线。如图 7.3-1 所示，三条曲线分别对应三个不同的调制参量 $\nu = \pi/4$，$\nu = \pi/2$ 和 $\nu = 3\pi/4$。当 $\nu = \pi/2$ 时，$\eta_0 = 100\%$；当 $\nu = \pi/4$ 或 $\nu = 3\pi/4$ 时，$\eta_0 = 50\%$。

由图 7.3-1 可看出，当 $\xi = 0$ 时，衍射效率最大；随着 $|\xi|$ 值的增大，η 迅速下降；当 $|\xi|$ 值增大到一定程度时，η 下降至零。

（2）无吸收反射型相位光栅

衍射效率为

$$\eta = \frac{\mathrm{sh}^2(\nu^2 - \xi^2)^{1/2}}{\mathrm{sh}^2(\nu^2 - \xi^2)^{1/2} + [1 - (\xi/\nu)^2]} \tag{7.3-9}$$

参量 ν 和 ξ 仍由式(7.3-5)和式(7.3-6)给出。布拉格入射时，$\xi = 0$，此时衍射效率为

$$\eta = \tanh^2\nu \tag{7.3-10}$$

同样可作出归一化的衍射效率 η/η_0 与布拉格失配量 ξ 的变化曲线，见图 7.3-2。图中给出了对应调制参量分别为 $\nu = \pi/4, \pi/2$ 和 $3\pi/4$ 的三条曲线，相应的 $\eta_0 = 43\%, 84\%$ 和 96%。注意，当 $|\xi| > \nu$ 时，式(7.3-10)中的双曲函数将变成正弦函数。由图知，曲线随 ν 值的增大而变宽，这与透射光栅的情形正好相反。

由上面的讨论可知，不论是透射光栅还是反射光栅，其衍射效率对布拉格失配量 ξ 十分敏感。由于 ξ 的改变量与角度的偏移量 $\Delta\theta$ 以及波长的偏移量 $\Delta\lambda$ 成正比[见式(7.3-6)和式(7.3-7)]，因此入射光的角度或波长偏离布拉格条件会导致衍射效率迅速下降。体积全息图的这一特性称之为角度和波长的灵敏性，或者说选择性。图 7.3-1 和 7.3-2 的特性曲线又称为选择性曲线，被广泛用来评价体光栅的角度和波长的选择性。

2. 角度选择性

如果再现光的波长与记录时的波长相同，即式(7.3-7)中的 $\Delta\lambda = 0$，于是，结合式(7.3-7)和(7.3-6)有

$$\xi = \Delta\theta K d\sin(\varphi - \theta_0) / (2\cos\theta_s) \tag{7.3-11}$$

其中 K 由式(7.3-3)表示。通常将对应着 η-ξ 曲线(见图 7.3-1 和图 7.3-2)的主瓣全宽度定义为选择角，用 $\Delta\Theta$ 表示。又由式(7.3-4)知，当 $\nu^2 + \xi^2 = \pi^2$ 时，$\eta = 0$。因此，透射光栅的选择角为

$$\Delta\Theta = \frac{2(\pi^2 - \nu^2)^{1/2}\lambda_a}{\pi n d} \cdot \frac{\cos\theta_s}{|\sin(2\varphi)|} \tag{7.3-12}$$

式中，λ_a 为空气中的波长。计算时可认为衍射光波的角 θ_s 等于记录时物光波的角度，$2\varphi = \theta_r - \theta_s$ 是记录时参考光、物光之间的夹角。式中各角度均为介质中的值，由折射定律即可求出空气中的选择角。

当 $\theta_r = -\theta_s$ 时，即两写入光束对称入射，形成非倾斜光栅，则式(7.3-12)可表示为

$$\Delta\Theta = \frac{(\pi^2 - \nu^2)^{1/2}\lambda_a}{\pi n d |\sin\theta_r|} \tag{7.3-13}$$

对于反射光栅，在衍射效率的零点位置附近 $|\xi| > |\nu|$，这样，式(7.3-9)可写成

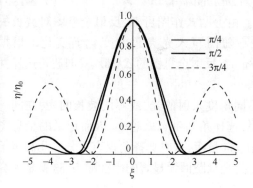

图 7.3-1　无吸收透射光栅的 η/η_0 随 ξ
　　　　　的变化曲线

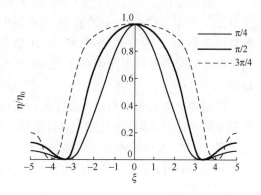

图 7.3-2　无吸收反射光栅的 η/η_0 随 ξ
　　　　　的变化曲线

$$\eta = \frac{\nu^2 \sin^2(\xi^2 - \nu^2)}{(\xi^2 - \nu^2) + \nu^2 \sin^2(\xi^2 - \nu^2)} \qquad (7.3\text{-}14)$$

当 $\xi^2 - \nu^2 = \pi^2$，即 $\xi = (\pi^2 + \nu^2)^{1/2}$ 时，$\eta = 0$，于是可得到反射光栅的选择角为

$$\Delta\Theta = \frac{2(\pi^2 + \nu^2)^{1/2}\lambda_a}{\pi nd} \cdot \frac{\cos\theta_s}{|\sin(2\varphi)|} \qquad (7.3\text{-}15)$$

这里 $2\varphi = \theta_r - \theta_s$ 仍为参考光、光物之间的夹角。对于非倾斜光栅选择角为

$$\Delta\Theta = \frac{(\pi^2 + \nu^2)^{1/2}\lambda_a}{\pi nd|\sin\theta_r|} \qquad (7.3\text{-}16)$$

式中所有角度均为介质中的值。根据折射定律，同样可计算出该选择角在空气中的值。

由式(7.3-12)和式(7.3-15)可知，对于给定的物光入射角，参考光和物光之间的夹角为90°时，选择角最小。依据式(7.3-13)和式(7.3-16)可作出非倾斜光栅选择角与参考光角度的关系曲线，从而可以看出在同等条件下，透射全息图的角度选择性比反射全息图要灵敏。

注意，本节中讨论的是参考光角度在同一个包括光栅矢量的平面内变化时的角度选择性，相应的选择角又称为水平选择角[7-7]。

3. 波长选择性

当再现光的波长与记录波长不同，但以记录时参考光的角度入射时，由此引起的相位失配由式(7.3-7)可得

$$\delta = -\Delta\lambda K^2/(4\pi n)$$

结合式(7.3-4)、式(7.3-6)和式(7.3-9)，可求出使衍射效率降低到第一个零点时的波长偏移量为

透射光栅： $$\Delta\lambda = \frac{(\pi^2 - \nu^2)^{1/2}\lambda_a^2\cos\theta_s}{\pi nd(1 - \cos2\varphi)} \qquad (7.3\text{-}17a)$$

反射光栅： $$\Delta\lambda = \frac{(\pi^2 + \nu^2)^{1/2}\lambda_a^2\cos\theta_s}{\pi nd(1 - \cos2\varphi)} \qquad (7.3\text{-}17b)$$

式中，2φ 仍为介质内两写入光束的夹角。此波长偏移量称为全息图的带宽。对于非倾斜光栅的特殊情况，全息图带宽为

透射光栅： $$\Delta\lambda = (\pi^2 - \nu^2)^{1/2}\lambda_a^2/(2\pi nd\tan\theta_r\sin\theta_r) \qquad (7.3\text{-}18a)$$

反射光栅： $$\Delta\lambda = (\pi^2 + \nu^2)^{1/2}\lambda_a^2/(2\pi nd\cos\theta_r) \qquad (7.3\text{-}18b)$$

式中，$\Delta\lambda$ 和 λ_a 均为空气中的值，θ_r 为介质中的值。由上两式作图可知，反射全息图对波长的偏离比透射全息图要灵敏得多，而且带宽几乎不随两写入光夹角的变化而变化。根据式(7.3-17b)，当两写入光束在介质内的夹角 $2\varphi = \pi$ 时，反射全息图的 $\Delta\lambda$ 最小，即波长选择性最好。

根据体全息的角度和波长选择性，可以利用不同角度入射的光，或不同波长的光，在同一体积中记录许多不同的全息图，而且记录介质越厚，选择角和带宽就越小，因而记录的全息图就越多。例如，大容量体全息存储的材料，其厚度在 cm 量级，这时选择角仅有百分之几甚至千分之几度，因而可在这种厚的记录介质中存储大量的全息图而无显著的串扰噪声，这就是大容量存储的依据。

Kogelnik 的耦合波理论以近乎完美的形式给出了体光栅的衍射特性，但由于该理论的一维本质，它原则上只适合于光栅输入输出面尺寸（与之相应的是入射光束和衍射光束的尺寸）

远大于光栅厚度的情况。在这种情况下光栅可以分为透射型和反射型两类。在现代体光栅的许多应用中,光栅尺寸趋于小型化,使用方式也有了邻面入射式即所谓90°光路。对这一类体光栅衍射特性(例如衍射效率和角度及波长选择性)的分析需要更为精确的衍射理论,二维理论即受到极大的关注。所谓二维理论,是假定在垂直于光栅条纹平面(x-y平面)的方向上材料的性质和光波的性质均无变化,但在光栅条纹平面上两个方向的变化均不可忽略。对于一类"完全重叠型"光栅(即有限宽度的两光束在记录介质中相交,在相交的全部区域中形成的全息光栅),二维理论的闭形式解析解和数值解可以解决包含了非均匀的写入光振幅分布、介质吸收、相位光栅和振幅光栅,以及非布拉格入射等相当普遍情况下的光栅衍射问题[7-8]。

7.3.3 体全息存储材料的存储特性

体全息存储的质量在很大程度上取决于记录材料的特性。体全息存储的记录材料,要求其厚度远大于光波长,而且介质的整个体积内部都应该能对光照产生响应。经过漂白处理的膜层较厚的卤化银乳胶、重铬酸盐明胶、光致变色材料等,记录后介质内部能产生折射率改变,这些材料都能呈现体积存储的效应,但是膜厚有限,因而不易实现大容量的全息存储。目前应用于体全息存储的主流材料有光折变材料和光致聚合物材料两大类。

材料的全息存储特性主要有以下几方面:

1. 光谱响应

用于全息存储的记录材料需对写入的激光波长敏感。目前,全息记录主要采用连续的可见激光,如氩离子(488 /514 nm 谱线)和氦氖(633 nm 谱线)激光。随着光电子技术的发展,半导体激光器和倍频固体激光器等光源,在全息存储中的作用也越来越重要。在光折变材料中进行适当的掺杂和热处理,可以使得敏感波长的范围覆盖从近紫外到近红外。在光致聚合物中采用不同的染料敏化剂及引发体系,也可以改变材料的敏感波长范围。

2. 动态范围

传统上动态范围指最大可能的折射率改变 $\Delta n_{\max}$。给定这一指标,可以根据耦合波理论近似地确定晶体中光栅可能达到的最大衍射效率。通常是通过测定光栅的饱和衍射效率来近似确定 $\Delta n_{\max}$ 的值的。

在高密度全息存储领域,动态范围是人们为了考察材料高密度全息存储的能力而定义的参量,用 $M^{\#}$ 表示。它反映了全息存储材料的存储潜力,是影响存储容量的一个重要因素。其定义是:

$$M^{\#} = M\eta^{1/2} \tag{7.3-19}$$

式中,M 是在等衍射效率条件下同一个记录位置所记录的全息图数,η 是最终每一个全息图的衍射效率。

在弱耦合条件下,光栅调制参量

$$\nu = \sqrt{\eta} \tag{7.3-20}$$

可以看到动态范围 $M^{\#}$ 就是 M 个全息图的光栅调制参量之和:

$$M^{\#} = \sum_{i=1}^{M} \nu_i \tag{7.3-21}$$

可见动态范围与 $\Delta n_{\max}$ 有关,但并不等同于 $\Delta n_{\max}$。通常采取实验测量方法来确定材料的动态范围:在同一体积内采用角度复用 M 个全息图,测量出每个全息图的光栅调制参量 ν_i。根据式(7.3-21),将这 M 个全息图的光栅调制参量累计,即是该材料的有效动态范围。

3. 响应时间常数

响应时间是全息存储的重要特性参量,它表征了体全息光栅的动态特征。对于光折变光栅有写入时间常数 τ_W 和擦除时间常数 τ_E。折射率光栅的动态建立过程可表示为[7-7]

$$\Delta n(t) = \Delta n_{max}(1 - e^{-t/\tau_W}) \tag{7.3-22}$$

其中 τ_W 为光栅写入时间常数;Δn_{max} 是饱和折射率调制度,即在光照时间远大于 τ_W 后,晶体的折射率变化值。同时由光折变光栅的形成机理可知,已经写入了光栅的晶体被其敏感波长的均匀光照射后,会使晶体内相位光栅消失,使光折变晶体恢复常态。这种现象称为光擦除。擦除过程中折射率变化可表示为

$$\Delta n(t) = \Delta n_0 e^{-t/\tau_E} \tag{7.3-23}$$

Δn_0 是擦除开始时刻的 Δn 值。

对于光致聚合物光栅,描述光栅建立的动态过程的时间常数主要有单体的聚合速率常数和单体扩散的时间常数[7-9]。

4. 灵敏度

灵敏度指材料受到光照后,其响应的灵敏程度,是直接影响全息存储器的写入速度及写入过程能耗的一个重要性能指标。材料的全息记录灵敏度 S_n 有多种定义。一种较实用的定义是在 1 mm 厚的材料中记录衍射效率为 1% 的光栅所需的能量密度 $W(1\%)$,单位为 mJ/cm^2。在高密度全息存储领域比较普遍接受的另一种定义是:在记录的初始阶段,灵敏度正比于单位写入光强在单位厚度的材料中产生的折射率变化速率,数学表示为

$$S = \frac{\left.\frac{\partial \sqrt{\eta}}{\partial t}\right|_{t=0}}{Id} \tag{7.3-24}$$

式中,η 是衍射效率,I 是总的写入光强,d 是材料的厚度。这样定义的灵敏度单位为 cmJ^{-1}。

5. 存储持久性

全息图的存储持久性用其暗存储时间(即记录以后在黑暗条件下初始的折射率变化的分布仍然保存的时间)来表征。光致聚合物材料由于聚合反应的不可逆性成为优良的只读存储介质,信息可以长期保存。而由于光折变效应的可逆性,常用光折变晶体的的暗存储时间从数秒($BaTiO_3$ 和 SBN)到数年($LiTaO_3$)不等。存储持久性较短的材料适合于实时信号处理、相干光放大和光学相位共轭。然而,只读存储器要求长的存储持久性。在这种情况下可以采用固定(定影)技术,使固定后的光栅有较长的存储寿命并且对读出光不敏感,因此高效率有实用价值的固定技术成为当前的研究热点[7-10]。

6. 散射噪音

散射噪音是全息记录材料的本质性问题。材料中任何缺陷会使光散射成球面波,这些散射波会与初始的入射波相干涉,形成噪音相位光栅;与此同时,入射光作为读出光通过噪音光栅的自衍射(此时布拉格条件自动满足),入射光能量向散射光转移,产生放大的散射光,并且

材料中存在的多束散射光同时写入了多组相位光栅。由于散射光在空间无规则分布,因此这些相位光栅叠加成噪声光栅。如何有效地克服光折变晶体中的散射噪声也是当前研究的热点。

7.3.4　全息存储器的数据传输速率

数据传输(I/O)速率是衡量计算机存储设备性能的重要指标,因而也是评价全息存储器性能的一项重要指标。它的大小与存储器的存取时间(access time) t_{at}、组页器的位容量 M_p、组页器的填充时间 t_f(也称为组页器的开关时间)和每个数据页全息图记录时间 t_{in} 有关,即决定于数据存入存储器或从存储器中取出存储数据所需要的时间。存取时间可分为潜伏时间和传送时间两部分。存储设备的物理移动(例如磁盘的旋转和读/写头的定位)时间属于潜伏时间,数据在传输通路上由于电子元件、电子线路等引起的时间延迟属于传送时间。对于全息存储器而言,潜伏时间相当于数据页(全息图)的寻址时间 t_a;传送时间主要包括每个数据页的读出时间 t_p,它受到再现衍射光功率在探测器上的积分时间、探测器的响应时间和探测器电子系统数据传输时间的限制。

目前能够获得的计算机大容量数据存储器基本上是磁性存储器和二维光学存储器即光盘,它们都利用机械部件使存储介质运动,按位串行读取,因而速度受到限制。全息存储器的优点在于不仅具有巨大的存储容量,而且同时可以具有极高的读取速度,这是由于每次读出的是整个数据页。然而,全息存储器的数据存入和取出时间一般是很不对称的,取出时间远小于数据存入时间。下面分别讨论影响体全息存储器数据存入和读取速度的主要因素。

1. 数据页的存入速率

体全息存储器的数据存入速率主要受全息图记录时间 τ_{in} 的影响,取决于记录介质的灵敏度和所要求的衍射效率。若不考虑复用情况,则数据存入速率为

$$R_{in} = M_p / (\tau_{in} + t_f) \tag{7.3-25}$$

式中, M_p 是每个数据页中的像元数目。

对于复用全息存储,为了得到比较均匀的衍射效率,需要采用一定的曝光记录时序。当使用顺序曝光方式时,每个数据页的记录时间是不同的,只能给出平均存入速率;同时还要考虑全息图寻址时间 t_a。例如在 100 μm 厚的光致聚合物(HRF-150 型)上,实验达到的记录速率是 0.7 Mb/s。此时,每个全息图的平均记录时间是 840 ms,数据页像元数目为 5.9×10^5,共记录了 50 个全息图,总的入射光强度是 2 mW·cm^{-2},每个全息图的衍射效率约为 0.35%。若将总的入射光强度提高到 128 mW·cm^{-2},全息图的平均记录时间就可以减小到 13 ms,记录速率可达到 45 Mb/s。

2. 数据页的读取速度

对于大多数全息存储系统而言,数据页的读取速度(存储器的读出数据传输速率)满足下面的不等式:

$$R_{out} \leqslant \frac{M_p}{t_a + t_p} \tag{7.3-26}$$

如果选择这样的数据: $M_p = 1024 \times 1024$, t_a 和 t_p 都等于 1 μs,那么计算可得到 $R_{out} \leqslant 512 \text{ Gb/s}$,相当于每秒 62.5 GB 的数据传输速率,这是非常可观的。下面分别讨论寻址时间 t_a 和每个数

据页的读出时间 t_p 对读取速度的影响。

（1）数据页的读出时间

每个数据页的读出时间 t_p 由探测器和相关的电子放大器的噪声决定，而探测系统的噪声特性可以由在足够低的误码率下探测一个比特信息所需接收的最少入射光子数 μ 决定，产生该数目的光子数所需要的读出时间为

$$t_p = \frac{hc\mu M_p}{\eta P_r \lambda} \tag{7.3-27}$$

式中，h 是普朗克常数；c 是真空中的光速；λ 是真空中的光波长；$hc/\lambda = h\nu$ 为一个光子的能量；M_p 是每个数据页的像元数，这里假设一个像元表示一个比特信息，那么 μM_p 表示一个数据页面所需接收的最少入射光子数；而 P_r 是读出参考光束的功率，η 是全息数据页的衍射效率，则 ηP_r 表示单位时间内衍射到该数据页面的总的光能量。若每个数据页包含的像元数目等于探测器的像元数目，则最大数据传输速率为

$$R_{out} = \frac{M_p}{t_p} = \frac{\eta P_r \lambda}{\mu hc} \tag{7.3-28}$$

根据上式可知，探测一个比特数据所需要的光子数 μ 越少，最大数据传输速率 R_{out} 越高；可以通过降低对光子数 μ 的要求来提高 R_{out}，可能的方法包括使用有内部增益的探测器或者使用高阻抗的前端积分放大器。

下面分析所需要的入射光子数 μ 与探测器件特性参数之间的关系。考虑到每个数据页的读出时间必须要大于或等于探测器的响应时间才能得到较好的图像信噪比，在这里取读出时间为允许的最小值，即认为每个数据页的读出时间约等于探测器的响应时间，并将响应时间用每个数据页的读出时间 t_p 表示。

光电探测器的本征信噪比 SNR 与入射光子数 μ 及响应时间 t_p 的关系通常可以表示为

$$SNR = \frac{q^2 \varepsilon^2 \mu^2 R_L}{32 k T_n t_p} \tag{7.3-29}$$

式中，q 为电子电荷，k 是玻耳兹曼常数，ε 是探测器的量子效率，R_L 是负载和放大器输入阻抗的复合阻抗，T_n 是等效噪音温度。

在通常的探测器–放大器结构中，R_L 与响应时间 t_p 有如下关系：

$$t_p \approx 2\pi R_L C \tag{7.3-30}$$

式中，C 是电容。结合式（7.3-29）和式（7.3-30），可得

$$\mu = (64\pi k T_n C \cdot SNR)^{1/2}/(q\varepsilon) \tag{7.3-31}$$

当知道了探测器–放大器的特性，即 ε、C、T_n 之后，对于给定的 SNR，由式（7.3-31）可计算出探测器所需要接收的光子数 μ，再用式（7.3-28）可估算出最大数据传输速率。

如果探测器为面阵商业化 CCD，则可以直接利用更直观的性能参数估算出所需要接收的光子数 μ。下面利用探测器的一些实际参数对 R_{out} 进行估算。典型商业化 CCD 摄像机每个像元的等效噪音曝光量约为 1.8×10^{-4} pJ·cm^{-2}，这里等效噪音曝光量是指产生与探测器噪音强度相等的信号强度所需要的曝光量。当激光工作波长为 500 nm 时，每个光子的能量约为 4×10^{-19} J。直接计算得到每个探测器像元需要接收约 26 个光子。当然，为了得到较高的信噪比，取 $\mu = 500$；同时，一个数据页的像元数目取为 500×500，读出参考光束的功率为 200 mW，衍射效率为 10^{-5}，可估算出探测器的响应时间为 25 μs，数据传输速率为 10 Gb/s。

（2）数据页的寻址时间

全息存储器不仅可以像磁存储器和 CD-ROM 那样利用机械运动进行寻址，还可以使用声光偏转器件和电光偏转器件等无机械运动器件寻址，因而有可能达到很高的数据页寻址速度。在大规模复用存储时，读出光束通常需要较大的角度变化范围，电光偏转器件在角度偏转范围较大时需要很高的偏置电压，因此不太适合于大规模全息存储的寻址应用。声光偏转器件是目前最佳的寻址器件，它的寻址时间在 $1 \sim 10 \ \mu s$ 之间。这样，限制读出参考光角度变化速度的根本因素则是 CCD 探测器的积分时间（通常用 CCD 探测器的积分时间来表示其响应时间）；如果数据页的寻址速度太快，由于 CCD 积分时间的限制，必定造成重构图像的模糊。

若体全息存储材料是块状晶体，可以使用两个声光偏转器实现对角度复用和空间复用的全息图进行无机械运动的寻址。Sharp 等人在 1996 年就测量了声光偏转器随机寻址一个页面所需的时间（页随机寻址时间），采用的声光偏转器有效孔径的直径为 9.3 mm，时间带宽积为 750，页随机寻址时间达到了 $(16 \pm 2) \ \mu s$，这样每秒钟可以寻址 6.25×10^4 个数据页；若存储的图像是二值化数字数据，每页数据量为 320×264，则数据读出速率为 5.28 Gb/s[7-11]。

7.3.5 超大容量全息存储器

在记录材料的整个体积中存储信息，有可能实现超大容量的全息存储器。例如三维盘式全息存储方案，就是实现超大容量存储的一种途径。全息盘潜在的高数据传输率不是依靠盘面转速的提高，而是通过整页并行读出实现的，这也将相应地缓解系统对高速机械运动的要求。随着材料技术的进步，有可能制备具有良好光学质量的大块厚片光折变晶体（例如铌酸锂晶体）和大面积均匀的光致聚合物薄膜，这为盘式全息存储创造了条件。

全息存储盘的页面式三维存储性质，决定了它与常规二维光盘有显著的不同，主要在于信息页面的复用结构，即如何使用盘式介质相对大的表面积。已经提出了几种盘式全息存储的方案。图 7.3-3 示出了基于分块全息存储技术的全息存储盘的示意图。图中沿盘面上的同心圆轨道划分为互不重叠的空间位置（全息块），每个位置上可以复用存储大量全息图。可以用傅里叶全息图也可以用像面全息图。参考光束采用平面波。复用方式可以是角度复用、波长复用或相位复用。光路构型可以是透射型（图中未示出），也可以是如图 7.3-3 中所示的反射型（读出时的接收光路亦未标出）。

为了便于与常规二维存储盘比较，三维全息存储盘的存储密度也通常表示成面密度的形式。为了使存储密度最大化，Li 和 Psaltis 曾对分块式全息存储盘的存储密度进行了详细讨论，并对角度复用和波长复用分别给出了一系列优化的参数[7-12]。他们的计算结果表明，角度复用和波长复用可以存储的全息图总数大致相同，在 16~30 mm 厚的盘片中才能实现 120~160 b/μm^2 的面密度，故这种分块式的存储方案也是不够现实的。

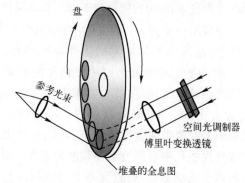

图 7.3-3 全息存储盘的示意图

近十余年来，针对盘式全息存储的研究取得了很大进展[7-13]。在复用存储方案方面，采用球面参考光的空间-角度复用、位移复用、随机相位调制复用等技术使存储面密度不断刷新；反射式盘片和同轴光路的提出，使全息光盘驱动器与常规光驱兼容成为可能；空间光调制器、阵列光探测器等光电子器件技术以及伺服控制技术的发展，使得全息盘的读出速率在实验室中已达到 10 GB/s;在盘式存储介质方面,单盘容量可达 200 GB 以上的阳离子开环型和双化合物型的光致聚合物光盘介质逐步商品化。尽管全息光存储技术在实验室中已经获得了令人瞩目的成就,其真正大规模实用化还面临许多挑战,包括稳定、高效、低成本的存储介质,兼顾高存储密度和易于寻址的写读复用技术,抑制光学噪声降低误码率的高速编译码技术,以及能够发挥体全息存储潜在优势的新型周边光电器件和伺服控制系统等,都是需要解决的关键问题,也始终在吸引各国研发人员的不懈努力。

7.4 四维光存储

光盘存储可以称为"位置选择光存储",三维全息存储可以称为"布拉格选择光存储",它们由于受到衍射限制,代表一个信息位的光能量最小的聚焦体积在 λ^3 数量级,或 10^{-12} cm^3 左右。相应地,1 bit 所占据的空间中含有 $10^6 \sim 10^7$ 个分子。如果能用一个分子存储一位信息,存储密度便能在现行光存储的基础上提高 $10^6 \sim 10^7$ 倍。问题是要有适当的选择或识别分子的方法。持续光谱烧孔(Persistent Spectral Hole-Burning,PSHB)技术正是利用对不同频率的光吸收率不同来识别不同分子的[7-14]。采用 PSHB 光学存储技术,有可能使光存储的记录密度提高 3~4 个数量级。

物质原子的发射或吸收谱线有一定的宽度。单个原子的谱线宽度取决于与谱线相关的能级 E_2 和 E_1,这些能级均有一定的宽度。由于受激原子处在激发态只有有限的寿命,这就造成原子跃迁谱线的自然线宽。大量原子和分子之间的无规碰撞和晶格热振动会使谱线进一步加宽。由于引起加宽的物理因素对每个原子都是等同的,这类宽度称为均匀加宽,其特点是不能把谱线线型函数上某一特定频率与某些特定原子联系起来。

固体工作物质中,晶格缺陷(位错、空位等晶体不均匀性)引起微小的内部应变,这使得处于缺陷部位的激活粒子的能级发生位移,导致处于晶体不同格位的激活离子发射(或吸收)的中心频率有微小的移动;而通常看到的荧光谱线是不同格位的激活离子所发射的谱线叠加在一起形成的包络。格位环境完全相同的离子发射(或吸收)的光谱宽度为均匀加宽,而整个包络线的宽度为非均匀加宽。非均匀加宽的特点是不同原子(离子)只对谱线内与它的中心频率相应的部分有贡献,因而可以将谱线上某一频率范围认为是由一部分特定原子发射(或吸收)的。

如果用频率为 ω_0、线宽很窄的强激光(烧孔激光)激发非均匀加宽的工作物质,同时用另一束窄带可调谐激光扫描该物质的非均匀加宽的吸收谱线,则在吸收频带上激发光频率 ω_0 处会出现一个凹陷,这就是"光谱烧孔"。其原因是在窄带强激光激发下,与激光共振的那部分离子几乎全部被激发到激发态 E_2,测量这些离子从基态 E_1 到激发态 E_2 的吸收时,就出现吸收饱和线型;而不与窄带激发光共振的离子仍有正常的吸收。用激光扫过整个吸收线,测透射光强时就会在吸收线型上出现凹陷,也就是"孔",参见图 7.4-1。

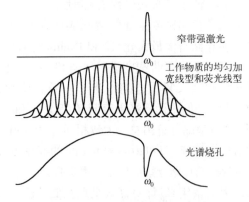

图 7.4-1　光谱烧孔的原理示意图

把烧孔激光调谐到荧光吸收谱带内的不同频率位置,孔就出现在不同的频率上。有孔和无孔就可以表示"1"和"0"两个状态。孔的存在时间就是电子在激发态的寿命。用测量透射光强的方法就可以检测孔的有无。这一原理用于光信息存储就是"频率选择光存储",它与前述光盘存储和双光子存储方案显然是不同的。光谱烧孔方法有可能突破光存储密度的衍射限制,因为光谱烧孔除了利用记录材料的空间维度以外,还可利用光频率维度。在光斑平面位置不变的情况下,调谐激光频率在吸收谱带内烧出多个孔,可实现在一个光斑位置上存储多个信息,存储密度可提高 1~3 个数量级。

上面描述的"孔"是瞬态孔,激发激光停止后,激发态电子回到基态,孔也就消失了,信息不能长久保存。但如果强激光激发的结果使与之共振的离子发生光化学或光物理变化,这种变化能持续较长的时间,则"孔"也能保存较长的时间,这就是所谓"持续光谱烧孔"。

在材料同一位置可烧光谱孔的个数,即 PSHB 存储对烧孔激光频率的复用度,取决于材料的非均匀线宽与均匀线宽之比。例如在液氦温度(4 K)下,$BaFCl:Sm^{2+}$ 中,Sm^{2+} 的 $^7F_0$ 态到 $^5D_0$ 态的吸收谱线非均匀宽度为 13 GHz,而孔的宽度为 20 MHz 至数百 MHz,因样品而异,则在液氦温度下,可烧数十至数百个孔。但是,孔的宽度随温度升高以超线性方式迅速增大,而非均匀宽度则基本不随温度变化。在液氮温度(77 K),孔宽已接近吸收谱线的非均匀宽度,无法烧出孔。可以说,工作温度是这一存储方法最主要的限制。

最初的光谱烧孔方法是将光盘存储扩展到频率维度,现在已实现光谱烧孔的全息存储。全息图的记录是通过不同子集分子的光学特性而实现的。Kohler 等人用扫频记录技术,在单一光谱烧孔材料样品中以不同频率和不同外加电场值记录了 2000 个高分辨率全息图像[7-15]。Kachru 和 Shen 使用掺稀土的烧孔材料,在输入/输出(I/O)速率方面取得了显著进展。他们采用高速声光调制器,在其所覆盖的频率范围内逐步改变激光的频率,从而实现复用存储 500幅全息图,每幅含有 512 × 488 像素。这样无须任何机械式的光束扫描,实现以30 Hz的帧速(视频速率)随机访问 500 幅全息图[7-16]。Renn 等人在掺氯聚乙烯醇缩丁醛薄膜型光谱烧孔材料中利用其整个吸收带记录 12000 幅图像,达到了由非均匀线宽与均匀线宽之比值所确定的理论极限值[7-17]。

用 PSHB 技术做成实用的存储器,要求材料的荧光线宽与孔宽的比值大,能在高于 77 K的温度下形成为数很多的孔,并且形成的孔能在室温下保存,经过多次读出也不会擦除已经存储的信息等。要找到符合这些条件的 PSHB 材料确实非常困难。因此在 PSHB 技术实用化以前,还有大量问题需要解决。

上面介绍的将 PSHB 技术与全息技术结合的例子中,还只涉及平面全息图的存储。如果将PSHB 技术与体全息技术相结合,将可实现真正意义上的四维光学存储,其应用前景不可限量。

习题七

7.1　某种光盘的记录范围为内径 80 mm、外径 180 mm 的环形区域,记录轨道的间距为 2 μm。假设各轨道记录位的线密度均相同,记录微斑的尺寸为 0.6 μm,试估算其单面记录容量。

7.2　用波长为 532 nm 的激光在光折变晶体中记录非倾斜透射光栅,参考光与物光的夹角为 30°(空气中)。欲用波长为 633 nm 的探针光实时监测光栅记录过程中衍射效率的变化,计算探针光的入射角(假设在此二波长晶体折射率均为 2.27)。

7.3　用作组页器的空间光调制器为 24 mm × 36 mm 的矩形液晶器件,含有 480 × 640 个正方形像素。用焦距为 15 mm 的傅里叶变换透镜和 633 nm 激光记录傅里叶变换全息图,问允许的参考光斑最小尺寸为多少?

第8章　光通信中光学信息技术的应用

本章讨论光学信息技术在现代光通信技术中的一些特别的应用,包括能够用于密集波分复用技术的光分插复用器和光纤系统的色散补偿的布拉格光纤光栅,超短脉冲的整形和处理,光谱全息术,阵列波导光栅等。光通信中所讨论的问题不仅涉及自由空间光的传播,而且涉及波导内光的传播。本书介绍的光学信息技术主要适用于分析自由空间的光传播,并不太适用于研究波导器件,这是因为自由空间传播的光波的自然"模式"是向不同的角度传播和无限延展的平面波,而在光波导中,传播的自然模式不是平面波。而且,与自由空间中存在无数个正交模式不同,波导器件只允许有限的正交模式族存在。但是用于分析自由空间光路的方法在有些情况下可以提供分析波导器件工作原理的一阶近似,才衍生出来了下面的这些应用。

8.1　布拉格光纤光栅

布拉格光纤光栅(Fiber Bragg Grating,简称 FBG)技术是 1978 年由加拿大通信研究中心的 Hill 等发明的[8-1]。相关技术很多,包括利用紫外激光器写入光栅技术、依靠氢分子在曝光前扩散进入普通光纤使玻璃对紫外光敏化的技术,以及使用相位掩膜板在曝光时产生适当的相干光束[8-2]。一个 FBG 基本上就是一幅记录在一段玻璃光纤上的厚全息图,因为它的光栅是在光纤内部,记录有光栅的这一段玻璃光纤与普通光纤本身就连在一起,从而可以在光纤内集成上低损耗的窄带滤波器、色散补偿器件,以及其他种类的滤波器等器件。

8.1.1　布拉格光纤光栅的制作

在讨论布拉格光纤光栅的制作之前,首先对光纤进行简要介绍。图 8.1-1 所示为一小段玻璃光纤,其包层是折射率为 n_2、半径为 b 的圆柱形玻璃,包裹着折射率为 n_1、半径为 a 的玻璃纤芯,因此 $a < b$ 且 $n_2 < n_1$。这种结构支持多个主要存在于纤芯中的传播模式,它们的倏逝波场也会渗透到包层内。最低阶模式的分布形状为高斯分布,通常称为 LP_{01} 模。该模式对于单模光纤来讲是唯一的传播模式,而且单模光纤包层的直径通常远大于纤芯的直径。光纤的最重要特点是其传输光信号损耗极低,最低损耗光波长在 1550 nm 上,单模光纤的损耗可以低到每千米仅 0.16 dB。

从光纤出射到空气中的光束发散角和能够有效耦合到光纤内的光束发散角是相同的,一般用数值孔径描述,可以证明

$$\mathrm{NA}_{空气} = \sin\theta_a = (n_1^2 - n_2^2)^{1/2} \approx n_1(2\Delta)^{1/2} \tag{8.1-1}$$

式中,θ_a 为光线与光纤轴线所成的最大半角,$\Delta = (n_1 - n_2)/n_1$ 为光纤纤芯和包层折射率的相对差值。纤芯内数值孔径的对应表达式为

$$\mathrm{NA}_{纤芯} = \sqrt{\frac{n_1^2 - n_2^2}{n_1^2}} \approx (2\Delta)^{1/2} \tag{8.1-2}$$

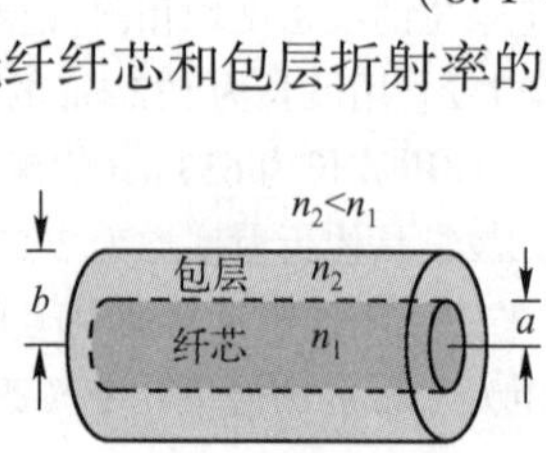

此式很容易由折射定律推出,其中折射率 n_1 的典型值为 1.44 ~ 1.46,相对折射率差 Δ 的典型值为 0.001~0.02。

图 8.1-1　光纤的结构

由于玻璃的材料色散和光纤的波导色散,不同波长的光在单模光纤中传播速度有细微的差别。大多数情况下材料色散是主要的,但如果要完全补偿色散,两种色散都必须考虑。一个短的光脉冲的频谱包含相当宽的波长范围,它所产生的脉冲展宽的展宽量由所用的单模光纤的类型、光脉冲的中心波长和光纤长度决定。考虑一个宽带信号在单模光纤中传播的情况。忽略光信号在光纤中的空间断面分布,信号 $u(t)$ 的复数表达式可写成

$$u(t) = U(t)\exp[-j(\omega t - \beta(\omega)L)] \tag{8.1-3}$$

式中,$U(t)$ 为复振幅,表示对入射光信号的幅度和相位调制,$\omega = 2\pi\nu$ 为光波的角频率,L 为信号在其中传播的光纤的长度。这里 $\beta(\omega)$ 是光纤的传播常数,它是频率的函数,一方面由于玻璃的折射率与频率有关,另一方面也由于模式断面分布与频率有关。随着频率的改变,传播模式渗透到包层中的部分也有微小变化,从而导致该模式传播常数的改变,还会产生波导色散。

信号的谱宽通常比信号的中心频率低得多,可以将 $\beta(\omega)$ 在中心频谱 ω_0 周围展开为泰勒级数。保留展开式的前四项,得到

$$\beta(\omega) = \beta(\omega_0) + (\omega - \omega_0)\frac{\partial\beta}{\partial\omega} + \frac{1}{2}(\omega - \omega_0)^2\frac{\partial^2\beta}{\partial\omega^2} + \frac{1}{6}(\omega - \omega_0)^3\frac{\partial^3\beta}{\partial\omega^3} \tag{8.1-4}$$

其中导数都是在频率 ω_0 处取值的。这个级数的第一项引起的相移对不同频率是常数,可以忽略不计。第二项包含一个随频率线性变化的线性相移因子,它只会使信号产生简单的延迟,而不会使信号的时域结构发生内部改变。这一项可以用来定义群速度,即脉冲沿光纤的传播速度。脉冲的时延为 $\tau = L(\partial\beta/\partial\omega)$,因此群速度为

$$v_g = \frac{L}{\tau} = \frac{\partial\omega}{\partial\beta}\bigg|_{\omega = \omega_0}$$

第三项在信号的全部频谱上产生二次相位失真,通常在光纤色散中起主导作用。第四项对应于光纤的色散曲线(作为 ω 的函数)的斜率。

由二次相位项引起的脉冲的时间展宽 $\Delta\tau$ 和信号传播所经过的光纤长度 L 及信号的谱宽 $\Delta\omega$ 有关,即

$$\Delta\tau = \frac{\partial^2\beta}{\partial\omega^2}L\Delta\omega$$

群速度色散系数 D 定义为光脉冲信号在单位长度传播距离内由于波长变化引起的时间展宽,单位为 ps/(km·nm),由下式给出

$$D = -\frac{2\pi c}{\lambda^2}\frac{\partial^2\beta}{\partial\omega^2} \tag{8.1-5}$$

其中 λ 是光在空气中的波长。从式(8.1-5)可以看到,脉冲的时间展宽为

$$\Delta\tau = |D|L\Delta\lambda \tag{8.1-6}$$

这是因为

$$\omega_2 - \omega_1 = \Delta\omega = 2\pi c\left(\frac{1}{\lambda_2} - \frac{1}{\lambda_1}\right) = -\frac{2\pi c}{\lambda^2}\Delta\lambda$$

式中,$\Delta\lambda = \lambda_2 - \lambda_1$,且 $\Delta\lambda \ll \lambda_1$ 及 λ_2。

在光纤通信中有多种技术能够消色散。最普通的是利用色散位移光纤,通过改变光路和光纤剖面内的折射率分布使光纤的零色散波长从 1300 nm 附近移到光纤损耗最低的 1550 nm 处。另一种方法是用色散补偿光纤,通过特殊设计改变光纤色散的符号,产生与正常光纤色散相反的色散。把正常光纤与色散补偿光纤拼接到一起,色散就减小了。最后还有一种可能的方法是在光纤路径上安置用来补偿色散的分立器件来实现消色散,包括利用布拉格光纤光栅消色散的方法。

在玻璃光纤中记录相位光栅有两种方法:直接干涉法和相位光栅衍射干涉法。图 8.1-2(a)所示为直接干涉法。由紫外激光器产生的光经分束而得的两束相干光,从侧面照亮一段光纤。这两束光传播的光程近似相等,二者之间具有很好的相干性,可以在光纤段所处的区域内干涉。图中干涉条纹与光纤的长轴方向垂直。紫外激光器的光波长与通信系统滤波器的近红外光波长差别很大,须调节干涉光束的角度,使干涉条纹间隔与红外波长相匹配。

制造 FBG 的第二种方法如图 8.1-2(b)所示。这种方法在玻璃平板上蚀刻凹槽以制作相位光栅的母板。典型的相位光栅凹槽截面形状非常接近方波,并且刻槽的凸峰和凹槽之间的光程相位差为 πrad。这样的光栅不存在零级和偶数级衍射光,可以证明其主要的透射光是包含 80% 以上透射光能的两束一级衍射光。这两束一级衍射光在光纤中产生干涉,生成周期为母板光栅周期之半的干涉条纹图样。相位光栅法的优点在于对记录用的激光相干性要求较低,生成的干涉条纹的周期不受激光波长的微小改变的影响。与直接干涉法相比,相位光栅法更适合于 FBG 的批量生产,其缺点是光栅母板一旦制成,所制作的 FBG 的周期就难以改变了。

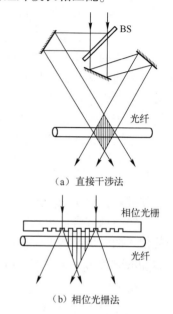

(a) 直接干涉法

(b) 相位光栅法

图 8.1-2 记录布拉格光纤光栅的两种方法

这里不打算对光纤中光传播的影响做完整和透彻的分析,仅给出光纤中光栅的性质的定性理解,并且只考虑在单模光纤中传播的最低阶模,即 LP_{01} 模。这种模式的发散角由式(8.1-2)给出的纤芯中光的数值孔径决定,其典型值为 $NA_{纤芯} \approx 0.15$,对应于光栅中光的发散角比较小的情形。考虑光纤中记录的一个均匀正弦相位反射光栅,其光栅线与光纤纤芯轴线垂直。当两写入光束在介质内的夹角 $2\varphi = \pi$ 时,产生反射全息图的波长选择性最好。也就是说,当光栅线与光传播的方向垂直时,波长选择性达到最大,而角度选择性相对不很显著。因此,可以忽略由纤芯中光的小数值孔径所对应的小发散角,并且可以用对无限大的平面波的响应的结果做一个合理的近似。

8.1.2 FBG 的应用

FBG 在光通信领域中有很多应用,这里将讨论上面介绍的反射型 FBG 的两种应用。其中一种是在(光)分插复用器中作为窄带滤波器,另一种是用作波长色散补偿滤波器。

1. 用于光分插复用器的窄带滤波器

密集波分复用技术(DWDM)是实现极高速率光学数据传输的比较常用的方法。通过为每一个数据流指定唯一波长的方法使许多不同的数据流被复用在单一光纤中。不同信道的波长以密集的梳状形式排列,相邻信道间隔为 100 GHz、50 GHz 甚至 25 GHz,在实际中一根光纤上可以复用多达几百个信道。

在这样一个系统中,关键的器件或子系统是光分插复用器(ADM),它可以在不影响其他信道波长的条件下从光纤提取或向光纤增添一个信道波长。实现光分插复用器有多种不同的结构,这里只介绍用 FBG 实现光分插复用器的方法。

图 8.1-3 示出了一个分插复用器的典型结构。图中光环行器是一种单向器件,仅允许光在一个方向从输入端向输出端传播(向前传播),而将反向传播的光送到一个分离端口,在分离端口上只出现向后传播的光。这种设备中向前传播的信号和向后传播的信号的隔离度一般很高(约为 50 dB)。进入第一个环行器的光穿过环行器后到达 FBG,这个 FBG 被设计为一个窄带反射滤波器,它仅仅反射波长为 λ_2 的光波,而让所有其他波长的光波通过并到达第二个环行器。与此同时,被反射回来的 λ_2 光波按反方向传到分离端口,在这个端口上可以检测到这个特定波长信道上的信号。回过来看第二个环行器,现在少了 λ_2 的各个波长的光信号可以不受干扰地穿过它到输出端。一个新波长 λ_2' 的信道加到这个环行器的第二个输入端口上,向后传到 FBG,在这里被反射,然后穿过第二个环行器,填满缺了 λ_2 的信道空间的空缺。于是用这样一个结构,就能够提取一个特定的波长和增添一个新的波长。如果把两个 FBG 在中间串接起来,第一个调谐到 λ_2,第二个调谐为 λ_2',λ_2 和 λ_2' 不必相同。

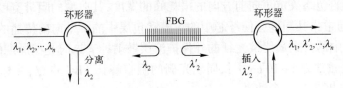

图 8.1-3　FBG 分插复用器的典型结构

在典型的密集波分复用系统中,各信道波长的间隔非常紧密,因此将 FBG 设计成带宽非常窄是很重要的。为了得到带宽很窄的滤波器,光栅的峰谷折射率差 δn 必须很小,因此光栅中的有效反射面的数目可能非常大。在所有的光波被变为向后传播之前,光信号应当传播得尽可能远,因此在这种应用中一般折射率调制不可能很大。

2. 用于光纤系统的色散补偿

FBG 的另一个应用是光纤系统中的色散补偿。前面已经看到,由于在光纤中不同波长的光波以不同的速度传播,色散的出现是非常常见的。通常情况下,光的频率更高(波长更短)的分量比频率更低(波长更长)的分量传播得快一些。尽管能够用色散补偿光纤克服这种失真,但一般需要很长的这种光纤才能提供适当的补偿。FBG 却能够在短得多的长度内提供类似的补偿。

图 8.1-4 示出了用 FBG 实现色散补偿的基本思路。为此需要制作一个啁啾周期光栅。理想情况下要把这一光栅设计成能够引进一个作为频率函数的时间延迟的光栅,它能准确地补偿式(8.1-6)给出的时间延迟。从以下的定性说明可以得到一个更简单的理解:长波长的

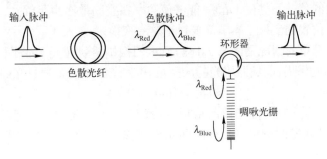

图 8.1-4　利用啁啾 FBG 进行色散补偿

光被色散光纤中延迟得最多,在啁啾周期光栅中却延迟得最少,而短波长的情况则相反。结果是,所得到的补偿后的信号脉冲中的色散在很大程度上被消除了。

通过加热或者拉伸 FBG 可以改变这种光栅的周期。这种方法使光栅内的反射面移动,以至于彼此离得更开一些,从而改变了配给每个波长的相位延迟。因此,如果有需要的话,可以实现对色散补偿的微量调节。

8.1.3　工作在透射方式的光栅

在某些应用中,反射光栅的光路不适用,透射光栅却比较合适。这种光栅常常根据其类型分别叫作"倾斜光栅"或"长周期"光栅。

倾斜光栅是指光栅面与光纤轴线成一夹角的 FBG。典型的夹角是 2°~3°,它能几乎完全消除主反射峰。然而,和包层中反向传播模式的耦合依然存在。如果光栅的周期是啁啾性质的,包层模式响应的包络决定了向前方向的损耗峰的宽度,其典型的阻带宽度为 10~20 nm。

长周期光栅通常指其周期会使纤芯中的单模和包层中的多个向前传播的模式发生耦合的透射光栅,其包层中的模式最终被光纤的外保护涂层散射掉。这时光栅周期的典型值为 0.1~1 mm,光栅的长度通常为 1~10 cm。长周期光栅的阻带峰比 FBG 更宽,在标准的远程通信光纤中典型的阻带宽度为几百个纳米。

倾斜 FBG 和长周期光栅的典型应用是使光纤放大器的增益变平,变得与频率无关。

8.2　超短脉冲的整形和处理

自从激光器发明以来,在实际中能够产生的光脉冲已经变得越来越窄。超短脉冲激光器已经从皮秒级($1 \text{ ps} = 10^{-12} \text{ s}$)发展到飞秒级($1 \text{ fs} = 10^{-15} \text{ s}$)。1981 年就有了脉冲宽度为 100 fs 的脉冲激光器[8-3],目前已推出了只有几个飞秒宽的脉冲激光器,它给出了只相当于几个光波周期宽的光脉冲。

随着超短脉冲激光器的发明,将简单的短脉冲变成更复杂的波形的方法随之出现,发明了多种波形整形方法。本节集中介绍其中最成功的两种。对超短脉冲整形方法的一般综述见参考文献[8-4]和[8-5]。

8.2.1　时间频率到空间频率的变换

飞秒脉冲的光谱很宽,例如,在通常的长距离光纤通信的中心波长 1550 nm 上,一个 100 fs 脉冲的带宽与中心频率的比值 $\Delta\nu/\nu > 5\%$,而一个 10 fs 脉冲的同一比值则大于 50%。这样大的光频带宽使普通的色散元件(如光栅)能够使频率在空间散布得足够宽,从而能够实现一个从时间频率到空间位置的变换。本节简要讨论这一变换。

这里考虑的最简单的情况是图 8.2-1(a)所示的振幅透射光栅。在平面波照明的情况下,－1 级衍射角 θ_2 与光栅周期 Λ、照明光的入射角 θ_1 和光波波长 λ 通过光栅方程相联系

$$\sin\theta_2 = \sin\theta_1 - \lambda/\Lambda \tag{8.2-1}$$

在图 8.2-1(b)所示的反射闪耀光栅的情形下,式(8.2-1)仍然成立。假设该闪耀光栅抑制了 ＋1 衍射级,而且光栅的刻槽深度使零级衍射可以忽略,则只剩下图中画的 －1 衍射级的光束。

要完成时间到空间的变换还需要一个附加的元件,即透镜。将光栅放置在透镜的前焦面

上或附近,观察穿过透镜后焦面的光。在这样的光路中,透镜将角度变换成后焦面上的位置。光线的衍射角依赖于照明光的角度和光波的波长(或等价地依赖于光的频率)。于是不同的频率就变换成焦面上的不同位置,即不同光的时间频率对应变成了不同的空间频率。其光路如图 8.2-2 所示。

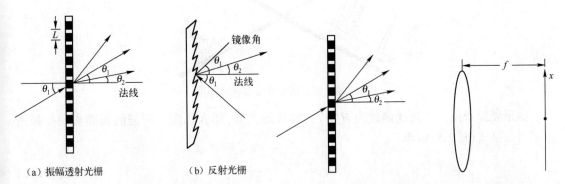

（a）振幅透射光栅　　　　（b）反射光栅

图 8.2-1　简单的振幅透射光栅及反射光栅　　　图 8.2-2　将光波频率变换为空间位置的光路

为了理解这个变换的细节,我们从上面的光栅方程开始。如果 -1 级衍射与法线方向的夹角 θ_2 很小,光栅方程可以近似为

$$\theta_2 = \sin\theta_1 - \lambda/\Lambda \tag{8.2-2}$$

而且当 θ_2 很小时,焦面上的位置 x 与这个衍射分量的衍射角 θ_2 之间的关系为

$$x \approx f\theta_2 \tag{8.2-3}$$

将式(8.2-2)代入上式,得到

$$x = f\sin\theta_1 - f\lambda/\Lambda = x_0 - f\lambda/\Lambda \tag{8.2-4}$$

其中 $x_0 = f\sin\theta_1$。用频率 $\nu = c/\lambda$ 来表示的等价表达式为

$$x = x_0 - fc/(\nu\Lambda) \tag{8.2-5}$$

知道了参数 f, c, Λ 的数值,就可以确定入射平面波的每个时间频率分量(或波长分量)落在焦平面上什么地方了。上面对透射光栅推导出的结果对图 8.2-1(b)所示的反射光栅同样适用。

8.2.2　脉冲整形系统

图 8.2-3 所示为一个能够将超短脉冲变成更复杂的信号的系统[8-5]。图中一个平面波脉冲从右下方输入到该系统,传播到第一个光栅上,发生色散,散射到第一个透镜的焦平面上。穿过一个掩膜板,这个掩膜板修正这个平面波脉冲的时间频谱的幅值和(在某些情况下)相位。频谱被修改过的光波被第二个透镜和第二个光栅还原为平面波,不过其时间频谱分量已经被修改过了。最后的时间信号输出到左下角。

这个光学系统中使用了一个倾斜的输入反射光栅,以使衍射光波的方向更靠近透镜的光轴。输出光栅同样是倾斜的,4f 光学系统构成了一个放大率为 1 的望远成像系统。输入光栅成像在输出光栅上。

焦平面上的掩膜板可以有几种不同的类型。吸收型模板将修改时间频谱分量的幅值,而相位型模板则将改变它们的相位。两块这样的模板一起用,可以控制频谱分量的复振幅。可以用一个空间光调制器,例如可编程液晶空间光调制器[8-6]和声光调制单元[8-7],动态地改变幅值、相位或者同时改变滤波器的幅值和相位。

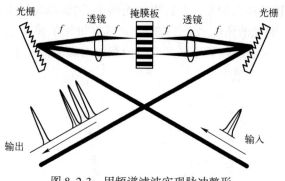

图 8.2-3　用频谱滤波实现脉冲整形

如果要综合出一个传递函数为 $H(\nu)$ 的时域滤波器,那么焦面上所需的掩膜板的振幅透过率可以从式(8.2-5)解出

$$\nu = \frac{cf}{\Lambda(x_0 - x)} \tag{8.2-6}$$

再代入 $H(\nu)$ 中得出。因此,焦平面上掩膜板的振幅透过率为

$$t(x) = H\left(\frac{cf}{\Lambda(x_0 - x)}\right) \tag{8.2-7}$$

8.2.3　谱脉冲整形的应用

上面介绍的超短脉冲整形方法已经在多个不同的科学领域中得到了应用,其中包括非线性光学、飞秒光谱学以及超快激光与材料相互作用。下面着重讨论在光通信领域的应用。

1. 码分多址(CDMA)的应用

这里介绍的应用是码分多址(CDMA)波形发生和解码。CDMA 是一种编码与解码技术,它对一个多用户信道中的每一用户指定一个唯一的编码信号,这个编码信号(在理想情况下)与分配给所有其他用户的编码信号都正交。编码信号的正交性允许一个用户使用对接收者合适的专用编码波前将信息发给另一用户。原来的信息由一系列超短脉冲组成,在给定时间间隔内出现脉冲代表一个二进制数"1",而在该段时间间隔内不出现脉冲代表一个二进制数"0"。每个二进制数"1"用上节讨论的谱编码技术进行编码,将该超短脉冲变成适合于这条特定信息所要发给的用户的一个展宽波形。每个发信者都必须装备一个可以改变的掩膜板(即空间光调制器),使其能够产生适合于任何可能的接收者的波形。

注意,依靠对时间频谱分量的完全复编码,可以实现对光波波形的幅值和相位的同时调制。但是,在实践中,复编码的优势并不大,常用的是二进制相位空间光调制器和由 0 相移和 π 相移的空间序列组成的频谱码。这样的相移的序列就是一种码字。网络上的一个单一位置有一个唯一的与之对应的频谱码字。任何其他用户用这个特定的码字可以通到这个位置。

如果一个特定用户想要接收传送给他的信息,那么这个用户就要向本地的空间光调制器中加载一个掩膜板,这个模板是任何一个发信者发信给这个用户所用的频谱编码模板的复共轭。展宽的编码信号在本地接收器上再被压缩为一个超短脉冲。实际上,这种解码系统起匹配滤波器的作用。如果这个用户希望同另一个用户通信,那么本地空间光调制器也要加载一个频谱掩膜板,该模板包含适于想向他发送信息的用户的码字。图 8.2-4 示意了这一想法。图中示出四个用光纤环连接的用户。每个用户结点都和光纤这样耦合,使得一部分环行信号可以从环中引出并被检测到。此外，每个结点和光纤环路的耦合也能够将一信息送入环中。在每个标有"用户"的小方框内是一个如图 8.2-3 所示的频谱滤波系统，带有一个空间光调制器以提供动态的频谱模板。图中用户 1 正将一个超短脉冲(即一个二进制数"1")送入本地频谱滤波系统(标有"用户 1"的方框)，这个本地频谱滤波系统然后再发射一个带有适合于用户 3 接收的频谱码的波形。用户 3 处于接收模式，并将这个编码的波形压缩为一个超短脉冲，然后被检测到。用户 2 和用户 4 有属于自己的码字的频谱模板，它们的编码是与用户 3 的编码正交的。因此，这两个用户在他们的输出端上没有发现超短脉冲。如果每个接收者有一个阈值电路，那么只有适当压缩的脉冲才被检测到，并且只有用户 3 能接收到这个信息。

上面的讨论是在光纤网络中应用 CDMA 技术的一个简化的例子。还有可以用的其他网络结构和许多不同的编码方式。寻求最佳编码方式确实已成为一个活跃的研究课题[8-8]。

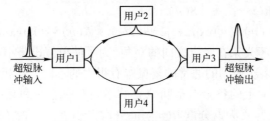

图 8.2-4 典型的码分多址系统

2．对光纤色散补偿的应用

如式(8.1-4)所示，光在单模光纤中长距离传播后会产生色散，即不同波长的光以不同的速度传播。传播的信号的主要失真来自随频率变化的二次相位畸变。三次相位畸变也会产生进一步的附加失真。一种补偿失真的方法是用一段色散补偿光纤来消除二次相位畸变，并用一个光谱滤波系统来消除三次失真。这样的方法可用来恢复 500 ps 宽的脉冲，它在普通的单模光纤中传播时，其宽度扩展到原来的 400 倍。一段色散补偿光纤将这个脉冲缩短到其原来宽度的 2 倍，而一个光谱滤波系统进一步将脉冲宽度缩短到其原来的宽度，即 500 ps[8-9]。

8.3 光谱全息术

与超短波脉冲整形有联系的概念已经被推广到光谱全息术领域[8-10]。光谱全息术能够用一个飞秒脉冲做参考信号，记录一个时间波形信号的空间全息图，然后再用飞秒探针或飞秒再现脉冲对这个全息图进行选址而重现这个波形。

8.3.1 全息图的记录

记录时间全息图的一个典型光路如图 8.3-1 所示。如同前面描述的把时间频率变换为空间位置的方法那样，在记录系统的输入端采用一个倾斜光栅，这个光栅在水平面内倾斜一个角度，栅线沿竖直方向。其时间波形和一个飞秒参考脉冲同时入射到光栅不同的区域。图中参考脉冲入射到靠近光栅底部的一个小区域上，信号波形则入射到靠近光栅顶部的一个小区域上。这两个位置决定了两束光照射全息图平面的角度。当这两束光离开光栅时，每束光由于光栅的色散作用沿着水平(x)方向都要散开，而沿着竖直(y)方向由于衍射每束光也发生微小的散开。到球面透镜的传播距离为一个焦距。穿越透镜后，两个信号传播到透镜的后焦面上，并叠合在一起。假定这两束光来自同一激光器并且互相干，它们会在全息图平面上发生干涉，为感光介质所记录。图 8.3-1 中全息图背面画的椭圆形区域表示记录区,它实际存在于全息图的前表面上。因为参考脉冲极短,它的频谱极宽,覆盖了图中椭圆形区域。信号波形的频谱更复杂,它的振幅和相位作为时间频率的函数都在变化。通过与参考脉冲的频谱的干涉可以捕捉到这些变化。

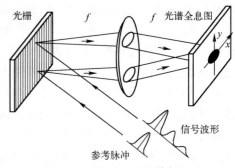

图 8.3-1 记录一张光谱全息图

以下为光谱全息图记录过程的数学描述。用 $R(\nu)$ 和 $S(\nu)$ 分别表示参考脉冲和信号波形的复数时间频谱。于是入射到全息记录平面上的强度可用下式描述

$$I(x,y) = |R(\nu)|^2 + |S(\nu)|^2 +$$
$$R^*(\nu)S(\nu)\exp(-\mathrm{j}2\pi\theta\nu y/c) + R(\nu)S^*(\nu)\exp(\mathrm{j}2\pi\theta\nu y/c) \tag{8.3-1}$$

式中,θ 是信号光束和参考光束在竖直方向的夹角(为了简单假设是小角度)。应当注意,上述复数频谱振幅和本书中多次使用的通常的复振幅有很大的不同。在频谱上的每一点时间频率 ν 都不相同,即在沿 x 方向上的各个点空间位置的不同对应着时间频率的不同。而时间频率不同是不能干涉的,这意味着频谱分量 $R(\nu_1)$ 和 $S(\nu_2)$ 当 $\nu_1 \neq \nu_2$ 时不能发生干涉。需合理安排记录光路中 $R(\nu_1)$ 和 $S(\nu_2)$ 位置,使得落在同一点上的两束光的时间频率相同,进而使得逐个频率的干涉得以发生。

要把上面的结果表示成 x 和 y 的函数而不是 ν 的函数,须用式(8.2-6)进行代换。在小角度假设下,有

$$\nu = \frac{cf}{\Lambda(x_0 - x)} = \frac{\mu}{x_0 - x} \tag{8.3-2}$$

式中,Λ 仍为光栅周期,x_0 表示光栅的零级衍射入射到焦面上的点的 x 坐标,并且 $\mu = cf/\Lambda$。将上式代入式(8.3-1),得

$$
\begin{aligned}
I(x,y) = & \left|R\left(\frac{\mu}{x_0-x}\right)\right|^2 + \left|S\left(\frac{\mu}{x_0-x}\right)\right|^2 + R^*\left(\frac{\mu}{x_0-x}\right)S\left(\frac{\mu}{x_0-x}\right)\exp\left(-\mathrm{j}\frac{2\pi f\theta y}{\Lambda(x_0-x)}\right) + \\
& R\left(\frac{\mu}{x_0-x}\right)S^*\left(\frac{\mu}{x_0-x}\right)\exp\left(\mathrm{j}\frac{2\pi f\theta y}{\Lambda(x_0-x)}\right) \\
= & \left|R\left(\frac{\mu}{x_0-x}\right)\right|^2 + \left|S\left(\frac{\mu}{x_0-x}\right)\right|^2 + \\
& 2\left|R\left(\frac{\mu}{x_0-x}\right)\right|\left|S\left(\frac{\mu}{x_0-x}\right)\right|\cos\left[\frac{2\pi f\theta y}{\Lambda(x_0-x)} - \varphi\left(\frac{\mu}{x_0-x}\right)\right]
\end{aligned}
\tag{8.3-3}
$$

其中 $\varphi(\nu)$ 是信号波形频谱在每个 ν 值处的相位角。忽略相位调制 φ 后,载波频率条纹倾斜成一幅径向轮辐图样(见图 8.3-2),这是由于频率 ν 沿着 x 方向变化。若满足

$$\frac{2\pi f\theta y}{\Lambda(x_0-x)} = n2\pi \quad \text{或} \quad y = \frac{n\Lambda(x_0-x)}{f\theta}$$

就得到余弦函数的自变量中载波部分取值 $2\pi n$ 的等相位线。线条的斜率为 $-n\Lambda/(f\theta)$,它随所选的整数 n 不同而不同。图 8.4-2 示出了焦面上的典型条纹结构的一部分的光强图。条纹倾斜的程度取决于空间关系和光栅的色散。

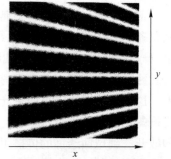

图 8.3-2 焦面上的条纹图样

8.3.2　信号的再现

用如图 8.3-3 所示的系统再现信号波形。图中一个飞秒探针脉冲(飞秒再现脉冲)照明输入光栅,但这时不输入信号波形。这个探针脉冲离开光栅后经过透镜传播到全息图,它的谱入射到全息图上,沿 x 方向散开。和通常一样,假设记录全息图的介质产生的振幅透过率和原来的曝光强度成正比。

假定探针脉冲为可能和参考脉冲的频谱不同的频谱 $P(\nu)$。忽略一个比例常数,可得到全息图透射的光场由不同的三项给出:

$$
\begin{aligned}
U(x,y) = & P\left(\frac{\mu}{x_0-x}\right)\left[\left|R\left(\frac{\mu}{x_0-x}\right)\right|^2 + \left|S\left(\frac{\mu}{x_0-x}\right)\right|^2\right] + \\
& P\left(\frac{\mu}{x_0-x}\right)R^*\left(\frac{\mu}{x_0-x}\right)S\left(\frac{\mu}{x_0-x}\right)\exp\left(-\mathrm{j}\frac{2\pi f\theta y}{\Lambda(x_0-x)}\right) + \\
& P\left(\frac{\mu}{x_0-x}\right)R\left(\frac{\mu}{x_0-x}\right)S^*\left(\frac{\mu}{x_0-x}\right)\exp\left(\mathrm{j}\frac{2\pi f\theta y}{\Lambda(x_0-x)}\right)
\end{aligned}
\tag{8.3-4}
$$

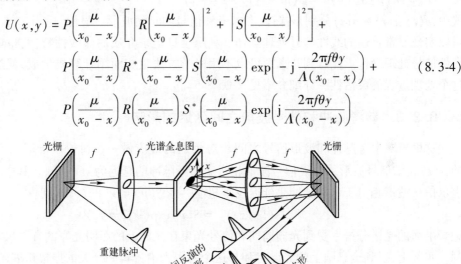

图 8.3-3　时间信号的重现

当参考脉冲和探针脉冲都是单个飞秒脉冲时,它们的频谱在包含信号波形频谱的全息图的那一部分上几乎是平坦的,因此透射场变成

$$
\begin{aligned}
U(x,y) = & P_0\left[\left|R_0\right|^2 + \left|S\left(\frac{\mu}{x_0-x}\right)\right|^2\right] + P_0 R_0 S\left(\frac{\mu}{x_0-x}\right)\exp\left(-\mathrm{j}\frac{2\pi f\theta y}{\Lambda(x_0-x)}\right) + \\
& P_0 R_0 S^*\left(\frac{\mu}{x_0-x}\right)\exp\left(\mathrm{j}\frac{2\pi f\theta y}{\Lambda(x_0-x)}\right)
\end{aligned}
\tag{8.3-5}
$$

式中, P_0 和 R_0 分别是探针脉冲和参考脉冲的均匀振幅,都是实数。如图 8.3-3 所示,这三个波分量传播到透镜上,会聚为第二个光栅上的三个光点。考虑全部三个时间信号,在离开光栅抵消掉光谱色散以后,在空间上也是分开的,并且和原来的波形有不同的关系。由第一项产生的信号是由探针脉冲或参考脉冲(在这个特殊情况下它们完全相同)和波形信号的自相关的组合构成的,方括号中这两项的相对强度取决于记录全息图时的光束比。这个信号类似于由通常的全息图再现的轴上项,它由图 8.3-3 底部中间的波形表示。式(8.3-5)第二项重现出原来的信号波形,这个像类似于通常的全息图产生的虚像。式(8.3-5)第三项是一个和 S^* 成正比的复振幅,是原来的信号波形的时间反演形式,它类似于普通全息图的实像。

实际探针脉冲可能在与图 8.3-3 所示的不同的位置上进入输入光栅。若需重现原来的信号波形,探针脉冲可以在参考脉冲原来入射到光栅上的位置上引入。于是一个有限大小的透镜可能只能捕捉到光栅的三个衍射级中的两个,只允许轴上项和信号波形项出现。反之,如果要产生一个时间反演的信号波形,那么在信号波形原来进入光栅的位置引入探针脉冲可能更有利一些。

上述讨论假定参考脉冲和探针脉冲都是简单的飞秒脉冲。这个假定可以改变,以得到更一般的处理时间信号的能力。参看表示全息图的透射光场的更一般的表达式,即式(8.3-4),并且考虑这三项主要项的傅里叶逆变换(忽略指数项,它们只产生空间位置的偏移)

$$\mathscr{F}^{-1}\{P(\nu)[\,|R(\nu)|^2 + |S(\nu)|^2]\} = p(t) \star r(t) \star r^*(-t) + p(t) \star s(t) \star s^*(-t)$$

$$\mathscr{F}^{-1}\{P(\nu)R^*(\nu)S(\nu)\} = p(t) \star r^*(-t) \star s(t) \qquad (8.3\text{-}6)$$

$$\mathscr{F}^{-1}\{P(\nu)R(\nu)S^*(\nu)\} = p(t) \star r(t) \star s^*(-t)$$

式中,$p(t)$、$r(t)$和$s(t)$分别是探针、参考光和信号的时间波形。显然,适当选择$p(t)$和$r(t)$,可以实现非常普遍的线性信号处理操作。利用全息记录介质的非线性特性,也能实现某些非线性信号处理操作。注意到全息图可以不用光学方法生成而用计算机生成,就进一步增加了这个处理过程的灵活性。详细介绍见文献[8-5]。

8.3.3 参考脉冲和信号波前之间延迟的影响

这里再对参考脉冲和波形信号之间相对延迟的效应做一些讨论。仍用$r(t)$表示参考脉冲,$s(t)$表示信号波形。假设信号波形相对于参考脉冲的延迟为$s(t - \tau_0)$,其中τ_0可正可负,表示信号波形相对于参考脉冲是延迟还是超前。令$S(\nu) = \mathscr{F}\{s(t)\}$,则

$$\mathscr{F}\{s(t - \tau_0)\} = S(\nu)\exp(-\mathrm{j}2\pi\nu\tau_0)$$

记录平面的光谱分辨率受到光栅周期和信号光束在光栅上的照明光斑的有限尺寸两方面的限制。实际上,射到全息图上的光谱将和与这个有限光谱分辨率有关的振幅扩展函数进行卷积,卷积的结果使得谱平面上的每一点都有一个光频范围出现。参考光谱和信号光谱在逐个频率的基础上发生干涉。结果在全息图的每一点会出现几个同时产生的条纹图样。这些条纹的空间频率近乎相同,但是相位不同,这是由于出现了由参考光和波形信号的时间差异导致的随频率变化的线性相移。如果在频谱的单个分辨单元内相移($2\pi\nu\tau_0$)改变2π rad 或者更大,那么各个条纹图样将会由于它们的不同的相位而在很大程度上相互抵消,剩下一片均匀亮度而完全看不到条纹图样。因而参考脉冲和信号波形之间的时间间隔存在一个可以容忍的最大值,即存在着一个以参考脉冲为中心的有限的时间窗口,对信号的全息记录只能在这段时间内进行。如果全息干板的光谱分辨率较高,这个时间窗口就较宽。

最后提一下所谓时间成像的问题,它可以实现透镜、自由空间传播和成像的时域模拟。文献[8-11]给出了时间成像的一些例子,而文献[8-12]讨论了时间显微术的一个应用。

8.4 阵列波导光栅

随着光通信领域内密集波分复用技术的兴起,产生了对波长复用、解波长复用和波长路由等技术的迫切需求,并且要求这些技术具有很高的光谱精度。很自然,在选择方案时,成本和可靠性是极其重要的因素。集成光学是能保证成本和可靠性的一种解决方案。本节介绍一种用于密集波分复用技术的集成光学阵列波导光栅(AWG)。从信息光学的角度可以给 AWG 一个很有意思的解释。AWG 源自 Takahashi[8-13]和 Dragone[8-14][8-15]的论文。本节先介绍与 AWG 有关的几种集成元件,再讲它的总体结构以及它的一些应用。

8.4.1　阵列波导光栅的基本部件

如图 8.4-1 所示,AWG 是一种由简单的集成元件组成的相当复杂的集成器件。这里先简要地描述一下这些基本部件,包括传送光信号的波导、光信号扇入和扇出的星形耦合器和产生波长色散的波导光栅。

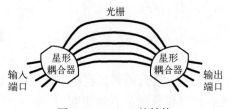

图 8.4-1　AWG 的结构

图 8.4-2　矩形波导截面

1. 集成光波导

集成光路的基本结构单元是波导。由于这种工艺基本上是平面的,所以波导的形状通常是矩形的而不是光纤的圆形。图 8.4-2 示出了一个典型矩形波导的截面。

单模矩形电介质波导的传播理论很复杂,原因有二:① 矩形的几何形状,在水平方向和竖直方向上对模式的限制不同;② 当 $n_2 \neq n_3$ 时在波导的顶部界面和底部界面对传播模式的限制也不同。本书中用一个有效传播常数 $\beta_{eff} = 2\pi n_{eff}/\lambda$ 来表示波导的特征,其中 n_{eff} 是有效折射率,λ 是自由空间波长。β_{eff} 一般取决于波导的几何形状、光的偏振和光的频率。一般要用数值方法才能准确地计算。设计 AWG 器件需要对波导建立精确的模型。但是,这里限于理解这种器件的一般工作原理,把矩形波导看成电路中的导线,具有连接各个光学部件、传递光信号,以及控制相位延迟的功能。

2. 集成星形耦合器

星形耦合器的用处是把在每个输入端口出现的信号的一部分传给所有的输出端口(扇出),并且在每个输出端口收集来自每个输入端口的部分信号(扇入)。输入端口和输出端口都是用来把信号传送进器件和从器件中传出的矩形波导。有些星形耦合器输入端口是 1 个而有 N 个输出端口,另一些星形耦合器输入端口是 N 个而只有 1 个输出端口。但是,一般的星形耦合器为输入端口和输出端口都是 N 个的对称情况。图 8.4-3 示出了扇出和扇入操作的星形耦合器。这种方法是由 Dragone 最先提出的[8-16]。

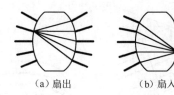

（a）扇出　　　（b）扇入

图 8.4-3　星形耦合器

图 8.4-4　星形耦合器的几何关系

星形耦合器由一个比较宽而薄的平面波导(所谓"平板波导")构成,它的两个弯曲端面在输入端口和输出端口和较小的矩形波导相连接。每个端面的形状都是一段圆弧,每段圆弧的曲率中心都在对面的圆弧的中点,因此这两段圆弧是共焦的。图 8.4-4 所示为星形耦合器的几何关系,其中 f 是两段圆弧的半径。在实际中,这些小矩形波导彼此之间要比图中显示的情况靠近得多,以得到最大效率。

在傍轴条件下,两个共焦球冠之间发生衍射时,得到的结果是两个曲面上的复数场之间成二维傅里叶变换关系。在上述很薄的平面波导中又满足在傍轴条件时,星形耦合器的两个圆弧面上的场由一维傅里叶变换相联系。如果用 $U(\xi)$ 表示星形耦合器左端面上的相干复数场,$U(x)$ 表示星形耦合器右端面上的复数场,光从左向右传播,则有

$$U(x) = \frac{\mathrm{e}^{\mathrm{j}2\pi f/\bar{\lambda}}}{\sqrt{\mathrm{j}\bar{\lambda}f}} \int_{-\infty}^{\infty} U(\xi) \mathrm{e}^{-\mathrm{j}\frac{2\pi}{\bar{\lambda}f}x\xi} \mathrm{d}\xi \qquad (8.4\text{-}1)$$

式中,x 和 ξ 坐标在两条平行直线上,与构成星形耦合器两个端面的圆弧在中点相切,$\bar{\lambda}$ 是在平板波导内的等效光波波长,它依赖于光的频率和光在波导中传播的有效速度。

如果忽略波导之间的耦合、波导包层中的光,以及在波导的薄的一维上的竖直结构,那么对一个输入波导的端面上的场的一个合理的近似,是一个被截断的高斯函数。于是星形耦合器的输出面上的场是一个 sinc 函数(来自截断效应)和一个高斯函数(高斯函数的傅里叶变换还是高斯函数)的卷积。一个输入波导的宽度必须足够小,才能使得输出场散布到输出面上包括所有输出波导的区域。

应当指出,进入一个 AWG 各输入端口的各个光信号通常是互不相干的——它们常常来自不同的互不相干的光源。然而,由任何一个输入波导引入输入星形耦合器左边的场,在这个波导的范围内是相干的,在星形耦合器输出面上的这个场的傅里叶变换(即对光栅截面的输入)是完全相干的。

对 AWG 中的输出星形耦合器,进入这个星形耦合器的各个波导包含一些互相相干的信号,也包括一些互不相干的信号。每一组互相相干的信号都被星形耦合器聚焦到一个输出波导上。

在设计这样一个星形耦合器时必须加一个限制条件,那就是输出波导的接收角必须足够大,使来自输入波导的尽可能宽的角度的光也能够被输出波导捕捉到。另一个表述这个限制条件的方式是基于光的可逆性原则——如果将光从一个输出端口输入星形耦合器,那么这束光应当足够宽地散布到耦合器的整个输入表面以覆盖全部输入波导。这个条件又对星形耦合器的线度加了一个限制。

3. 波导光栅

图 8.4-5(a)所示为一个自由空间光栅,它由一个不透明屏上等间距分布的一些孔组成;图(b)所示为 AWG 的波导光栅部分,画出了波导和这个区域的两个端面。图(a)的自由空间光栅满足光栅方程

$$\sin\theta_2 = \sin\theta_1 + m\lambda/\Lambda \qquad (8.4\text{-}2)$$

式中,λ 为入射光波长。因为屏上的孔很小,存在着许多衍射级。如果照明光的波长改变,那么透射的衍射级的角度也按照这些关系改变。

图(b)所示的波导光栅结构以完全一

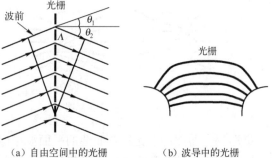

(a) 自由空间中的光栅　　　(b) 波导中的光栅

图 8.4-5　波导光栅原理示意图

样的方式工作。随着在阵列中向上移动一个波导,波导的长度增加 ΔL,相当于自由空间光栅衍射角度增大的负衍射级 ($m < 0$),而且 $\Delta L = -m\bar{\lambda}$,其中 $\bar{\lambda}$ 是波导中的波长。因而,自由空间光栅和波导光栅之间存在如下对应关系

$$\Lambda(-\sin\theta_2 + \sin\theta_1) \longleftrightarrow \Delta L \tag{8.4-3}$$

4. 总体系统

现在转而考虑图 8.4-1 所示的总体系统的性能,讨论光波波长改变引起的整个系统输出的改变。

假设波长为 λ_0 的光波输入到第一个星形耦合器的中央位置的波导上,并使该波长输出到第二个星形耦合器的中央位置的输出波导上。当波长从 λ_0 改变为 λ_1 后,在图中的波导光栅横截面上,一个波导的输出与此波导下面一个波导的输出之间的相位差 $\Delta\varphi$ 是正值并且是波长的函数,即

$$\Delta\varphi(\lambda) = 2\pi n_g \Delta L / \lambda \tag{8.4-4}$$

式中,n_g 为光栅波导中的有效折射率。当波长从 λ_0 变到 λ_1 时,$\Delta\varphi$ 的变化为

$$\delta\varphi = \Delta\varphi(\lambda_1) - \Delta\varphi(\lambda_0) = 2\pi n_g \Delta L(1/\lambda_1 - 1/\lambda_0) \approx -2\pi n_g \Delta L \Delta\lambda/\lambda_0^2 \tag{8.4-5}$$

这里假定波长的改变相对于 λ_0 很小,并且 $\Delta\lambda = \lambda_1 - \lambda_0$。当 $\lambda_1 > \lambda_0$ 时 $\Delta\lambda$ 为正,$\lambda_1 < \lambda_0$ 时 $\Delta\lambda$ 为负,所以波长增大时 $\delta\varphi$ 为负。

$\Delta\varphi$ 的这一变化使离开波导光栅的圆形波前发生一个小的倾斜,并使第二个星形耦合器的输出端面上的亮点位置有一移动。输出位置 x 的变化可用下述系统的色散来计算

$$\frac{\partial x}{\partial \lambda} = \frac{\partial \varphi}{\partial \lambda} \cdot \frac{\partial x}{\partial \varphi} \tag{8.4-6}$$

上式右边第一项可由式(8.4-5)求出:

$$\frac{\partial \varphi}{\partial \lambda} \approx \frac{\delta\varphi}{\Delta\lambda} = -2\pi n_g \frac{\Delta L}{\lambda_0^2} \tag{8.4-7}$$

第二项可以计算由波前斜率变化导致的 x 改变,即

$$\frac{\partial x}{\partial \varphi} = -\frac{\lambda_0 f}{2\pi n_s \Lambda} \tag{8.4-8}$$

式中,n_s 是星形耦合器中平板波导的有效折射率。

综合以上结果,可得波导光栅的色散为

$$\frac{\partial x}{\partial \lambda} = \frac{n_g \Delta L f}{n_s \lambda_0 \Lambda} = -m\frac{f}{n_s \Lambda} \tag{8.4-9}$$

上式最后一步推导时假设了 $\Delta L = -m\lambda_0/n_g$,即用的是第 $-m$ 级衍射。

至于 AWG 的分辨率,当光栅的最上一个波导和最下一个波导的输出的相位差为 2π rad 时,两个波长刚刚可以分辨。这时,对于有 N 个波导的波导光栅,需要相邻波导之间的相位改变为 $|\partial\varphi/\partial\lambda| \cdot \delta\lambda = 2\pi/N$。用前面得到的 $\partial\varphi/\partial\lambda$ 的表达式,可以得到波长分辨本领为

$$\delta\lambda = \lambda_0/(Nm) \tag{8.4-10}$$

再应用前面得到的 $\partial x/\partial\lambda$ 的表示式,得到空间分辨本领为

$$\delta x = \left|\frac{\partial x}{\partial \lambda}\right| \cdot \delta\lambda = \frac{\lambda_0 f}{n_s N \Lambda} \tag{8.4-11}$$

为了达到这个分辨本领,来自最末一个星形耦合器的输出波导必须窄于 δx。

还有一个重要的问题是总体系统的自由光谱范围。阵列波导光栅有许多衍射级。假定输入耦合器上只有中央位置的输入波导受到激励,波长的改变会使输出亮点在系统输出处的各个波导上挨个移动,直到这个亮点通过最后一个输出波导(要么在输出阵列波导的顶部,要么在底部,取决于波长是减小还是增大)。每当输出亮点挪出最后一个输出波导时,一个新的亮点就出现在输出阵列相反一端的波导上。当一个光栅级移出了这个输出波导阵列时,一个相邻的光栅级就产生一个新的亮点代替它,但是在输出阵列的相反一端上。事实上由于衍射级数太多存在着输出亮点的"卷绕"现象。在"卷绕"现象发生之前可以提供的波长的范围叫作系统的自由光谱范围。

当式(8.4-5)中的 $\delta\varphi$(相邻的光栅波导之间的)刚好改变 2π rad 时,或者当自由光谱范围

$$X = \left| \frac{\partial x}{\partial \varphi} \right| \cdot 2\pi = \frac{\lambda_0 f}{n_s \Lambda} \qquad (8.4\text{-}12)$$

时,光栅级发生改变。

这就是对 AWG 的一般特性的讨论。

8.4.2　阵列波导光栅的应用

AWG 有以下两种主要应用。

1. 波长复用器和解复用器

图 8.4-6 示出了 AWG 用作密集波分复用信号的复用器和解复用器。先考虑解复用器,单个输入端口带着等间隔的光波波长 $\lambda_1, \lambda_2, \cdots, \lambda_N$ 到达 AWG 的输入端。AWG 分离这些信号,在 N 个分离的输出端口的每个端口上产生这 N 个不同波长中的一个波长。波分复用信道之间的波长分离程度必须大于或等于 AWG 的波长分辨本领。光栅中至少需要 N 个不同的波导来对 N 个不同的等间隔光波波长解复用。

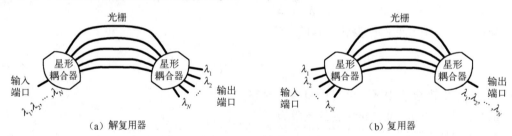

图 8.4-6　AWG 用作解复用器和复用器

复用器有相似的光路,只不过作为复用器现在有 N 个不同的输入端口,每个载有单一的光波波长和一个输出端口,上面载有全部各个波长。光栅中仍然需要至少 N 个不同的波导以复用 N 个不同的等间隔波长。

2. 波长路由器

AWG 的波长路由功能,通过 AWG 与有色散的自由空间成像系统的类比很容易理解。考虑图 8.4-7 所示的成像系统。图中示出两个正透镜,每个的焦距均为 f,它们沿系统的光轴方向与光栅的距离都是 f。没有光栅的话,这就是一个 $4f$ 成像系统,它将产生物的一个放大率为 1 的倒像。光栅的出现使系统的后半部分偏转一个角度,并且使系统产生色散。每个透镜和其前后的两个自由空间一起组合,类似于一个星形耦合器,而图中的光栅则类似于 AWG 中的

波导光栅。AWG 的波长路由原理如图 8.4-8 所示。

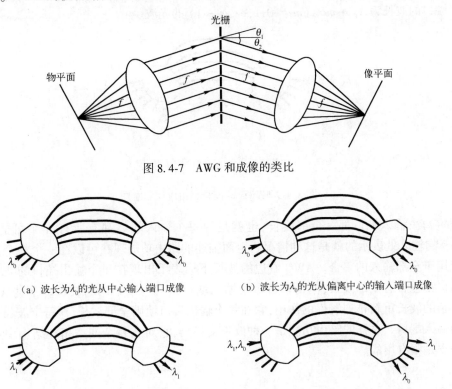

图 8.4-7　AWG 和成像的类比

（a）波长为λ_0的光从中心输入端口成像　　（b）波长为λ_0的光从偏离中心的输入端口成像

（c）波长为$\lambda_1=\lambda_0+\delta\lambda$的光从中心输入端口成像　　（d）波长为$\lambda_1$的光从顶部的输入端口成像

图 8.4-8　AWG 的波长路由原理示意图

现在考虑 AWG 在几种不同输入条件下的情况。图 8.4-8(a)表示 AWG 有一个波长的光在它的中心输入端口输入，所有其他输入端口均不工作。标注出波长 λ_0 是为了表明，系统正是被设计成在这个波长上直接从中心输入端口成像到中心输出端口。图 8.4-8(b)所示为同一波长 λ_0 的光被往上移一个输入端口，根据简单的成像定律，结果是输出往下移一个端口。用这种方式，可以用成像规则来确定，当波长为 λ_0 的光输入到任何一个输入端口上时，它将出现在哪个输出端口。在图 8.4-8(c)所示的情况下，我们将波长从 λ_0 增大到 $\lambda_1=\lambda_0+\delta\lambda$，这里 $\delta\lambda$ 是将输出往下移动一个输出端口所需的波长改变量（$\delta\lambda$ 是 AWG 的波长分辨本领）。于是在波长 λ_1 下输出往下移动一个输出端口。如果将波长为 λ_1 的输入移到一个别的输入端口，输出总是出现在由简单成像规律预言的位置往下移动一个端口，除非这种往下移动会将预期的输出端口移出输出阵列的末端。在后一种情况下会发现 λ_1 光位于输出阵列的顶端，如图 8.4-8(d) 所示。波长从 λ_0 开始变化会使输出在各个输出端口上循环移动，移动的端口数目就是波长变化中增量 $\delta\lambda$ 的个数。若我们用的是 AWG 中负衍射级，那么波长增长导致往下移动，波长缩短导致往上移动。

再来理解一个 AWG 的最普遍的波长路由应用。如图 8.4-9 所示，考虑一个波长编号系统，这个系统既根据这些波长进入的输入端口，也根据它们对 λ_0 的偏移量对波长编号。λ_0 标记的是成像时不引起循环变化的波长。输入端口从底部到顶部依次编号为 0 到 $N-1$。赋予波长两个下标，第一个下标表示这个波长进入的输入端口，第二个下标是以 $\delta\lambda$ 为单位它从 λ_0

偏移的数量，$\delta\lambda$ 是 AWG 的分辨率。因而标记为 $\lambda_{n,m}$ 的波长表示出现在第 $n(n = 0,1,\cdots,N-1)$ 个输入端口的波长为 $\lambda_0 + m\delta\lambda(m = 0,1,\cdots,N-1)$ 的光波。

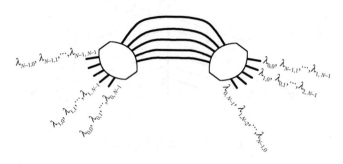

图 8.4-9　AWG 的波长路由应用示意图

　　假定每个输入端口都有全部波长，也就是说每个输入端口都有所有 N 个可能的波长。图 8.4-9 的输入处表示的就是这种情况。上面描述的路由功能现在可以在一个一个波长的基础上应用于全部输入的集合。AWG 右边的波长下标表示出现在每个输出端口的波长。每个输出端口都包含有全部波长，但是来自每个输入端口只有一个不同的波长。于是 AWG 起着一个复杂的波长重新排列器件的作用，它在每个输出端口填满全部波长，而每个波长来自一个不同的输入端口。这样的路由功能是一种波长交换器，它对在复杂网络拓扑结构中连接网络各个分支是很有用的。

习题八

　　8.1　在类似于式(8.2-6)的情况下，当 θ_2 不十分小，以致于不能满足近似条件 $\sin\theta_2 \approx \theta_2$ 时，试求出以 x 为自变量的 ν 的表达式。

　　8.2　根据图 8.4-8 描述的结果，定义 $\lambda_m = \lambda_0 + m\delta\lambda$ ，如果输入波长如图题 8-2 所示，试问在 AWG 的输出端口将出现什么？

　　8.3　一个 AWG 的输入星形耦合器有 N 个输入波导和 $2N$ 个输出波导。输出星形耦合器有 $2N$ 个输入波导和 $2N$ 个输出波导。在光栅断面上有 $2N$ 个波导。全部星形耦合器波导的宽度和间距都相同，则第二个星形耦合器的输出处的波导占有的表面面积是第一个星形耦合器占有的表面面积的 2 倍。

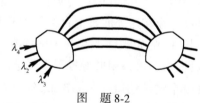

图　题 8-2

　　(a) 用 N,m,n_s,n_g,λ_0,f 和 Λ 中任何需要的参数，写出这个 AWG 的波长分辨率 $\delta\lambda$、空间分辨率 δx 和自由频谱范围 X。

　　(b) 为这个 AWG 绘制一张类似于图题 8.4-9 的图，标明来自不同输入端口的各个波长出现在哪个输出端口上。

附录 A　二维 δ 函数的定义及性质

二维 δ 函数的一般定义为

$$\delta(x,y) = \begin{cases} 0, & x \neq 0, y \neq 0 \\ \infty, & x = y = 0 \end{cases}; \quad \iint\limits_{-\infty}^{\infty} \delta(x,y)\,\mathrm{d}x\mathrm{d}y = 1 \tag{A.1}$$

δ 函数的另一种定义方式是把它看作一些普通函数构成的序列的极限。在趋近于极限的过程中,函数值不为零区域的面积以原点为中心逐渐减小并趋近于零,但函数的"体积"始终保持为一。以下是用这种方法定义 δ 函数的几种形式:

$$\delta(x,y) = \lim_{N \to \infty} N^2 \mathrm{rect}(Nx)\mathrm{rect}(Ny) \tag{A.2}$$

$$\delta(x,y) = \lim_{N \to \infty} N^2 \exp\left[-N^2\pi(x^2 + y^2)\right] \tag{A.3}$$

$$\delta(x,y) = \lim_{N \to \infty} N^2 \mathrm{sinc}(Nx)\mathrm{sinc}(Ny) \tag{A.4}$$

$$\delta(x,y) = \lim_{N \to \infty} \frac{N^2}{\pi}\mathrm{circ}(N\sqrt{x^2 + y^2}) \tag{A.5}$$

$$\delta(x,y) = \lim_{N \to \infty} N \frac{\mathrm{J}_1(2\pi N\sqrt{x^2 + y^2})}{\sqrt{x^2 + y^2}} \tag{A.6}$$

式(A.2)~式(A.6)都可满足式(A.1),都是等价的 δ 函数的另一种定义。

δ 函数的常用性质有:

(1) 筛选性质:设函数 $f(x,y)$ 在 (x_0, y_0) 点连续,则有

$$\iint\limits_{-\infty}^{\infty} f(x,y)\delta(x - x_0, y - y_0)\,\mathrm{d}x\mathrm{d}y = f(x_0, y_0) \tag{A.7}$$

(2) 坐标缩放性质:设 a,b 为实常数,则有

$$\delta(ax, by) = \frac{1}{ab}\delta(x,y) \tag{A.8}$$

(3) 可分离变量性:　　　$\delta(x,y) = \delta(x)\delta(y) \tag{A.9}$

(4) 与普通函数乘积的性质:若函数 $f(x,y)$ 在 (x_0, y_0) 点连续,则有

$$f(x,y)\delta(x - x_0, y - y_0) = f(x_0, y_0)\delta(x - x_0, y - y_0) \tag{A.10}$$

附录 B 常用函数及其傅里叶变换

函 数 名 称	函数表达式	傅立叶表达式
阶跃函数	$step(x) = \begin{cases} 0 & x < 0 \\ 1/2 & x = 0 \\ 1 & x > 0 \end{cases}$	$\dfrac{1}{2}\delta(f_x) + \dfrac{1}{j2\pi f_x}$
符号函数	$sign(x) = \begin{cases} -1 & x < 0 \\ 0 & x = 0 \\ 1 & x > 0 \end{cases}$	$\dfrac{1}{j\pi f_x}$
矩形函数	$rect(x) = \begin{cases} 0 & |x| > 1/2 \\ 1/2 & |x| = 1/2 \\ 1 & |x| < 1/2 \end{cases}$	$sinc(f_x)$
三角形函数	$\Lambda(x) = \begin{cases} 0 & |x| > 1 \\ 1 - |x| & |x| < 1 \end{cases}$	$sinc^2(f_x)$
$sinc(x)$ 函数	$sinc(x) = \dfrac{\sin\pi x}{\pi x}$	$rect(f_x)$
高斯函数	$Gaus(x) = \exp(-\pi x^2)$	$\exp(-\pi f_x^2)$
δ 函数	$\delta(x) = 0 \quad x \neq 0$ $\int_{-\infty}^{\infty} \delta(x)\,dx = 1$	1
复指数函数	$\exp(j2\pi f_a x)$	$\delta(f_x - f_a)$
偶脉冲对	$\delta(x+1) + \delta(x-1)$	$2\cos(2\pi f_x)$
奇脉冲对	$\delta(x+1) - \delta(x-1)$	$j2\sin(2\pi f_x)$
梳状(抽样)函数	$comb(x) = \sum_{n=-\infty}^{+\infty} \delta(x-n)$	$comb(f_x)$
圆域函数	$circ\left(\dfrac{\sqrt{x^2+y^2}}{r_0}\right) = \begin{cases} 1, & \sqrt{x^2+y^2} \leqslant r_0 \\ 0, & 其他 \end{cases}$	$\dfrac{J_1(2\pi\sqrt{f_x^2+f_y^2})}{\sqrt{f_x^2+f_y^2}}$

注:J_1 为一阶第一类贝塞尔函数。

参 考 文 献

第 1~6 章

1　J.W. 顾德门. 傅里叶光学导论(第 4 版). 陈家璧,等译. 北京:科学出版社,2019

2　J.D. 加斯基尔. 线性系统·傅里叶变换·光学. 封开印,译. 北京:人民教育出版社,1983

3　M. 波恩,E. 沃耳夫. 光学原理(第 7 版上册). 杨葭荪,等译. 北京:电子工业出版社,2005

4　M. 波恩,E. 沃耳夫. 光学原理(第 7 版下册). 杨葭荪,译. 北京:电子工业出版社,2006

5　母国光,战元龄. 光学(第 2 版). 北京:高等教育出版社,2009

6　于美文,等. 光学全息及信息处理. 北京:国防工业出版社,1984

7　金国藩,严瑛白,邬敏贤,等. 二元光学. 北京:国防工业出版社,1998

8　虞祖良,金国藩. 计算机制全息图. 北京:清华大学出版社,1984

9　陈家璧,苏显渝. 光学信息技术原理及应用(第 2 版). 北京:高等教育出版社,2009

10　吕乃光. 傅里叶光学(第 2 版). 北京:机械工业出版社,2006

11　吕乃光,陈家璧,毛信强. 傅里叶光学(基本概念和习题). 北京:科学出版社,1985

12　苏显渝,李继陶. 信息光学. 北京:科学出版社,1999

13　清华大学光学仪器教研组. 信息光学基础. 北京:机械工业出版社,1985

14　宋菲君,S. Jutamulia. 近代光学信息处理. 北京:北京大学出版社,1998

15　梁铨廷. 物理光学(修订本). 北京:机械工业出版社,1987,

16　刘培森. 应用傅里叶变换. 北京:北京理工大学出版社,1990

17　王仕藩. 信息光学理论与应用. 北京:北京邮电大学出版社,2004

18　李俊昌,熊秉衡,等. 信息光学理论与计算. 北京:科学出版社,2009

19　杨振寰. 光学信息处理. 母国光,等译. 天津:南开大学出版社,1986

20　Francis T. S. Yu,等著. 光信息技术及应用. 冯宾英,等译. 北京:电子工业出版社,2006

21　朱伟利,盛嘉茂. 信息光学基础. 北京:中央民族大学出版社,1997

22　钟锡华. 现代光学基础. 北京:北京大学出版社,2003

23　苏显渝,郭履容. 光学图像减法及其差异的假彩色显示. 仪器仪表学报,1984,5(1): 49~54

24　郭履容,陈祯培,王植恒. 相位调制密度假彩色编码. 光学学报,1984.4(2):145~147

25　Xianyu Su, Guansen Zhang, Lurong Guo. Phase-only composite filter. Optical Engineering, 1987, 26(6): 520~523

26　Condon E. U. Immersion of the Fourier transform in a continuous group of functionaltransformation. Acad. Sci. USA. 23. P158. (1937)

27　Bargmann V. On a Hilbert space of analytic function and an associated integral transforms, PatrI. Comm. Pure Appl. Math. 14. P187. (1961)

28　Namias V. The fractional order Fourier transform and its application to quantum mechanics. J. Inst. Maths Applics. 25. P241. (1980)

29　Mcbride A. C, Ker F. H. On Namias fractional Fourier transforms. IMA J. Appl. Maths. 39. P159. (1987)

30　Mendlovic D, Ozaktas H. M. Fractional Fourier transforms and their implementation, I. J. Opt. Soc. Am. A10 P1875. (1993)

31　Bernardo L, Soares O. D. D. Fractional Fourier transforms and optical systems. Opt. Comm. 110. P517. (1994)

32 Lohman A. W. A fake zoom lens for Fractional Fourier experiments. Opt. Comm. 115. P437. (1995)

33 Lormann A. W. Image rotation, Wigner rotation and fractional Fourier transform. J. Opt. Soc. Am. A10 P2181. (1993)

34 Bernardo L. M. Soares O. D. D. Fractional Fourier transforms and imaging. J. Opt. Soc. Am. A11 P2622. (1994)

35 Mendlovic D. etc. Optical illustration of varied fractional Fourier-transform order and Radon-Wigner display. Appl. Opt. 35. P3925. (1996)

36 Mendlovic D. etc. New signal representation based on the Fractional Fourier transforms: definitions. J. Opt. Soc. Am. A12 P2424. (1995)

37 Mendlovic D. etc. Optical fractional correlation: experimental results. J. Opt. Soc. Am. A12 P1665. (1995)

38 Ozaktas H. M. etc. Convolution, filtering, and multiplexing in fractional Fourier domain and their relation to chirp and wavelet transform. J. Opt. Soc. Am. A11 P547. (1994)

39 Pellat-Finet P. Fresnel diffraction and the fractional-order Fourier transform. Opt. Lett. 19. P1388. (1994)

40 H. Kogeinik Coupled wave theory for thick holograms gratings. The Bell. Syst. J. ,1969,48:2909~2947

41 D. Casasent and J. Chen Nonlinear local image preprocessing using coherent optical techniques. A. O. 22. P808-814 (1983)

42 J. Chen and D. Casasent at LIA Conference, International Congress on Applications of Laser and Electro-Optics, Boston (Laser Institute of America, September 1982)

第7章

7-1 沈全洪,徐端颐,齐国生,张启程,胡恒,宋洁. 高密度蓝光存储及其扩展技术. 光学技术,2005,31(6): 921~924

7-2 Kadokawa Y,Shimizu A,Sakagami K. Multi-level optical recording using a blue laser. Proc SPIE,2003,5096: 369~374

7-3 齐国生,肖家曦,刘嵘. 光致变色二芳基乙烯多波长光存储研究. 物理学报,2004,53(4): 1076~1080

7-4 王佳. 高密度近场光学存储技术的发展. 记录媒体技术,2003,3:19~22

7-5 刘嵘,齐国生,徐端颐. Super-RENS 超分辨光存储实验研究. 光电子·激光,2003,14(9): 929~932

7-6 H. Kogelnik. Coupled wave theory for thick holograms gratings. The Bell Syst. Tech. J. 1969,48: 2909~2947

7-7 陶世荃,王大勇,江竹青. 光全息存储. 北京:北京工业大学出版社,1998

7-8 Shiquan Tao, Geoffrey W. Burr. Performance optimization of volume gratings with finite size through numerical simulation. CLEO/IQEC and PhAST Technical Digest on CD-ROM (The Optical Society of America, Washington, DC, 2004) paper No. CTuE5

7-9 Vincent Moreau, Yvon Renotte, Yves Lion. Characterization of DuPont photopolymer: determination of kinetic parameters in a diffusion model. Applied Optics, 2002, 41(17): 3427~3435

7-10 JIANG Zhu-Qing, TAO Shi-Quan, YUAN Wei, LIU Guo-Qing, WANG Da-Yong. Optical Erasure Characteristics of Holograms in Batch Thermal-Fixing. Chinese Physics Letters, 2006, 23(10): 2749~2752

7-11 J. H. Sharp, et. al. High-speed, acousto-optically addressed optical memory. Appl. Opt. ,1996,35(14): 2399~2402

7-12 Hsin-Yu Sidney Li and Demetri Psaltis. Three-dimensional holographic disks. Appl. Opt. ,1994,33(17): 3764~3774

7-13 Shiquan Tao, Jiang, ZQ; Yuan, W; Wan, YH; Wang, Y; Liu, GQ; Wang, DY; Ding, XH; Jia, KB. High-density large-capacity nonvolatile holographic storage in photorefractive crystals. Proceedings of SPIE, 2005, 5643: 63 ~72

7-14 张家骅,黄世华,虞家琪. 室温下的永久性光谱烧孔. 发光学报,1991,12: 181~182

7-15 Bern Kohler, Stefan Barnet, Alois Renn, and Urs P. Wild. Storage of 2000 holograms in a photochemical hole-burning system. Opt. Lett. ,1993,18（24）：2144~2146

7-16　R. Kachru and X. A. Shen. High speed recording with rare-earth-doped hole-burning materials. Proceedings of SPIE,1995,2604：11~14

7-17　Alois Renn,Urs P. Wild,and Aleksander Rebane. Multidimensional Holography by Persistent Spectral Hole Burning. The Journal of Physical Chemistry A,2004,106(13)：3045~3060

第8章

8-1　K. O. Hill,et al. Photosensitivity in optical fiber waveguides：application to reflection filter fabrication. Appl. Phys. Lett. ,1978,32：647

8-2　T. A. Strasser and T. Erdogan. Fiber grating devices in high-performance optical communications systems. In I. Kaminow and T. Li, editors, Optical Fiber Telecommunications IVA. Components. Academic Press, New York,2002

8-3　R. L. Fork,B. I. Greene,and C. V. Shank. Generation of optical pulses shorter than 0. 1 psec by colliding pulse mode locking. Appl. Phys. Lett. ,1981,38：671

8-4　A. M. Weiner. Femtosecond Fourier optics：Shaping and processing of ultrashort optical pulse. In T. Asakura,editor,International Trends in Optics and Photonics——ICO Ⅳ,Springer-Verlag,Heidelberg,1999

8-5　A. M. Weiner. Femtosecond pulse shaping using spatial light modulators. Rev. of Scin. Inst. 2000,71：1929

8-6　A. M. Weiner. et al. Programmable shaping of femtosecond optical pulses by use of a 128-element liquid crystal pulse modulator. IEEE J. Quant. Electron. ,1992,28：908

8-7　C. W. Hillegas,et al. Femtosecond laser pulse shaping by use of microsecond radio-frequency pulses. Opt. Lett. 1994,19：737

8-8　A. J. Mendez,et al. Design and performance analysis of wavelength/time（w/t）matrix codes for optical CDMA. J. Lightwave Tech. ,2003,21：2524

8-9　C. C. Chang,et al. Dispersion-free fiber transmission for femtosecond pulses by use of a dispersion-compensating fiber and a programmable pulse shaper. Opt. Lett. 1998,23：283

8-10　A. M. Weiner,et al. Spectral holography of shaped femtosecond pulses. Opt. Lett. 1992,17：224

8-11　B. Kolner. Generalization of the concepts of focal length and f-number to space and time. J. Opt. Soc. Am. A,1994,11：3229

8-12　C. V. Bennett and B. H. Kolner. Upconversion time microscope demonstrating 103X magnification of femtosecond waveform. Opt. Lett. 1999,24：783

8-13　H. Takahashi,et al. Arrayed-waveguide grating for wavelength division multi/demultiplexer with nanometer resolution. Electron. Lett. ,1990,26：87

8-14　C. Gragone,An optical multiplexer using a planar arrangement of two star couplers. IEEE Photon. Tech. Lett. ,1991,3：812

8-15　C. Gragone. Integrated optics $n \times n$ multiplexer on silicon. IEEE Photon. Tech. Lett. ,1991,3：896

8-16　C. Gragone. Efficient $n \times n$ star couplers using Fourier optics. J. Lightwave Tech. ,1989,7：479

反侵权盗版声明

电子工业出版社依法对本作品享有专有出版权。任何未经权利人书面许可，复制、销售或通过信息网络传播本作品的行为；歪曲、篡改、剽窃本作品的行为，均违反《中华人民共和国著作权法》，其行为人应承担相应的民事责任和行政责任，构成犯罪的，将被依法追究刑事责任。

为了维护市场秩序，保护权利人的合法权益，本社将依法查处和打击侵权盗版的单位和个人。欢迎社会各界人士积极举报侵权盗版行为，本社将奖励举报有功人员，并保证举报人的信息不被泄露。

举报电话：（010）88254396；（010）88258888

传　　真：（010）88254397

E-mail：dbqq@phei.com.cn

通信地址：北京市海淀区万寿路173信箱

　　　　　电子工业出版社总编办公室

邮　　编：100036